测量技术与测绘工程管理实践

江兴林　王耀兴　赵　媛◎著

中国商务出版社

·北京·

图书在版编目（CIP）数据

测量技术与测绘工程管理实践 / 江兴林，王耀兴，赵媛著. -- 北京：中国商务出版社，2024.12.
ISBN 978-7-5103-5506-6

Ⅰ. P2；TB22

中国国家版本馆 CIP 数据核字第 2025J7F164 号

测量技术与测绘工程管理实践

江兴林　王耀兴　赵　媛◎著

出版发行：中国商务出版社有限公司

地　　址：北京市东城区安定门外大街东后巷 28 号　邮　　编：100710

网　　址：http://www.cctpress.com

联系电话：010—64515150（发行部）　　　010—64212247（总编室）
　　　　　010—64515164（事业部）　　　010—64248236（印制部）

责任编辑：丁海春

排　　版：北京天逸合文化有限公司

印　　刷：宝蕾元仁浩（天津）印刷有限公司

开　　本：710 毫米×1000 毫米　1/16

印　　张：19.75　　　　　　　　　　　字　　数：286 千字

版　　次：2024 年 12 月第 1 版　　　　　印　　次：2024 年 12 月第 1 次印刷

书　　号：ISBN 978-7-5103-5506-6

定　　价：79.00 元

前　言

　　本书从测量学的基本知识入手，详细阐述了测量学的任务和作用、地球的形状与大小以及地面点位的确定等核心概念。接着，书中深入探讨了各种测量技术与设备，包括水准测量、角度测量、距离测量及直线定向技术，并详细介绍了全站仪的操作、全球定位系统（GPS）的应用以及大比例尺地形图的测绘和应用。

　　在施工测量部分，书中涵盖了施工测量的概述、控制网布设、施工放样、点位测设方法等基本工作，同时对园林工程施工测量和竣工测量进行了专门的分析。合同管理部分则对测绘工程项目的招标投标、合同执行与变更管理、合同风险管理等进行了详细探讨，结合 FIDIC 合同条件，为项目合同管理提供了实用的参考。此外，本书还涵盖了测绘工程项目的组织与施工设计，包括项目组织结构设计、施工计划编制、施工方法选择和现场管理与协调。项目控制章节则详细讨论了成本管理、进度管理和质量控制，确保读者能够掌握项目实施的关键要素。最后，书中还对测绘行业管理进行了全面阐述，包括资质资格管理、基础测绘和测绘成果管理、地图及地图产品管理、市场监督管理和测量标志的管理与保护等。本书中不仅有对测绘技术的理解，也有对测绘工程管理的指导，是测绘领域从业人员和学术研究者的重要参考资料。

作　者

2024.8

目　录

第一章　测量学的基本知识

第一节　测量学的任务和作用

一、测量学的基本概念

测量学作为一门古老的学科，起源于古埃及和巴比伦时期，是为了满足当时人们对土地划分、建筑物设计与施工的需求，随着历史的演变，测量技术不断发展，其应用范围也从最初的土地测量扩展至各种复杂的工程和科学研究。现代测量学不仅限于地表的平面测量，还深入到三维空间的精确描述，通过应用数学原理和复杂的技术设备，测量学家可以精确确定物体的位置、形状、大小，甚至测量其运动速度和时间维度的变化，是一个涵盖广泛的多学科领域，与地理学、数学、物理学、计算机科学等多个学科紧密相连。从实践角度看，测量学的应用极其广泛，贯穿于建筑工程、地理信息系统、城市规划、环境监测、交通运输等多个行业和领域，如在工程建设中，使用测量学技术来精确确定施工现场的地理位置和地形特征，为建筑物的设计和施工提供准确的数据支持。通过测量，建筑工程师可以确保建筑物的基础与设计图纸完全吻合，避免出现误差。在交通运输领域，测量技术为公路、铁路、机场等基础设施的规划与施工提供了可靠的基础数据，确保交通网络的安全与高效运转。导航领域的飞速发展更依赖于测量学的进步，卫星导航系统

（如 GPS）通过对地球表面进行高精度测量和定位，使得人们的出行更加便捷和准确。

测量学中的基本概念如点、线、面、体积和方位，是其理论体系的核心，不仅用于描述地理位置和空间关系，还在实际测量中起到了至关重要的作用。点是空间中最基本的单位，任何一个物体的位置都可以通过确定其在三维空间中的点坐标来表达。线是连接两个点的最短路径，常用于测量物体之间的距离和相对位置。面则是由多个点和线构成的二维空间，用于描述地形、建筑物外形等。体积则在三维空间中表示物体的大小，尤其在建筑设计和材料计算中具有实际价值。至于方位，通过确定物体相对于参考点或参考方向的角度来帮助确定物体在空间中的方向。通过基本概念的有机结合，测量学能够提供极为精确的空间描述，使得复杂的空间问题得以解决。

测量学与现代技术的结合，使其在数据处理、储存和展示方面取得了巨大进步。遥感技术、全球定位系统、激光扫描技术、无人机测绘等先进设备和技术的应用，大幅提升了测量的效率和精度。例如，遥感技术可以通过卫星和航空器获取大范围的地理信息，而使用激光扫描技术则能够快速、精确地测量复杂的地形地貌，无人机则为难以到达的区域提供了高效的测量手段。随着大数据和人工智能的兴起，测量数据的处理速度和精确度也得到了显著提高。测量学不再仅仅是数据的采集过程，而是包含了数据分析、处理、可视化等多个环节的系统性学科。测量学在数字化时代具有了全新的内涵与功能，不仅限于空间数据的获取，还能为各种复杂的决策提供依据，如灾害预警、环境保护、资源管理等。

除了技术设备的进步，测量学还依赖于严谨的数学基础。无论是几何测量还是三角测量，数学模型的构建都为实际测量提供了坚实的理论支撑，三角测量法通过已知的点和角度，能够准确确定未知点的位置，在历史上广泛用于绘制地形图和确定建筑物位置。随着数学理论的发展，测量学中的误差控制也日趋精细，任何一次测量都会受到环境、设备、操作等多方面因素的影响，导致误差的产生，现代测量学通过误差理论，对测量结果进行校正和优化，从而确保数据的可靠性和精度。

二、测量学在工程中的重要性

在工程领域，无论是基础设施建设、建筑设计还是施工管理，测量学提供的精确数据都为工程的顺利进行奠定了基础。在项目的早期规划阶段，测量学用于详细描绘现场的地形、地貌及周边环境，通过精密仪器和数据处理技术，工程师能够准确掌握地形的起伏、土壤的特性以及地下水位的分布。在设计道路、桥梁、隧道等基础设施时，测量数据直接影响到结构的布局、承重计算和排水系统的设置，如果没有精确的数据支持，设计可能会面临基础偏差，导致后续施工困难或结构风险增加。

在工程的实际施工过程中，测量学的作用更加突出，不仅帮助确认设计的精确性，还指导施工的各个步骤，使得建筑物或基础设施能够按计划准确定位，建筑物的地基、柱子、梁等结构性部分都依赖于测量数据来确保精确的尺寸和位置。如果施工阶段的测量工作不到位，轻则会导致工程结构偏离设计标准，重则可能引发安全事故。通过使用测量技术对施工区域进行持续监测和实时数据更新，能够及时发现和纠正偏差，确保建筑物的稳定性和安全性。在大型项目中，如高层建筑、桥梁和水利工程等，结构的高度、角度以及荷载分布都需要借助测量学的精密计算和分析来保障施工精度。测量的精度不仅决定了施工的规范性，还直接关系到材料的有效利用和施工成本的控制。通过合理利用测量数据，施工方可以避免材料的浪费，优化资源分配，使得项目在时间和预算上更加可控。在施工过程中，通过定期的测量和数据比对，可以监控建筑物的倾斜度、沉降量以及结构的变化情况，及时发现潜在的隐患并采取措施。测量学提供的数据不仅帮助工程师对项目的进度进行准确评估，还为监管部门提供了客观的质量控制依据。尤其是在地质条件复杂的地区，测量技术的应用更为必要。通过高精度的监测设备，如激光扫描仪和无人机，工程团队可以随时掌握施工现场的动态变化，确保施工操作不会对周围环境造成不利影响。在隧道开挖、大型桥梁吊装等高风险作业中，测量技术更是起到了精确指导的作用，保障了施工的安全性和有效性。竣工后的测量工作旨在记录工程的最终状态，包括建筑物的实际位置、高度、尺寸和方位等，这不仅为项目的验收提供了准确的基础，还为后续的维护和管理工作奠定了依据。道路、桥梁等基础设施在长期使用过程中，受自然环境和外界荷载的影响，会出现沉降、裂缝等问题，定期的测量监控能够帮助发现变化并及时采取维护措施。测量学不仅是一种数据采集工具，更是一种帮助工程项目实现长期可持续发展的技术手段。随着科技的进步，测量学在工程中的应用范围也在不断扩大和深化，全球导航卫星系统（Global Navigation Satellite System，GNSS）、三维激光扫描技术、无人机遥感技术等现代测量手段，使得测量过程更加自动化、精确化，并且能够在复杂环境中进行高效作业。通过先进技术，工程师可以在短时间内获取大量的空间数据，并借助大数据分析和人工智能技术，迅速对工程进行整体评估和调整。与传统手段相比，现代测量技术极大地提升了工程项目的效率和安全性，并在降低施工成本、提高施工质量方面发挥了积极作用。

三、测量学的服务范围

测量学作为一门科学，涵盖了从微观到宏观的各个层面，其应用可以从极为精细的微观工程扩展到涉及广泛区域的宏观规划。测量学在微观尺度上表现出极高的精度与细致，尤其在精密工程中，如在半导体制造、纳米技术和微电子器件的生产中，测量学技术被用来确保元件的尺寸和形状符合极其严格的标准。通过高精度的测量设备，工程师可以控制每一个制造环节的参数，避免任何细微的误差，防止误差对最终产品的性能产生重大影响。在纳米技术领域中，测量学不仅用于制造过程的质量控制，还用于研究材料在微观环境下的行为，为科学家们进一步优化材料性能提供了可靠的数据支撑。

在宏观层面，测量学的应用涉及广泛的社会和经济活动，尤其是在城市规划、土地管理和环境监测等领域，通过卫星遥感、激光扫描、无人机航测等技术，测量学能够为城市规划提供详细的地形地貌数据和空间分布信息，帮助城市管理者合理布局基础设施、住宅区和工业区，并为未来的扩展和发展制定科学的规划。在土地管理方面，通过测量学进行精确的地籍测量，确保土地的合法划分与合理利用，并为土地权属纠纷的解决提供了法律依据。测量技术还被广泛应用于环境监测领域，通过对大气、地表和水体的动态测量，帮助政府和研究机构对自然资源进行有效管理，并对环境变化进行持续监控，从而及时采取应对措施，避免生态破坏。在交通领域，测量学与现代定位技术相结合，极大地促进了交通导航系统的发展，通过全球导航卫星系统和地理信息系统（Geographic Information System，GIS）的结合，测量学为人们提供了精确的地理位置服务，使得全球范围内的车辆、船舶和航空器能够被精确定位，并根据实时数据进行高效的路线规划和管理。GPS技术的广泛应用不仅使个人导航设备成为日常生活的一部分，也在货运管理、物流调度和紧急救援等领域中发挥着核心作用。现代交通管理系统中通过高精度的定位数据，能够实时监控交通流量，优化交通信号，减少拥堵，提升交通安全性。

随着农业现代化的发展，测量学为精准农业提供了技术支持，通过卫星遥感、无人机航拍和地理信息系统的应用，农田的地理信息得以精确测定，农民可以根据土地的不同特点进行合理的种植规划，优化资源的使用。在作物生长阶段，使用测量技术可以监测气候变化、土壤湿度以及植物的生长状态，帮助农民及时调整耕作方式，提升作物的产量和质量。在土地利用规划方面，测量学还为政府和农田管理者提供了科学的数据支持，使得农业用地得以合理分配与利用，减少土地浪费，促进可持续农业的发展。

测量学的影响不仅限于地球表面，其应用领域还扩展到了更加广阔的科学研究领域，考古学和地质学等学科高度依赖测量学提供的空间数据。在考古学中，测量学通过对遗址的精确测绘，帮助考古学家确定遗迹的地理位置、布局以及与周边环境的关系，从而推断出古代文明的社会结构和生活方式。而在地质学中，测量技术被用于监测地壳运动、断层活动及地震前兆等，为科学家们提供了宝贵的数据，以便预测自然灾害，减少其对人类社会的危害。测量学在资源勘探中也起到了至关重要的作用，通过对矿产资源、地下水和石油的定位和评估，帮助相关行业在开发过程中减少风险、提高效率。

天文学是一门观测性学科，在天体测量中，天文学家通过精密的测量技术，确定天体的位置、轨道和距离，进而对宇宙结构和运行规律进行研究，这不仅有助于深化人类对宇宙的认识，还为航天器的发射、轨道计算和空间站的建设提供了可靠的支持，天文学和测量学的交叉领域，如天体测量学，是研究恒星运动、银河系结构以及宇宙膨胀等现象的基础性学科，其研究成果对空间探索和科学发现具有深远影响。

四、测量学与相关学科的关联

从地理信息系统到遥感技术，再到土木工程，测量学的核心在于其提供的精确空间数据为其他学科的研究和应用提供了必要的支持。GIS 通过对空间信息的处理和分析，帮助管理和展示地理空间数据，而测量学则通过地面测量、卫星定位等技术，为 GIS 系统提供了所需的基础数据，确保了地理信息的精确性和实用性，如城市规划、土地利用以及自然资源管理等任务，都需要基于测量学提供的地形、地貌及其他地理信息，才能进行有效的决策和分析。测量学在 GIS 系统中的应用不仅限于基础数据的提供，还被用于后续的空间分析过程中，帮助识别区域特征、预测未来发展趋势，并在地理空间模型的构建中发挥重要作用。

使用遥感技术，通过卫星、飞机、无人机等设备获取地表信息的准确性和有效性依赖于测量学的理论和方法，测量学通过精确的地面控制点和高精度的数学模型，确保从空中获得的遥感数据能够精确地映射到实际地理位置上。在环境监测中，将测量学与遥感技术相结合，能够提供精确的土地覆盖变化、森林资源监测以及灾害评估等信息，使得遥感技术可以在广泛的地理范围内获取数据，同时确保数据的精度和可靠性，进一步增强了其在生态保护、气候变化研究等领域中的应用效果。使用测量学技术不仅为土木工程提供基础的地形数据，其还在工程设计、施工放样、结构监测等环节中发挥核心作用。在建筑和基础设施项目中，测量学被用于确定项目的地理位置、场地平整和标高控制，确保设计方案能够在实际地形条件下顺利实施；在桥梁和隧道建设中，测量学帮助工程师精确确定施工点的位置和角度，确保工程的安全和稳定性。测量学与结构工程、材料科学和环境工程等学科紧密相连，为大型工程项目提供技术保障。通过测量学的帮助，工程师能够有效预测和控制施工过程中可能出现的变形、沉降等问题，并对施工质量进行实时监控，从而保障工程的顺利完成。

除了技术领域，测量学还与法律、经济学和社会学等学科形成了深度交叉，土地测量不仅涉及地块的划分和边界的确定，还与土地所有权的登记和法律纠纷的解决息息相关。通过精确的测量，政府机构能够清晰地界定不同地块的边界，避免土地使用上的冲突和纠纷，同时也为房地产市场中的买卖、租赁等经济活动提供了基础支持。测量学在土地估值、税收评估和资源管理中也发挥了至关重要的作用，通过提供准确的空间数据，帮助经济学家对资源分布、利用效率和经济收益进行科学评估。人口统计学等社会科学领域也依赖测量学的支持。例如，在进行人口普查或社会资源分配时，测量数据被用来确定人口密度、居住区划分和社会设施分布情况，确保政策的制定和实施能够基于可靠的空间信息。

测量学与其他学科的合作不仅限于传统的应用领域，还在现代科学技术的前沿不断拓展，随着智慧城市的兴起，测量学成为智慧城市建设的核心支撑技术之一。智慧城市需要大量的空间数据来对交通、能源、环境等各个方面进行管理，通过使用测量学高精度的定位技术、三维建模和大数据分析，为智慧城市提供了准确的空间信息和技术保障，在自动驾驶、机器人导航等高科技领域，测量学也扮演了不可替代的角色。自动驾驶汽车需要精确的定位和导航系统，而测量学提供的高精度地图和实时定位技术为领域的发展提供了基础。通过与计算机科学、人工智能等学科的合作，测量学的应用领域不断扩展，其影响力也在现代科技领域中进一步深化。

五、测量技术的发展历史

测量技术的发展历史可以追溯到人类文明的早期阶段，随着社会需求和科技进步逐步演变，最早期的测量活动是基于一些简单的工具和方法，如使用绳索、标尺、水平仪等进行长度和角度的估测。在古埃及和巴比伦等文明中，基本工具已经被广泛用于土地划分、建筑施工和天文学观测等领域。当时的测量工作尽管在技术上相对原始，但已经具备了一定的科学基础，在古埃及建造金字塔时，使用了较为精准的几何方法来确保建筑的对称性和稳定性，绳索和木制标尺等简单工具是当时进行测量的主要手段，尽管受限于精度，仍然在建筑和土地测绘中取得了显著成果。

随着科学和技术的进步，测量学开始迈入更加精确的阶段，到 16 世纪和 17 世纪，随着地理大发现的兴起，测量工具和方法得到了极大改进。经纬仪和水准仪等更加复杂的测量仪器逐渐进入测量实践中，这使得测量人员能够更精确地确定角度、高程和水平线，依赖于机械结构和光学原理，为地图绘制、建筑工程和天文学提供了基础性的支持。在此期间，测量学的发展不仅推动了地理学和工程学的进步，还为科学领域的其他分支，如物理学、天文学等，提供了精准的测量数据，通过新型工具，地球的形状、尺寸以及各大陆的相对位置逐渐被人们所了解，并为后续的地球测绘和研究奠定了基础。

进入 19 世纪，随着工业革命的到来，测量技术迎来了一个新的发展高峰，工业化对精确的空间数据有了更高的要求，特别是在铁路、公路等基础设施的建设中，精确测量成为确保工程质量和效率的关键因素之一，机械化的测量仪器得到了广泛应用，水准仪、经纬仪等工具的精度不断提高，测量方法逐渐标准化，操作流程也更加系统化，为现代测绘学的发展奠定了基础，并开始广泛服务于城市规划、资源开发等多领域的应用需求。

20 世纪初，电子技术的兴起为测量学带来了革命性的变化，传统机械式的测量工具逐渐被电子设备所取代，自动化测量成为可能，电子水准仪、电子经纬仪等设备的出现极大提高了测量的精度和效率，全站仪等设备则将测距、测角等功能集成到一个系统中，实现了更高的自动化水平。随着计算机技术的快速发展，不仅能够在野外采集数据，还可以通过计算机对数据进行自动处理和分析，使得大规模工程的测量工作更加快捷、精确。此外，20 世纪的另一个重要突破是全球定位系统的广泛应用。GPS 技术使得测量人员能够通过卫星定位系统，迅速获得地球表面任何一点的三维坐标，极大提升了测量的时效性和全球范围内的测绘能力，借助卫星定位，测量工作不再局限于地面站点的视线范围，而是能够在全球范围内进行精确的地理信息采集。

随着 21 世纪的到来，测量技术继续快速发展，激光扫描技术、无人机测绘技术、三维建模技术等现代技术手段的应用使得测量学进入了一个前所未有的智能化时代，激光扫描技术通过快速发射和接收激光束，生成高精度的三维地形模型和建筑物结构模型，非接触式的测量手段特别适用于危险区域、复杂环境以及历史遗迹的测绘工作，为考古、建筑保护等领域提供了新的解决方案。而无人机技术则通过搭载高精度摄像设备，能够在短时间内覆盖大面积的测绘区域，为快速反应、灾害监测和农田管理等提供了极大的便利。无人机的广泛应用使得测量工作变得更加灵活，尤其在地形复杂、人员难以到达的地区，其优势更加显著。与此同时，遥感通过卫星、飞机、无人机等平台，从远距离获取地球表面的信息，并通过高光谱、热红外等多种感知方式，能够对地表变化、环境监测、资源开发等进行宏观的观测和分析，遥感技术与测量学的结合，极大地拓展了测量学的应用领域，为地球科学、环境科学等提供了新的研究工具，地理信息系统与测量学的深度融合，也使得空间数据的管理、分析和应用更加系统化，通过 GIS 平台，测量数据可以以图形和数字的形式呈现，帮助用户直观地进行地理信息的分析和决策。

六、当代测量学的发展趋势

当代测量学的发展趋势呈现出多元化与高效化的特点，自动化、智能化以及集成化的技术革新正在推动这一领域迈向新的高度。随着计算机处理能力的大幅提升，现代测量系统能够在极短的时间内收集并处理海量的空间数据，数据处理能力的增强，不仅得益于硬件设备的进步，更重要的是人工智能和机器学习技术的广泛应用。通过先进的算法，测量数据的处理不再局限于人工干预，系统能够自动识别、分类并分析测量结果，从而实现更高效的空间信息提取，基于机器学习的算法可以通过对海量测量数据进行训练，自动识别地形变化、建筑物结构或其他地理特征，为城市规划、土地资源评估等领域提供准确而高效的支持，使得传统的测量工作从以往依赖人工操作的烦琐流程，逐步转向以自动化设备和智能化系统为核心的高效运作模式。激光扫描、光学成像、声呐探测等多种传感器技术的结合，使得通过测量学能够在多维空间内获取更加丰富的地理信息，可以根据不同的环境和需求，将传感器灵活应用于复杂地形的三维建模、深海地形的勘测、以及高空环境中的测量任务。使用激光雷达技术，通过发射和接收激光脉冲，能够生成精确的三维地形图，广泛应用于城市建筑测绘、森林覆盖监测以及灾害评估等领域。传感器的高精度和高分辨率，使得测量学能够在更广泛的应用场景中获取前所未有的详细数据，为科学研究和工程项目的决策提供了坚实的数据支持。随着无人机技术的普及，测量人员可以通过无人机搭载高精度传感器，实现对地形和建筑的快速测绘，不仅节省了大量的人力物力，还提高了数据采集的速度和效率。地理信息系统、遥感技术和互联网技术的快速发展，使得空间数据的获取、处理和共享变得更加高效和便捷，GIS平台通过整合测量学数据，为用户提供了强大的空间分析工具，使得复杂的地理数据可以以可视化的形式进行呈现，从而为决策者提供直观、易懂的分析结果。这种集成化的发展，不仅增强了测量学的应用广度，还使得测量数据可以与其他领域的数据实现无缝对接，形成一个跨学科的空间信息生态系统。在城市管理中，测量数据可以与实时交通数据、气象数据等结合，为智慧城市的构建提供基础设施支持。而在环境保护和资源管理领域，遥感技术和测量技术的融合，使得大范围的地表变化、生态系统动态可以通过卫星和无人机进行实时监测，从而为政府和环保机构提供准确的生态数据，助力环境保护政策的制定和实施。随着全球对环境保护和可持续发展的日益关注，测量学在自然资源管理和环境监测中的应用也日益广泛。在此背景下，测量学的技术进步不仅限于提高精度和效率，还肩负起了生态环境保护的社会责任。通过将测量学与遥感、GIS技术结合，全球范围内的土地利用变化、森林退化、冰川消融等现象可以得到持续监测，为应对全球气候变化、制定环境保护措施提供了科学依据。测量学的进步，特别是其在环境监测中的应用，极大促进了可持续发展目标的实现，在农业领域，通过精准测量技术，农民能够科学规划作物种植，提高土地利用效率，并根据实时数据调整施肥和灌溉策略，以减少资源浪费和环境污染。这种基于测量数据的精细化管理方式，已经成为现代农业和环境治理的重要手段之一。

展望未来，测量学将继续保持与其他先进技术和学科的融合，并逐步向全自动化、智能化和实时化的方向迈进，未来的测量技术有望实现全程无人化操作，从数据采集到处理分析都可以依赖于自动化系统完成，这不仅大幅减少了测量工作的时间成本，还将极大提高数据的精确度和可靠性，随着量子计算、区块链等新兴技术的发展，测量学的数据处理速度和安全性将进一步提升，特别是在大规模空间数据管理和共享方面，区块链技术将有助于提高数据的透明度和可信度。未来，测量学不仅将在工程建设、环境保护和城市管理等传统领域中继续发挥重要作用，还将在更多的新兴领域中展现出其广阔的应用前景，在自动驾驶、智能交通等领域，使用测量学技术获得的高精度地理信息将是此技术发展的基础，通过与人工智能、大数据等技术的深度融合，测量学将在更广泛的应用场景中提供更加全面的空间信息服务，从而为社会的各个方面注入新的科技动力。

第二节　地球的形状与大小

一、地球的几何模型

地球的几何模型用于描述地球的形状和大小，这是测量学的核心基础。地球并非一个完美球体，而是一个复杂的三维曲面，其形状受到自转、重力场和地质构造等因素的影响。为了精确描述地球的几何特征，科学家们引入了地球椭球体模型，将地球视作一个具有两个不同半轴长度的椭球体，其中赤道半轴长度通常大于极半轴长度，反映了地球的极扁率，赤道半轴和极半轴分别代表了地球在赤道和极地的平均半径，为描述地球的整体形状提供了基础数据。地球椭球体模型的核心参数包括赤道半径和极半径，这些参数不仅决定了地球椭球体的几何形状，也影响了相关的测量和工程应用。地球自转造成的离心力和地壳的变动，使得地球的形状更加复杂。赤道半径的长度一般为 6378.137 千米，而极半径的长度约为 6356.752 千米，导致地球呈现出明显的扁平形状，而这种扁平度在不同的地球模型中有不同的表现。地球表面的起伏和不规则性也需要纳入考虑，地壳运动、地震、火山活动等地质过程造成了地表的高低起伏，使得地球表面远离理想化的椭球体。为了应对地表不规则性，科学家们引入了大地水准面概念，大地水准面是一个理论上的水平面，其形状近似于全球海洋的平均水平面，旨在描述地球表面的重力势面，并作为地球椭球体模型的补充。大地水准面并非真正存在于物理世界中，而是一个基于重力场理论的假想面。通过在地球重力场中测量等重力势面的位置，可以获得大地水准面的形状，这有助于描述地球表面在不同地区的高程变化，进而提高地球形状模型的准确性。大地水准面在实际中被广泛用于地理测量和地图绘制，通过与地球椭球体模型的结合，使得对地球表面的高程、深度等参数的测量更加精确。为了进一步提高对地球形状的理解，科学家们还使用了先进的测量技术，如卫星遥感和全球定位系统，来提供全球范围内的精确数据，从而使地球几何模型更加完善。通过卫星遥感技术监测地球表面的高程变化和地球重力场的细微变化，为地球椭球体和大地水准面的精确描述提供了重要支持。GPS 技术则通过测量卫星信号的传播时间，计算地球表面点的精准位置，进一步提升了地球几何模型的可靠性。

二、地球椭球体的参数

地球椭球体的参数是描述地球几何形状的重要指标，其中主要包括赤道半径、极半径和偏心率，这些指标不仅定义了地球的总体形状，也对各种测量和工程应用具有直接影响。赤道半径（a）是指从地球中心到赤道上任意一点的距离，赤道半径的长度直接影响地球椭球体的外观和地球表面不同地区的定位精度，在国际上普遍采用的地球椭球体模型中，如 WGS-84（World Geodetic System 1984）和 GRS-80（Geodetic Reference System 1980），赤道半径通常被设定为 6378.137 千米，这源于长期的测量数据和地球物理学研究，旨在提供全球范围内一致的地理参考框架。极半径（b）是指从地球中心到北极或南极的距离，极半径比赤道半径短，反映了地球由于自转而引起的赤道隆起现象。极半径在 WGS-84 模型中被设定为 6356.752 千米。赤道半径与极半径的差异导致了地球的极扁率，是地球椭球体的一个关键特征。偏心率

（e）是描述椭球体形状偏离完美球体的程度的一个重要参数，偏心率可以通过下述公式计算：

$$e = \sqrt{1 - \frac{b^2}{a^2}} \tag{1-1}$$

式中，a 是赤道半径，b 是极半径，偏心率越大，椭球体的扁平程度越明显，对于 WGS-84 椭球体来说，偏心率约为 0.08181919，表示地球形状的扁平程度，通常被用于各种全球定位系统和测量应用中，以确保定位的精确性。在实际应用中，地球椭球体模型不仅包含基础参数，还需要考虑椭球体模型的不同变种（见表 1-1），以适应不同的地理区域和测量需求，如，WGS-84 模型被广泛用于全球定位系统中，而其他模型如 GRS-80 则用于特定地区的地理测量和制图。

表 1-1　常见地球椭球体模型参数

参数	WGS-84	GRS-80
赤道半径（a）	6378.137km	6378.140km
极半径（b）	6356.752km	6356.750km
偏心率（e）	0.08181919	0.08181919

参数被广泛应用于地图绘制、工程测量以及各种地理信息系统中，以确保全球和区域测量数据的一致性和准确性，椭球体模型的选择和参数设定直接影响到测量精度和定位精度，因此在不同应用场景中，需要根据具体需求选择合适的模型并进行精确计算。

三、地球重力场的影响

地球重力场的影响主要体现在地球的重力场分布不均所引发的地球椭球体与大地水准面之间的差异上，地球的重力场由地球的质量分布、地球自转及其引力等因素共同决定，其在地球表面形成了一个复杂的三维空间分布。地球的重力场因地球自转和地壳内部的质量分布不均而呈现出显著的空间变异，地球自转引起的离心力使得赤道区域的重力加速度低于极地区域，使得地球赤道部分略微隆起，而极地部分则相对下凹，形成了一个不规则的椭球体。地球的重力场变化直接影响了大地水准面的形状，大地水准面是一个假想的面，由地球重力场中所有等重力点构成，近似于全球海洋表面的平均水平面，由于地球质量分布的不均匀性，地球重力场的强度在不同区域表现出不同的值，导致大地水准面在不同地区的形状也有所不同，产生了"大地水准面与地球椭球体之间的差异"。在地球的不同区域，重力场的强度不同，造成了地球椭球体与大地水准面之间的高低差异，在实际测量中对于地球表面的精确描述提出了挑战，大地测量、地图制作和工程建设中，需要将差异考虑在内，以确保测量结果的准确性。为了解决问题，现代测量技术中采用了先进的重力测量设备和方法，重力测量仪器可以精确测量地球表面重力加速度的变化，而卫星重力测量系统则通过卫星对地球的重力场进行全球范围的测量，以获取详细的重力场数据，能够提供高精度的地球重力场模型，从而有效改进对地球表面形状的描述。具体而言，重力测量仪（如绝对重力仪和相对重力仪）能够提供重力场的详细测量数据，使用绝对重力仪测量地球表面点的绝对重力值，而相对重力仪则用于测量不同地点之间的重力差异，能够捕捉到因地壳运动、岩石密度变化以及地下结构的不同而引起的重力场变化。卫星重力测量系统通过卫星对地球的重力场进行测量，能够获取全球范围内的重力数据，帮助研究人员建立更加精确的地球重力场模型，并结合其他地理信息，提升地球椭球体与大地水准面之间的匹配度。在测量数据处理过程中，通过使用高斯—克吕格坐标变换方法，可以将地球椭球体坐标系与大地水准面坐标系进行转换，以便更好地匹配实际测量数据，使用重力场数据进行地形校正时，常会用到以下公式来调整测量值：

$$\Delta g = g_{obs} - g_{theo} \tag{1-2}$$

式中，Δg 代表观测重力与理论重力的差异，g_{obs} 为观测到的实际重力值，g_{theo} 为理论计算得到的重力值。通过公式，可以计算出大地水准面与地球椭球体之间的高低差异，进而对测量数据进行校正。

四、地球形状的测量方法

地球形状的测量是一项涉及多种技术和方法的复杂任务，其目的是准确描述地球表面的几何特征，包括其形状和尺寸，测量地球形状的传统方法与现代技术相结合，为科学家和工程师提供了全方位的数据支持，从而提高了测量的精度和覆盖范围。传统的地面测量方法是地球形状测量的早期技术，主要包括三角测量和水准测量，三角测量方法通过建立测量网点和标定点，利用三角形的几何原理来推导地球表面的形状。具体操作中，测量人员会选择几个地面点，测量这些点之间的角度和距离，进而计算出地球表面的几何特征。三角测量的基本原理可以通过以下公式表示：

$$d = \sqrt{a^2 + b^2 - 2ab\cos(C)} \tag{1-3}$$

式中，d 为未知边的长度，a 和 b 为已知边的长度，C 为夹角，通过测量多个三角形的边长和角度，能够推导出较大范围内地球表面的形状特征。尽管三角测量能够提供可靠的结果，但其精度受到地形、气候和测量仪器的限制。

水准测量主要用于测量地球表面的高度差，通过在地面上设置标定点，并利用水准仪进行精确测量，可以获得地球表面高程的详细数据，水准测量的基本公式为：

$$h = H_A - H_B + \delta \tag{1-4}$$

式中，h 为测量点的高度差，H_A 和 H_B 分别为参考点和测量点的高程，δ 为校正因子，用于修正仪器误差和其他因素。水准测量在测量区域较小且地形变化较少的情况下，能够提供较高的精度。

随着科技的发展，现代技术显著提高了地球形状测量的精度和效率，卫星遥感技术和全球定位系统成为测量地球形状的主流方法，卫星遥感技术利用地球表面和空间之间的电磁波信号来获取地球表面的高度变化。通过发射卫星并接收其返回的信号，科学家能够绘制地球表面的高程模型。遥感技术不仅能够提供高分辨率的数据，还能够覆盖地球的广泛区域，从而获得全球范围内的地球形状信息。常通过以下公式来处理和分析遥感数据：

$$h = \frac{c \cdot \Delta t}{2} \tag{1-5}$$

式中，h 为地表高程，c 为光速，Δt 为信号往返时间，通过计算信号的传播时间，可以精确确定地球表面的高度变化。

全球定位系统则通过测量卫星信号的传播时间来计算地球表面点的位置，GPS 系统由多个卫星组成，接收器通过与多个卫星通信来计算其精确位置。GPS 测量的基本原理基于以下公式：

$$d = \sqrt{(x_2 - x_1)^2 + (y_2 - y_1)^2 + (z_2 - z_1)^2} \tag{1-6}$$

式中，d 为接收器与卫星之间的距离，(x_1, y_1, z_1) 和 (x_2, y_2, z_2) 分别为接收器和卫星的坐标，通过 GPS 技术，科学家可以获得地球表面点的高精度位置，并进一步推导出地球形状的详细信息。

综合使用地面测量和现代技术，能够显著提高对地球形状的测量精度和范围，地面测量技术提供了基础数据，现代技术则利用高精度的遥感和 GPS 数据来验证和补充数据，从而形成全面且准确的地球形状模型。

五、地球大小的确定及其应用

地球大小的确定主要通过精确测量赤道半径和极半径来实现，赤道半径和极半径不仅用于建立地球椭球体模型，还对航天工程、气象预测、地震研究以及各种工程应用具有深远的影响。地球的赤道半径和极半径是描述地球几何形状的两个基本参数，来源于多种测量方法，包括地面测量、航空测量和卫星遥感技术。测量参数的精确度不仅直接影响到地球模型的准确性，并且对多种应用领域提供了必要的基础数据，通过对赤道半径和极半径的测量，可以计算出地球的表面积和体积，这对于环境科学、资源管理和城市规划等领域具有重要意义。

地球表面积的计算公式：

$$A = 2\pi a^2 \left[1 + \frac{e^2}{1 - e^2} \ln \left(\frac{1 + e}{1 - e} \right) \right] \tag{1-7}$$

式中，a 是赤道半径，e 是地球椭球体的偏心率。偏心率 e 计算公式为：

$$e^2 = \frac{a^2 - b^2}{a^2} \tag{1-8}$$

地球体积的计算公式：

$$V = \frac{4}{3}\pi a^2 b \tag{1-9}$$

在环境科学领域，全球变暖和海平面上升等问题需要通过准确的地球模型来进行预测和模拟，通过对地球表面积的了解，可以更好地评估全球气候变化对不同区域的影响，制定有效的环境保护策略。在资源管理方面，了解地球的体积有助于评估全球资源的分布，通过对地球体积的精确计算，可以估算出全球矿产资源、水资源等自然资源的潜在量，对于资源的合理开发和利用，以及制定资源管理政策具有重要的参考价值。在城市规划中，地球的实际形状和大小对基础设施的规划和建设也有影响，如城市的地形起伏、建筑物的高度设计等，都需要考虑到地球的几何特征，通过准确的地球参数数据，可以优化城市规划，提高城市基础设施的建设质量和效率。GPS 系统依赖于地球模型来计算卫星信号的传播时间，从而确定用户的位置，通过使用最新的地球参数数据，能够提高 GPS 系统的定位精度和可靠性，这对于航空、航海和其他交通运输领域至关重要。在航天工程中，地球的大小和形状对轨道计算和航天器设计也有直接影响，航天器的轨道计算需要考虑地球的实际形状和大小，以确保航天器能够按照预期轨迹运行。气象模型依赖于准确的地球参数来进行天气预报和气候监测，通过精确的地球数据，可以提高气象模型的准确性，从而提供更可靠的天气预报服务。

六、地球椭球体与大地水准面的关系

在测量和工程应用中，大地水准面通常被用作测量基准面，以便将实际测得的地球表面高程数据与地球椭球体模型进行比较。通过以下步骤实现。

第一步，建立测量基准：测量学家通过对地球表面的重力测量来确定大地水准面的形状，通常使用地面重力测量、航空重力测量和卫星重力测量等方法，构建一个重力场模型，从而确定大地水准面的形状。

第二步，计算高程差异：通过将实际测得的地球表面高程数据与大地水准面进行对比，可以计算出地球表面相对于大地水准面的高度差异，反映了地球表面的起伏和不规则性，这对地理测量和工程设计具有实际影响。

第三步，应用于地形绘制和工程分析：在地理测量中，进行地形绘制和工程设计时需要将大地水准面的高度差异考虑在内，在进行大规模工程项目如隧道建设、桥梁设计等时，需要考虑地球表面的起伏，以确保工程的准确性和安全性。

大地水准面与地球椭球的高度差公式：

$$H = h - N \qquad\qquad (1-10)$$

式中，H 为大地水准面高度，h 为相对于地球椭球的高程，N 为大地水准面高度差，N 由重力数据计算得到，说明了大地水准面与地球椭球体之间的相对高度差异。

在实际应用中，大地水准面的高度差异可以使用高程数据进行调整，以提高地理测量的精度，现代地形图和数字高程模型通常会基于大地水准面来进行高程数据的调整，以确保图形和模型的准确性。通过将大地水准面与地球椭球体模型结合，测量学家能够更准确地描述地球表面的形状和变化，使得工程师和科学家能够在各种工程和科学分析中考虑到地球表面的起伏，从而提供更加精确的结果，这对于地质勘探、资源管理、环境保护、城市规划等领域都有重要的实际意义。在地质勘探中，了解大地水准面与地球椭球体之间的关系可以帮助科学家更好地理解地壳的结构和演变过程，提供更可靠的地质数据。在资源管理中，有助于评估资源的分布和潜力，优化资源的开发和利用，在城市规划中，精确的地球表面数据可以用于基础设施的设计和规划，提高城市发展的科学性和合理性。

第三节　地面点位的确定

一、地面点位的基本概念

地面点位的确定是测量学中的基础工作，它不仅是对地球表面某一点位置的简单描述，而是综合应用多种测量方法与技术，实现对地理空间中位置的精确表达。现代测量学通过建立三维坐标系来定义地面点位，包括经度、纬度和高程等参数。经度和纬度定义了点在地球表面上的水平位置，而高程则表示该点相对于某一基准面的垂直距离。三维坐标的应用为地面点位的精确描述提供了科学依据，并在工程测量、土地规划、建筑施工、交通管理等多个领域发挥了重要作用。传统的测量方法包括三角测量、三边测量和水准测量等。三角测量是通过测量已知基线两端点到目标点的水平角，结合基线长度，利用三角学公式计算目标点的位置。三边测量则通过测量三条边的长度，直接计算各点间的距离和位置。而水准测量主要用于确定高程，即垂直方向上的位置，通过测量两个点之间的高度差来确定各点相对于大地水准面的高程。传统方法在理论上具备很高的精度，但其操作过程复杂，效率相对较低，尤其是在大范围测量中，难以满足现代工程对快速、精准测量的需求。

随着科学技术的发展，全球定位系统的出现彻底改变了地面点位的确定方式，GPS 是一种利用卫星信号进行精确定位的全球导航系统，通过测量从地球表面到多颗卫星的距离来计算地面点位的三维坐标。由于卫星信号能够覆盖全球，GPS 不仅大大提高了测量效率，而且能够提供远高于传统测量方法的精度。特别是在使用传统方法难以进行测量的区域，如山地、森林和海洋等，GPS 技术展现出其强大的适用性，随着差分 GPS（Differential GPS, DGPS）技术的引入，通过设置地面基站修正卫星信号误差，测量精度进一步提升，可达到厘米级别，甚至更高。在现代测量实践中，除了 GPS 外，其他空间技术如全球导航卫星系统、遥感技术和无人机测绘技术也被广泛应用于地面点位的确定。GNSS 是一个综合性全球定位系统的集合，涵盖了包括美国GPS、欧洲伽利略系统、俄罗斯 GLONASS 以及中国北斗卫星导航系统在内的多个卫星定位系统。GNSS 的多系统集成使得测量的可靠性和精度进一步增强，并且可以在任何时间、任何地点进行高精度的地面点位定位。遥感技术则通过高空卫星或航空器传感器获取地球表面的影像和数据，结合地面点的控制测量，实现对大面积区域地面点位的快速定位。遥感技术特别适合于大规模、广域的测绘工作，能够在短时间内获取大量的地面点位信息，并为后续的地图绘制、地形分析和环境监测提供精确的数据基础。与传统测量相比，遥感技术的最大优势在于其数据获取范围广、覆盖面大，能够在不接触地面目标的情况下，完成大范围的测量任务。通过在无人机上搭载高精度摄像设备或激光雷达，测量人员可以快速获取大面积的地面影像和点云数据，结合 GPS 或 GNSS 定位技术，无人机测绘能够提供精确的三维地面点位数据。这种技术特别适用于复杂地形或人员难以进入的区域，如高山、峡谷、森林等，同时具备高效、低成本、灵活性强的特点。地面点位的确定不仅应用于传统的测绘领域，还在现代信息化社会中发挥了越来越重要的作用，随着地理信息系统的快速发展，精确的地面点位数据成为 GIS 系统的基础。GIS 是用于捕获、存储、管理、分析和展示地理空间数据的计算机系统，而数据的准确性直接依赖于地面点位的精确测量。通过将精确的点位数据输入 GIS 系统，用户可以对复杂的地理信息进行分析，生成各种地图和数据模型，为城市规划、资源管理、环境保护等提供科学决策依据。

在工程应用中，地面点位的确定也是建筑、道路、桥梁等基础设施建设的核心环节，在施工前期，测量人员需要通过高精度测量技术确定施工场地的点位，并将这些数据用于设计图纸的绘制和施工方案的制定。在施工过程中，测量人员还需持续监测地面点位的变化，以确保工程按照预定计划进行，避免由于位置误差而造成的工程质量问题。在卫星发射、火箭发射、航天器着陆等过程中，通过精确的点位测量，航天工程师能够制定精确的飞行轨道和着陆方案，确保航天器能够安全、准确地完成任务。

二、地面点位的坐标系统

地面点位的坐标系统是测量学和地理信息系统的基础，其核心功能是为地球表面上的各个点提供精确的数学描述。地面点位的坐标系统主要分为地理坐标系统和平面坐标系统两大类，每种系统都有其特定的应用场景和优缺点。地理坐标系统是最常见的地面点位坐标系统，它基于地球椭球体模型，采用经度、纬度和高度三个参数来描述点的位置。经度和纬度是定义点在地球表面上位置的主要坐标。经度是地球上任意点相对于本初子午线的角度，表示点在东西方向的位置，其范围从 0° 到 180°。纬度是地球上任意点相对于赤道的角度，表示点在南北方向的位置，其范围从 0° 到 90°。高度则指的是点相对于地球参考椭球体的垂直距离，它用于描述点的垂直位置，通常以米为单位。在实际应用中，地理坐标系统如 WGS-84 和 GRS-80 被广泛使用。WGS-84 是一种全球性的地理坐标系统，广泛应用于全球定位系统和国际地图制图。GRS-80 则是用于地球科学和工程测量的一种地理坐标系统，其参数与 WGS-84 类似，主要应用于地球物理学和大规模地形测量。与地理坐标系统相对的是平面坐标系统，平面坐标系统通常用于局部区域的测量，如城市规划、工程建设等，将地球表面划分为较小的平面区域，简化了坐标计算过程。最常见的平面坐标系统包括墨卡托投影、兰伯特正形投影等，这些投影方法通过将地球的三维曲面转化为二维平面，方便进行局部区域的测量和地图制图。墨卡托投影将地球的经纬度网格映射到一个平面上，该投影方法保持了角度的准确性，因此被广泛用于海洋导航和大范围地图绘制，由于该投影在高纬度地区会导致面积失真，通常适用于低纬度区域的测量和绘图。兰伯特正形投影通过将地球表面上的纬线和经线映射到平面上来减少面积失真，兰伯特正形投影特别适用于需要精确地表示区域面积的应用场景，如国家或省级行政区域的地图绘制。

在选择地面点位坐标系统时，需要根据具体的测量目的和精度要求来确定。全球定位系统和全球导航卫星系统在全球范围内提供定位服务，通常使用 WGS-84 坐标系统，以确保全球数据的统一性和兼容性。而在某些特定国家或地区，为了满足本地的测量需求，可能会使用特定的国家或地区坐标系统，如中国的测量工作常使用 2000 国家大地坐标系（CGCS2000），其参数是根据中国地理特性调整的，能够提供更符合本地需求的测量精度。随着测量技术的进步和全球化的需求，新的坐标系统和改进方案不断被提出，现代高精度卫星测量技术和激光雷达技术的应用，使得在地面点位的测量中能够实现更高的精度和效率，新的坐标系统和技术改进不仅提高了测量数据的准确性，也使得地理信息系统能够更好地服务于城市规划、环境监测、灾害管理等领域。

三、地面点位的测量方法

地面点位的测量方法涵盖了传统地面测量技术与现代卫星定位技术，提供了多种手段来精确确定地球表面点的位置，在不同的应用场景和需求下，各自展现出独特的优点和适用范围。传统地面测量技术主要包括三角测量和三边测量，依赖于地面仪器和基于几何原理的计算来确定点位，在地形复杂、建筑密集或者卫星信号不佳的区域尤为适用。三角测量技术通过测量已知点之间的角度来推算未知点的位置。方法的基础在于精确测量三角形的三个角和至少一条边，然后利用三角函数和几何关系来计算其他边的长度。常用的设备包括经纬仪和测距仪，能够提供高精度的角度和距离测量。三边测量依赖于测量一个点到三个已知点的距离，形成三边测量网络，通过已知点的三边数据和几何计算，可以推算出未知点的位置，在早期的地理测量中被广泛使用，并且在现代测量中，仍然适用于需要高精度和地面点位信息的应用场景。三边测量的精度受限于测量距离的准确性和仪器的精度，因此需要经过严格的测量和校准过程。

现代技术中的卫星定位系统，尤其是全球定位系统，引入了全新的测量方法，通过接收多个卫星信号，并应用三角测量原理来确定地面接收器的位置。GPS 的工作原理是基于卫星发射的无线电信号，通过测量这些信号从卫星到接收器的传播时间来计算距离。通过接收到的至少四颗卫星的信号，GPS 系统可以通过三角测量算法计算出接收器的三维坐标。该技术的优势在于其全球覆盖、全天候工作能力以及高精度定位，这使得 GPS 成为现代地面点位测量的主流技术。除了 GPS，全球还有其他几大卫星导航系统在全球定位和导航领域中发挥着重要作用。俄罗斯的 GLONASS（全球导航卫星系统）与 GPS 类似，提供了全球定位服务。GLONASS 系统的特点在于其广泛的卫星网络与 GPS 的互补性，使得其在高纬度区域的定位表现优于 GPS。欧洲的伽利略系统（Galileo）则是一个新兴的全球卫星导航系统，其旨在提供高精度的定位服务，并增强对欧洲地区的覆盖能力。中国的北斗系统（BeiDou）也在不断发展和完善，其目标是提供全球范围内的高精度定位服务，特别是在亚太地区拥有显著优势。卫星导航系统不仅可以单独使用，还可以通过联合使用提高定位精度和可靠性，如现代测量设备和定位系统常常结合使用 GPS 和 GLONASS 信号，或者将 GPS 与伽利略系统和北斗系统联合使用，以增强定位精度和系统的抗干扰能力，多系统的协同工作模式显著提升了地面点位测量的准确性和可靠性，并在各类应用中显示出其卓越的性能。

除了传统的地面测量技术和卫星定位系统，其他现代测量技术如激光雷达（Light Detection and Ranging，LiDAR）和合成孔径雷达（Synthetic Aperture Radar，SAR）也在地面点位测量中发挥着重要作用。激光雷达技术通过发射激光脉冲并接收其反射信号来测量地面点的精确位置，并能够生成高分辨率的地表模型。合成孔径雷达则利用雷达信号的合成技术，通过对地表的远程观测来获取地面点的信息。先进技术的应用，使得地面点位测量可以在更大范围和更高精度的情况下进行，满足了现代测量和工程领域对高精度数据的需求。

四、地面点位的误差分析

地面点位的误差分析涉及对各种潜在误差来源的识别、评估和控制，以确保测量结果的准确性，准确识别和管理误差不仅能提高测量精度，还能保证测量结果在实际应用中的可靠性。误差的来源包括仪器误差、观测误差、环境误差以及数据处理误差，每一类误差都有其特定的产生原因和处理方法。

仪器误差是由测量设备本身的不完善造成的，包括仪器的制造缺陷、使用过程中的磨损以及校准不准确等因素。制造缺陷是由于生产过程中的工艺问题造成的，如光学仪器中的镜头瑕疵或传感器的灵敏度不均。设备在长期使用中，可能由于机械部件的磨损而导致测量精度下降，仪器的校准也极其重要，校准误差指的是设备在校准过程中未能准确调整到标准值，导致测量结果的偏差。为了减少仪器误差，通常需要定期进行仪器维护和校准，并使用符合标准的高精度设备。

观测误差来源于测量过程中由于操作不当或环境因素的影响，操作不当包括测量人员的错误，如操作步骤不正确或记录错误。环境因素如温度、湿度和大气折射等也会对观测产生影响。温度变化会导致仪器的物理特性发生变化，从而影响测量结果，金属部件的热胀冷缩可能会影响长度测量的准确性。湿度变化影响光学仪器的透光率，而大气折射则导致光线在穿越大气层时发生弯曲，从而影响测量精度，为控制观测误差，可以采取精确的操作流程、环境控制措施以及适当的校正方法。

环境误差主要是指地球物理环境的变化对测量结果的影响，地球自转、地壳运动等自然现象会引起地表的变化，进而影响测量结果。地球自转产生的离心力会导致赤道区域的地壳隆起，而地壳运动则导致地面点位的微小变化。考虑环境因素时，需要使用动态调整的测量模型，或在测量中加入补偿机制以修正这些影响。

数据处理误差是在数据处理和分析过程中由于计算方法或软件错误引起的。数据处理过程中，会出现因计算公式不准确或软件算法问题导致的误差，例如，使用不合适的插值方法或数据拟合技术，导致结果的不准确。为减少数据处理误差，需要使用经过验证的计算方法和高质量的数据处理软件，并对处理过程进行详细的验证和校验。

为有效控制和减少误差，在仪器层面，定期对设备进行校准和维护，确保其在工作最佳状态；在观测过程中，严格遵循操作规范，尽可能减少人为错误，并通过环境控制措施来减小环境因素的影响；在数据处理阶段，选择合适的计算方法，并对数据处理过程进行多重验证。通过综合措施，可以显著提高地面点位测量的精度和可靠性（见表1-2）。

表1-2　不同类型误差对地面点位测量结果的影响及控制措施

误差类型	影响程度	典型来源	控制措施
仪器误差	中等	生产缺陷、磨损、校准不准确	定期校准和维护设备
观测误差	高	操作不当、环境因素	严格操作流程、环境控制
环境误差	变动	地球自转、地壳运动	动态调整模型、补偿机制
数据处理误差	低	计算方法不准确、软件错误	使用验证方法和高质量软件

通过对误差来源的详细分析和控制措施的有效实施，可以大幅度提高地面点位测量的精度，确保测量结果的准确性和可靠性，系统化的误差分析方法在各种测量应用中都具有广泛的实用性和重要性。

五、地面点位在工程中的应用

　　地面点位在工程领域的应用贯穿工程建设的各个阶段，从规划、设计到施工和维护，每一环节都离不开地面点位的精确确定和应用，地面点位的准确性不仅影响工程的实施效果，还直接关系到工程的安全性和长期稳定性。在规划阶段，地面点位的确定为土地利用规划、城市布局以及基础设施的规划提供了重要的基础数据，城市规划部门需要通过对地面点位的精确测量来制定城市的发展蓝图，确保城市建设能够充分利用地形地貌，合理分配土地资源，优化城市空间布局，帮助确定绿地、公园、交通网络等设施的位置，进而提高城市生活质量和环境舒适度。在基础设施规划中，如水利工程、能源设施和公共服务设施的布局，地面点位的数据支持了合理选址和资源配置。在设计阶段，工程设计人员依赖于地面点位的精确测量来确保设计方案符合实际的地形和环境条件，在建筑设计中，必须准确测量建筑用地的地面点位，以确保建筑物的位置、方向和高度符合设计规范，这不仅涉及建筑的美观和功能性，还影响到建筑结构的稳定性和安全性。对于地下工程，如隧道和地下停车场，地面点位的准确测量有助于设计合适的地下结构，避免与现有地质结构发生冲突，减少工程风险。施工阶段施工放样是根据设计图纸上的点位在施工现场标定实际位置的过程，通过精确的地面点位确定，施工团队可以在现场准确标出建筑物的基准线和控制点，确保施工过程中的每一个环节都按照设计要求进行。在大型基础设施项目中，如桥梁和高楼的施工，地面点位的精准测量对于结构的准确定位和施工质量的控制至关重要，在道路和铁路建设中，地面点位的精确测量帮助规划和建设合理的路线，确保交通网络的畅通无阻。基础设施在使用过程中会受到自然因素和人为因素的影响，如地面沉降、土壤侵蚀和结构老化等，导致工程设施的位置和状态发生变化。在维护阶段，通过定期监测地面点位，可以及时发现这些变化，并采取相应措施进行修复和维护。在桥梁和隧道的维护过程中，通过监测点位的变化，可以检测到潜在的结构问题，如沉降或位移，从而避免可能的安全隐患。类似地，在高风险地区，如滑坡区或地震带，通过对地面点位的持续监测，可以预警可能的地质灾害，确保工程的安全性和稳定性。在具体实施中，各类先进技术和方法都被应用于地面点位的测量和监测，利用全球定位系统和激光扫描技术可以实现高精度的地面点位测量和实时监测。无人机技术的应用，使得大范围区域的点位测量和数据采集变得更加高效和精确，现代化的数据分析和处理技术，如地理信息系统和遥感技术，为地面点位的应用提供了强大的数据支持和分析工具，不仅提高了测量的精度，还大大提升了工程项目的管理和维护效率。

六、高精度定位技术的发展

高精度定位技术的进步伴随着科技的发展而不断推进，已经超越了传统的地面测量技术和 GPS 技术，并在多个领域展现了其强大的应用潜力，随着技术的进步，新兴的定位技术不仅提供了更高的精度，还满足了不同环境下的定位需求。实时动态定位（Real-Time Kinematic，RTK）技术是高精度定位领域的一项重要突破，RTK 技术通过实时处理从卫星接收到的 GPS 信号，并利用基准站的参考数据，能够提供厘米级的定位精度，高精度的定位能力对于各种需要精确测量的应用场景，如工程测量、地质勘探和地理信息系统具有重要意义。RTK 技术不仅在户外环境中表现出色，而且在复杂的地形和环境下，仍然能够保持较高的精度。其应用领域包括建筑施工中的精确放样、农业中的精准作业以及无人机导航等。除了 RTK，室内定位技术的发展也引起了广泛关注。由于 GPS 信号在室内环境中无法有效接收，传统的 GPS 技术在室内定位中的应用受到了限制，针对室内环境的定位技术应运而生。这些技术包括基于无线局域网（Wireless Local Area Network，WLAN）的定位系统，利用无线信号的强度和传播特性来估算位置；蓝牙定位系统，通过蓝牙信标的信号强度来实现室内定位；超宽带（Ultra-Wideband，UWB）技术，通过发射和接收高频信号来实现高精度定位；以及基于视觉传感器的定位系统，利用摄像头捕捉环境信息来进行位置计算，室内定位技术不仅能够在各种建筑和室内环境中提供精确的定位信息，还能够满足实时性要求，为室内导航、资产追踪和智能建筑管理等应用提供支持。

物联网（Internet of Things，IoT）和自动驾驶技术的快速发展，对高精度定位技术提出了更高的要求，物联网设备需要在各种环境中能获取高精度的定位数据，以支持设备之间的协调工作和数据交换。自动驾驶技术则要求定位系统具备高可靠性、低延迟和广泛的覆盖范围，以确保车辆在复杂环境中的安全行驶。为满足这些需求，现代高精度定位系统不断引入先进的技术，如融合多种传感器数据的定位系统，结合 GPS、惯性导航系统（Inertial Navigation System，INS）、激光雷达和计算机视觉等技术，以实现更高的定位精度和稳定性。通过数据融合和智能算法，系统能够在各种环境条件下提供可靠的定位信息，并支持实时决策和动作控制。随着全球导航卫星系统的发展，包括美国的 GPS、俄罗斯的 GLONASS、欧洲的伽利略系统和中国的北斗系统，这些系统的联合使用进一步提升了定位的精度和可靠性，多系统组合能够提供更全面的覆盖和更高的抗干扰能力，适应不同地理区域和环境下的定位需求。全球导航卫星系统的进步，不仅提高了定位精度，还扩展了高精度定位技术的应用范围，为各类应用提供了更强大的支持。

第四节　用水平面代替水准面的限度

一、水平面与水准面的定义

水平面是一个理想化的平面，其定义为在任何点上都与重力方向垂直的平面，理论上，水平面是一个无限扩展的平面，其每个点的法线方向都与重力方向垂直。在小范围的工程项目中，如建筑物内部或小型地形测量，水平面常常被用作简化计算的基础。由于地球的曲率对局部区域的影响微不足道，因此在这些情境下，可以将水平面视为一个适当的近似。尽管水平面在小范围内的应用是有效的，但当涉及更大范围的测量或工程项目时，简化方法会引起误差，因为水平面并没有考虑到地球表面的实际曲率。在实际应用中，水平面往往与地球表面的局部曲率无关，因此在广泛应用时会产生不准确的结果，进行大规模的土木工程项目时，忽略地球的曲率会导致结构设计上的错误，进而影响工程的整体安全性和可靠性。

相较于水平面，水准面是一个更加复杂的概念，水准面是指在地球重力场中具有相等重力势的参考面。与水平面不同，水准面是一个实际的、与地球表面曲率相吻合的三维曲面。水准面的形状受到地球内部物质分布、地壳运动以及地球重力场的不均匀性等因素的影响，水准面并不是一个简单的平面，而是一个具有复杂形状的曲面。在地理测量和工程应用中，水准面用于定义高程和垂直方向，是进行精确高程测量和地形分析的基础。由于水准面反映了地球重力场的变化，在不同地理区域之间可能会有显著的差异，如在某些地区，由于地壳的运动或重力场的不均匀分布，水准面可能会出现高低起伏。为了精确描述水准面的变化，通常需要进行详细的地面测量和数据分析，包括使用高精度的水准仪进行的高程测量，以及利用重力测量仪器获取重力场数据。在实际测量工作中，水准面的定义和确定是一个相对复杂的过程，由于水准面是一个实际的曲面，与地球表面的重力势相符，因此在进行大范围测量时，水准面的变化必须被考虑进去。在某些情况下，为了简化计算，可以假设水准面与水平面重合，尤其是在小范围内。然而，近似在大范围测量中可能会导致显著的误差，在大规模工程项目或广泛的地形测量中，必须采用更为精确的测量技术来确定水准面，以确保测量结果的准确性。

使用现代测量技术，如高精度水准仪、重力测量仪器和全球定位系统，在确定水准面时能够获得关于水准面的详细信息，并帮助科学家和工程师绘制出更为准确的水准面模型。通过使用高精度水准仪进行连续的高程测量，可以获得有关水准面变化的精确数据，可以用于绘制水准面模型，并在工程设计和地形分析中提供重要参考。通过测量地球表面的重力加速度，可以推断出水准面的形状。重力测量仪器能够捕捉到微小的重力变化，反映了地球重力场的不均匀性，从而影响水准面的形状。在大范围的地形测量中，结合重力数据和高程测量数据，可以更准确地描述水准面的实际形状。

二、水平面代替水准面的误差分析

在测量实践中，为了简化计算和操作，水平面常常被用来代替水准面，尤其是在小范围的测量任务中，在局部区域的应用是合理的，因为在区域内，地球表面的曲率对测量结果的影响可以忽略不计。然而，当测量范围扩展到较大区域时，这种近似就会引起一定的误差，这种误差被统称为"曲率误差"。曲率误差主要源于地球表面的实际曲率与假设的水平面之间的差异，地球作为一个近似的椭球体，其表面具有一定的曲率。在较大的区域内，这种曲率对测量结果的影响不容忽视，在进行长距离测量时，地球的曲率会使得水平面与实际的水准面之间产生偏差，从而导致测量结果的误差，在大地测量、工程建设和地形绘制等领域尤为明显，因此在这些应用中必须考虑地球表面的曲率。曲率误差的大小与测量区域的尺寸、地球表面的曲率以及所需的测量精度直接相关，测量区域越大，曲率误差越显著。在大规模工程项目，如长距离铁路或高速公路测量中，忽略地球的曲率导致工程设计和施工中的不准确，需通过精确的测量方法和修正技术来校正，现代大地测量技术和全球定位系统在测量过程中会充分考虑地球的曲率，从而提高测量结果的准确性。除了曲率误差，使用水平面代替水准面还可能引起其他类型的误差，大气折射现象使得测量仪器接收到的信号在穿过大气层时发生偏折，从而影响测量结果，在大气条件变化较大的情况下尤为明显，需要通过适当的校正方法来处理。仪器误差包括测量设备的制造误差、磨损和校准误差，而观测误差则可能源自操作不当、环境变化（如温度、湿度等）以及测量方法的不准确。为了有效控制误差，现代测量技术通常采用多种校正和补偿方法，在进行长距离测量时，可以使用高精度的仪器进行校准，采用合适的观测方法，并对测量数据进行处理和分析，以减少误差的影响。大气折射误差可以通过气象数据和折射模型进行校正，从而提高测量的精度。仪器的定期维护和校准也能够有效减少仪器误差，确保测量结果的可靠性。此外，现代技术还引入了新的测量方法和设备，如激光测距仪、全站仪和高精度 GPS 系统，能够提供更高的测量精度，并通过实时数据处理和自动校正功能，减少误差的影响。尤其是 GPS 系统，通过多颗卫星的定位信息，可以对地球表面的曲率进行精确地修正，从而提高测量结果的准确性。

三、水平面误差的计算方法

水平面误差的计算涉及多个方面，包括几何方法和物理方法的应用，不仅帮助测量人员识别和评估误差，还为误差的校正提供了理论基础。几何方法基于几何光学和几何力学的原理，通过对角度和距离的测量来确定水平面误差，在三角测量中，测量三角形的边长和内角可以用来计算水平面误差。具体而言，三角测量通常涉及测量一个三角形的三条边和三个角度，然后利用三角函数和几何关系来计算误差。若以 Δ 表示误差，α、β 为角度，a、b 为边长，则误差 Δ 可以通过以下公式估算：

$$\Delta = \sqrt{(\Delta a)^2 + (\Delta b)^2 + (\Delta \alpha)^2 + (\Delta \beta)^2} \tag{1-11}$$

式中，Δa 和 Δb 为边长的测量误差，$\Delta \alpha$ 和 $\Delta \beta$ 为角度的测量误差，在实际应用中，还需要考虑误差传播，即测量过程中的误差如何影响其他测量结果的准确性。误差传播可以通过误差传播公式来计算，通过偏导数和线性组合来求解每个误差源对最终结果的影响。

物理方法则涉及对地球物理量的测量，例如地球的重力场和大气折射等，在大地测量中，通过测量地球的重力加速度来确定水准面的形状和位置，利用重力加速度 g 的变化可以推导出大地水准面的形状。重力场的变化不仅会影响水准面的形状，还会引起测量误差。为了计算误差，可以使用以下公式：

$$\Delta H = \frac{g_{ref} - g_{obs}}{\rho} \tag{1-12}$$

式中，ΔH 为高程误差，g_{ref} 和 g_{obs} 分别为参考值和观测值的重力加速度，ρ 为地球的密度。通过公式，可以估算由于重力场变化导致的高程误差。

在 GPS 测量中，利用卫星信号的传播时间来计算位置，过程中也会产生误差，GPS 系统通过测量信号从卫星到接收器的传播时间来确定位置。其基本原理为：

$$d = c \cdot t \tag{1-13}$$

式中，d 为距离，c 为光速，t 为信号传播时间，由于信号传播过程中受大气折射等因素的影响，计算结果出现误差，为了提高精度，通常需要采用差分

GPS 技术，通过对比多个信号源的数据来校正这些误差。

在计算水平面误差时，还需要考虑误差的传播和合成，误差传播指的是测量过程中的误差如何影响其他测量结果，而误差合成则是将多个测量结果中的误差合并为一个总的误差估计，统计方法和误差分析技术在这一过程中发挥了重要作用，如通过方差分析和协方差矩阵，可以对多个测量结果的误差进行综合分析，从而提供更为准确的误差估计。

$$\sigma_{total}^2 = \sum_{i=1}^{n} \sigma_i^2 + 2\sum_{i<j} C_{OV}(i, j) \tag{1-14}$$

式中，σ_{total}^2 为总误差，σ_i^2 为每个测量结果的方差，$C_{OV}(i, j)$ 为测量结果之间的协方差，通过综合分析，可以更准确地评估和控制误差，确保测量结果的精确性。

四、水平面误差在工程中的影响

水平面误差在工程中的影响涉及各个阶段，包括规划、设计、施工和维护，在每个阶段，误差的存在都会对工程质量、效率和安全性产生潜在风险。

在规划阶段，水平面误差对土地利用规划和城市布局产生不利影响，土地利用规划需要基于准确的地面高程数据来确定用地功能和布局。在城市发展规划中，错误的地面高程数据导致土地使用功能的错位，影响到基础设施如排水系统的设计。如果在城市规划过程中忽略了水平面误差，使排水系统的设计不能有效地解决实际的排水问题，这会导致城市洪涝问题的加剧。城市道路和建筑物的布局如果未能准确反映地形变化，导致交通拥堵或建筑物之间的空间利用不合理，不仅增加了后续调整和改建的难度，也提高了整体工程成本。

设计阶段对水平面误差的影响更为直接和明显。工程设计图纸中的高程数据通常基于水平面进行计算，如果水平面误差未被考虑，设计结果可能与实际地形存在偏差。在建筑设计中，水平面误差导致建筑物的位置、高度和方向出现偏差，不仅影响建筑物的外观，还可能影响其结构的稳定性和使用功能。在高层建筑设计中，误差导致建筑的高度超出设计范围，影响到建筑的抗震性能和风荷载分布，从而影响到建筑的整体安全性。类似地，在桥梁设计中，水平面误差导致桥梁与路基的连接不良，影响到桥梁的承载能力和使用寿命。

施工阶段的水平面误差对工程的质量和进度有着直接的影响。在施工过程中，水平面误差导致施工放样和结构定位不准确，在建筑施工中，施工放样的精确性对于建筑物的结构稳定性至关重要。如果水平面误差未被校正，施工放样会出现偏差，导致建筑物的位置和高度与设计要求不符，不仅影响建筑物的稳定性，还导致结构上的问题，如不均匀沉降或裂缝。在交通工程项目中，如道路、铁路和机场的建设，水平面误差导致建设项目与实际地形不符，从而影响交通网络的布局和运行效率，道路规划中的水平面误差导致道路弯道设计不当，从而增加交通事故的风险。

在维护阶段，水平面误差对基础设施的监测和管理产生了长远影响。基础设施的长期维护依赖于准确的地面点位数据，以监测结构的变形和位移，如果水平面误差未被充分考虑，监测数据不准确，会影响到基础设施的安全评估。在桥梁和大坝的监测中，水平面误差导致对结构变形的误判，从而影响维护计划的制定。如果水平面误差导致对结构位移的监测数据与实际情况不符，会延误发现潜在的结构问题，从而影响工程的安全性和维护效率，基础设施的监测和维护计划如果未能准确反映实际的地面情况，会导致资源的浪费和维护工作的低效。

五、减少水平面误差的措施

在设备选择方面，使用高精度的测量仪器是减少水平面误差的基础，具体而言，高精度经纬仪和全站仪能够提供精确的角度测量和距离测量，对于减少水平面误差至关重要，如现代经纬仪配备了激光测距装置和电子水准仪，能够在测量过程中提供更高的精度。全站仪结合了经纬仪和测距仪的功能，通过电子化的数据采集和处理，大大提高了测量的准确性。在全球定位系统的使用中，采用高精度的 GPS 接收机可以提供厘米级的定位精度。为保证设备的持续精度，定期的校准和维护工作至关重要。设备的校准应依据国际标准进行，校准周期应根据设备使用频率和环境条件而定，确保设备在测量中的高效运行。

除了高精度设备，先进的测量技术和方法也是减少水平面误差的重要手段，卫星定位技术（如 GPS、GLONASS、伽利略和北斗）能够提供全球范围内的高精度位置数据，通过多卫星系统的联合使用，可以进一步提高定位精度。使用实时动态定位（RTK）技术通过实时处理 GPS 信号，能够在厘米级精度范围内进行定位。遥感技术是利用卫星或航空器上的传感器获取地面数据，并结合地理信息系统技术进行数据处理和分析，这可以在大范围内提供高精度的地面点位信息。GIS 技术可以集成多种数据源，进行空间分析和可视化，帮助精确描述地面点位和地形变化。

数据处理和分析技术的进步也为减少误差提供了支持。使用现代统计方法和误差分析技术能够处理复杂的数据集，识别误差来源并进行修正，从而提高测量结果的准确性。在测量过程中，需要对各种潜在的误差进行系统识别和评估，常见的误差包括仪器误差、大气折射误差、地球曲率误差等。误差分析通常通过误差模型和统计方法来完成，使用误差传播公式来估算测量结果中的总误差。误差校正则包括使用校正因子来调整测量结果，结果数据来源于标准化的校准数据或现场的实测数据。在数据处理阶段，可以使用多项式回归分析等方法对测量数据进行拟合，校正测量结果中的系统误差。综合误差合成和传播分析，能够更准确地评估测量误差的影响，并进行有效的校正。测量人员需要接受系统的培训，了解测量误差的来源、性质以及影响，培训内容应包括设备的操作规范、误差分析的方法以及数据处理的技术。通过模拟训练和实际操作的结合，测量人员可以熟练掌握误差识别和校正的技能。在实际测量中，测量人员应保持高度的专业素养，严格遵循操作规程，确保测量过程的规范性，定期的技术交流和经验分享也有助于提升团队的整体技术水平，减少人为因素导致的误差。

六、水平面与水准面在测绘中的选择

在测绘工作中，水平面与水准面的选择不仅涉及测量的精度要求，也取决于测量范围和实际应用的特殊需求。水平面和水准面各有优劣，其选择需根据具体情况进行权衡。水平面是一个理论上与重力方向垂直的平面，在局部区域内可以有效近似地代表地球表面的水平状态，其主要优势在于简化测量过程和计算。由于地球的曲率对小范围内的影响较小，水平面能够在建筑设计、城市规划和小范围的工程施工中提供足够的测量精度。在建筑施工中，使用水平面作为参考面可以确保建筑物的基础和结构保持平整度，并且大幅度减少计算复杂度。水平面也适用于日常的土地利用规划，可以大大提高测量工作效率，便于实际操作和数据处理，在建筑物的放样过程中，通常采用水平面来确保结构的垂直度和精确定位，这种做法可以有效地减少施工中的误差，提高工程质量。当测量范围扩大时，地球表面的曲率变得显著，水平面作为参考面也会导致误差。因此，在大范围的测量任务中，如大地测量、全球定位系统应用和高程控制测量中，水准面的使用显得尤为重要。水准面是一个与地球重力场等势的假想面，在大范围内能更准确地反映地球表面的真实形状，因此在应用场景中能提供更高的测量精度。大地测量要求测量覆盖广泛的区域，使用水准面可以减少地球曲率带来的测量误差，提高测量结果的准确性。在全球定位系统测量中，通过与水准面对齐的测量结果，可以更准确地确定地面点位的位置，为地理坐标的高精度定位提供支持。

在选择参考面时，还需考虑测量设备和仪器的精度和功能。使用现代高精度测量设备，如 GPS 接收机和全站仪，能够提供与水准面一致的测量结果，因此在大范围测量中使用更为适合。通过高精度的传感器和先进的数据处理技术，能够获得精确的地面点位数据，现代全站仪结合了激光测距、电子水平仪以及自动测角功能，在大范围内能够提供高精度的水平和高程数据，适用于复杂的工程测量任务。一些传统测量设备，如经纬仪和水准仪，虽然在小范围内表现优异，但其精度和功能相对有限。经纬仪主要用于角度和方向的测量，而水准仪则专注于高程测量，在小范围测量或需要高精度水准测量的场合，这些设备仍然具有重要的应用价值。

具体应用场景中，参考面的选择需根据实际测量需求进行调整，在城市规划中，通常需要进行详细的地形测绘和建筑设计，此时使用水平面能够简化计算和设计流程。而在国家级或国际级的测量项目中，使用水平面能够提供更高的精度和可靠性，确保测量结果的准确性。通过合理选择参考面，可以有效提高测量工作的效率和精度，满足不同工程和应用的要求。

第五节　测量工作概述

一、测量工作的基本原则

测量工作的基本原则构成了测量活动的核心框架，为保证测量的准确性、可靠性、效率及经济性提供了参考，每个原则都在不同层面上影响着测量过程，确保最终结果能够满足预期需求并达到既定标准。

准确性原则要求测量结果应尽可能接近真实值，强调了误差控制的必要性，测量结果的误差需控制在规定范围内，以保证其科学性和实用性。实现准确性原则需要依赖精密的测量仪器和设备，其必须经过严格的质量控制和校准，以确保性能稳定且可靠。测量方法和程序的科学性也至关重要。选用合适的测量方法、遵循标准操作程序以及进行必要的校验，都是保证测量准确性的有效手段。测量过程中的环境因素，如温度、湿度、气压等，也应被纳入考虑，通过控制或补偿因素的影响，可以进一步提高测量结果的准确性。

完整性原则强调测量工作应覆盖所有必要的测量对象和参数，以确保测量结果能够全面反映实际情况。为实现完整性，制定测量计划时需要对所有相关测量需求和目标进行全面考虑，不仅要求测量范围要涵盖所有必要的点位和区域，还要确保测量内容的全面性和系统性，在进行地形测绘时，需要包括地形高程、地物分布、地质特征等多个方面的数据。完整的测量工作能够提供全面的信息，避免因数据缺失或不完整而导致的决策错误或误导。

一致性原则关注测量结果在不同时间、地点及测量人员之间的可比性。通过统一的测量标准和规范来实现可比性，即制定并遵循国家或国际标准，确保在不同环境和条件下的测量结果具有一致性。仪器的定期校准和维护也是保证一致性的关键因素。通过对测量设备进行标准化校准，可以确保不同设备和不同时间的测量数据具有相同的参考基准。严格遵循测量规范和标准操作程序，能够减少人为误差并提高测量结果的可靠性。

可追溯性原则要求测量结果能够追溯到国际或国家标准，以确保测量结果的全球一致性和互认性。可追溯性通过使用经认证的参考标准和设备来实现，在大地测量和地理信息系统中，通常需要将测量结果与国际大地测量基准系统对齐，使其不仅在本地具有有效性，也能够与国际数据进行对比和整合。通过建立清晰的标准和规范，并进行系统的记录和存档，可以确保测量结果的可追溯性，从而支持不同地区和国家之间的协作和数据共享。

经济性原则则强调在满足精度要求的前提下，尽可能降低成本和提高效率，要求测量过程中的资源使用应经过精心规划和优化。合理选择测量方法和技术，能够在保证结果准确性的同时，降低操作成本。使用高效的测量设备和技术，可以减少测量时间和人力成本，提高工作效率，采用先进的无人机测量技术和数据自动处理系统，能够在大范围内快速获取高精度数据，同时降低人工操作的复杂性和成本。经济性原则还包括对测量项目的全面预算和成本控制，通过合理的资源配置，确保测量工作在预算内高效完成。

二、测量工作的组织与管理

测量工作的组织与管理涉及多个方面，以确保测量活动能够高效、准确地完成，有效的组织与管理不仅能提高测量工作的效率，还能保障测量结果的可靠性和有效性。

测量项目的规划包括明确测量目标、制定详细的测量计划、预算及时间表。测量目标的确定应基于项目的需求和预期成果，涉及测量的范围、精度要求和最终用途。根据测量目标，制定测量计划时需要考虑多方面因素，如测量的方法、设备、人员需求、数据处理流程等。预算和时间表的制定应综合考虑测量的各项费用，包括设备采购、人员薪酬、现场费用等，确保测量项目在预算内按时完成。

测量团队的组建涉及根据项目的特点和需求，选择适合的测量人员和专家，要求评估项目的复杂性和技术要求，选拔具备相应技能和经验的人员。

测量团队应包括项目负责人、测量工程师、技术人员和数据处理人员等，确保每个岗位的职责明确。项目负责人负责总体协调和决策，测量工程师进行现场测量和数据采集，技术人员维护设备和提供技术支持，而数据处理人员则负责数据分析和结果验证。选择团队成员时应注重其专业能力和团队协作能力，以确保测量工作的顺利进行。

测量资源的配置是指合理分配仪器设备、软件工具、材料和人力资源。测量设备的配置需要根据测量任务的具体要求，选择合适的仪器和工具。例如，在进行高精度地形测绘时，可能需要使用高精度 GPS 接收机、全站仪和激光扫描仪等设备。软件工具则用于数据处理和分析，如测量数据处理软件和地理信息系统工具。材料包括测量标志、记录表单等，必须确保其质量和数量能够满足测量需求。要求根据测量任务的复杂程度和人员的技能水平来进行人力资源的配置，合理安排每位成员的工作任务，以达到最佳的工作效果。

测量任务的分配要求根据测量人员的技能和经验，将具体任务合理分配给最合适的人员，需要综合考虑每个测量人员的专业背景、操作技能和工作经验，确保任务分配的科学性和合理性。在实际操作中，任务的分配还需考虑现场条件和工作环境，避免因设备操作不当或人员配备不均而影响测量结果。通过明确每个成员的职责和任务，可以提高团队的工作效率和测量结果的质量。

测量进度的控制涉及制定详细的工作计划和进度表，并通过定期检查和调整来保证项目按时完成。工作计划中应明确各阶段的工作任务、时间安排和关键节点。进度表则用于跟踪实际工作进展情况，及时发现和解决可能出现的进度延误问题。定期的进度检查有助于确保各项工作按计划推进，若出现进度滞后现象，应及时调整计划和资源配置，以确保项目能够按时完成。

测量质量的监督包括对测量过程和结果进行持续的监控和评估，质量监督要求对测量活动中的各个环节进行检查，包括测量设备的校准状态、测量方法的执行情况、数据采集的准确性等。通过设立质量控制点和进行随机抽查，可以及时发现并纠正质量问题，确保测量结果符合预定的标准和要求。

此外，质量监督还涉及对测量结果的审查和验证，确保最终输出的数据和报告的准确性和可靠性。

三、测量工作的流程与方法

测量工作流程与方法构成了整个测量活动的基础，其科学性和规范性直接影响到最终测量结果的准确性与可靠性，测量过程的每个阶段都有其独特的功能和目标，确保了从测量设计到结果分析的各个环节均能有效衔接并达到预期的效果。在测量设计阶段，测量目标的确立不仅决定了测量工作的方向，也影响后续方法和技术的选择，设计过程中需要综合考虑测量的空间范围、精度要求以及时间约束等因素，以制定科学合理的测量方案，选择合适的测量方法和设备是至关重要的一步。不同的测量目标和条件可能需要不同的技术支持，对于高精度的工程测量，可能会选用激光扫描技术，而对于大范围的地形测量，则更多地依赖于卫星定位系统。设计阶段还包括制定详细的测量计划，包括确定测量的频次、布设测量网点、配置测量设备等，以确保测量活动能够高效有序地进行。在测量实施阶段，测量人员需根据设计阶段制定的计划，进行现场布设和数据采集，此阶段涉及的操作包括设备的调试与校正、测量点的布设、实际测量的执行等。在测量过程中，操作的准确性和规范性对最终数据的质量具有直接影响，测量人员需要熟悉操作规程，并且在操作过程中注意环境因素的变化，如气象条件可能对测量精度造成影响。数据采集完成后，初步处理也是必要的步骤，包括数据的初步检验、错误数据的剔除和数据格式的整理，为后续的数据处理和分析打下基础。数据处理阶段包括数据的整理、分析以及校正。数据整理涉及将原始数据进行分类、汇总和整理，以便于后续的处理和分析。分析阶段则是对数据进行深入剖析，通过统计方法和数据模型提取有价值的信息。校正是确保数据准确性的必要步骤，通过与标准数据或已知数据进行比较，进行误差修正和数据校正，从而提高数据的可靠性和准确性。结果分析阶段的核心任务是将数据结果与测量目标进行对比，分析数据的符合程度，并对测量结果进行科学解释，不仅包括对数据进行图示化处理，还涉及对数据趋势和异常情况的深入分析。

通过综合考虑各种因素，可以对测量结果进行全面的评估，并提出相应的改进建议或进一步的研究方向。在测量方法的选择上，不同测量目标和要求可能需要采用不同的技术手段，如地面测量方法适用于小范围、高精度的测量任务，如建筑工地的施工放样；而卫星定位技术则在大范围的测量中显示出优势，例如国土资源的勘测和大规模的地理信息数据采集。遥感技术则可以用于获取大范围地表信息，对环境变化进行监测和分析。而地理信息系统技术则将各种测量数据进行集成和分析，提供更为直观和综合的地理信息服务，技术和方法各有其特点，需要根据实际需求进行合理选择。

四、测量数据的处理与分析

测量数据的处理与分析涉及多个复杂且密切相关的步骤，每一步都对最终的数据质量产生重要影响。数据处理的首要任务是数据的预处理，包括数据的清洗、格式化和标准化，数据清洗的目标是识别并剔除无效或错误的数据，这些数据是由于采集过程中的技术问题或操作失误而引入的。格式化则将数据转换成统一的形式，以便于进一步处理和分析。标准化则是通过统一的数据尺度或单位，确保不同数据源之间的兼容性，从而提高数据的一致性和可比性，为后续的数据分析奠定了基础，确保了数据的质量和可靠性。

在数据预处理之后，进行误差分析是必不可少的步骤，误差分析旨在识别和评估数据中的各种误差源。误差包括系统误差、随机误差和粗差。系统误差通常源于测量设备的本身缺陷或校准问题，往往具有稳定性和可预测性，需要通过定期校准和维护来进行控制。随机误差则由于环境因素的变化或测量操作的不确定性而产生，具有不可预测性，但可以通过重复测量和统计分析来减小其影响。粗差是由于人为错误或设备故障引起的异常数据，通常与其他数据显著不同，可以通过数据筛查和异常值检测技术来识别并处理。

通过数学模型和算法对数据中的误差进行校正和补偿，通常依赖于已知的标准或参考数据，通过对测量数据与标准数据的比较，识别误差模式并进行修正。校正过程中可能需要应用不同的数学模型，如线性回归模型、最小二乘法等，以适应不同类型的数据和误差特征。通过有效的校正，可以显著提高数据的准确性和一致性，从而为后续的分析提供可靠的基础。

数据融合则是将来自不同来源和类型的数据进行整合，以获得更加全面和准确的信息。数据融合的过程通常将来自不同测量设备、传感器或数据源的数据进行对比和综合，利用多源数据的互补性来提高整体数据质量。融合过程包括数据插值、重采样和信息合成等步骤，目标是生成一个综合的、具有更高分辨率的数据集，这不仅提高了数据的全面性，也增强了分析结果的可靠性。

结果解释是将处理和分析后的数据进行综合评估和解释的过程，涉及将分析得到的信息与实际背景进行对比，得出有意义的结论和决策依据。解释过程中需要结合专业知识和经验，对数据趋势、模式和异常情况进行深入剖析。结果解释不仅仅是对数据结果的简单陈述，而是需要将数据分析的发现与实际应用场景相结合，提出切实可行的建议或行动方案，这就要求分析人员具备对测量数据的深刻理解，以及对相关背景信息的综合掌握。

五、测量技术的标准与规范

测量技术的标准与规范是确保测量活动质量、准确性和一致性的基石，通过制定和遵循相关标准与规范，可以实现测量数据的全球统一和本地适应，从而满足不同领域和应用的需求。标准和规范通常分为国际标准、国家标准、行业标准以及企业标准，各自具有不同的适用范围和要求（见表1-3）。

国际标准，如由国际标准化组织（International Organization for Standardization，ISO）和国际电工委员会（International Electrotechnical Commission，IEC）制定的标准，提供了全球范围内测量技术的一致指导和要求，涵盖了测量仪器的性能要求、测试方法的实施细则以及数据的报告方式。例如，ISO 9001标准就规定了质量管理体系的要求，其中包括对测量和试验设备的管理要求，ISO/IEC 17025标准规定了实验室的通用要求，用于确认实验室的技术能力和数据质量。国际标准的制定旨在确保全球范围内测量结果的一致性，使得不同国家和地区之间的测量数据可以互认，促进国际贸易和科技合作。

国家标准则依据特定国家的实际需求和条件对测量技术提出更为具体的

要求，常由国家标准化机构制定，如中国的标准化行政主管部门和美国国家标准学会（American National Standards Institute，ANSI）。国家标准在国际标准的基础上，结合本国的技术水平、经济条件和应用需求，制定更加适用的测量规范，中国的 GB/T 18204 系列标准涵盖了测量仪器的性能评估和测试方法，在保证国内测量技术与国际水平接轨的同时，也充分考虑了本国特有的应用场景和需求。

行业标准是针对特定行业的测量需求而制定的标准，通常由行业协会或专业组织发布，对行业内的测量方法、仪器设备和数据处理等方面提出了更为详细和具体的要求。建筑工程行业的测量标准可能会包括测量精度的要求、测量方法的规范以及测量数据的记录格式。标准的制定旨在解决行业特有的技术问题，提升行业整体的测量水平和数据可靠性。

企业标准是企业根据自身的技术能力、管理水平和实际需求，制定的内部标准和规范，通常覆盖了测量活动的方方面面，如测量方法的选择、仪器设备的维护、数据处理的流程以及质量控制的措施。企业标准的制定不仅有助于规范企业内部的测量操作，提高测量结果的一致性和准确性，还能在企业与客户之间建立信任和合作关系，企业制定针对特定产品的测量标准，确保产品在生产和交付过程中的质量稳定。

表 1-3　不同类型标准的主要特点和适用范围

标准类型	主要制定机构	适用范围	主要内容
国际标准	ISO、IEC	全球范围	统一的测量技术指导和要求
国家标准	国家标准化机构	国家范围	根据本国需求制定的具体要求
行业标准	行业协会、专业组织	特定行业	行业内测量技术的详细规范
企业标准	企业内部	企业内部	企业特定的测量操作和管理规范

标准和规范的制定和更新必须紧跟测量技术的发展和实际应用的变化，这需要标准化机构、行业协会和企业不断进行技术研究和实践反馈，以便在新技术出现时及时调整和完善现有标准，动态更新机制能够确保测量技术和方法始终处于行业前沿，满足不断变化的需求。

六、测量工作的创新与优化

测量工作的创新与优化是推动测量技术进步的核心，涉及测量方法、技术、设备和流程等多个方面的改进。创新和优化不仅提升了测量效率，还改善了测量结果的精度和可靠性，从而满足了不断变化的应用需求。

测量方法的创新是推动测量技术发展的起点，新型测量原理、算法和模型的开发可以显著提升测量精度和效率，基于激光雷达的高精度地形测量方法通过激光扫描技术获取地表点云数据，利用先进的算法处理这些数据，从而生成高分辨率的地形模型，克服了传统测量方法在复杂地形测量中的局限性，显著提高了测量效率和精度。数据驱动的测量方法，如基于深度学习的图像识别技术，能够通过训练模型自动识别和处理测量数据，大大缩短了数据处理时间，提高了数据分析的自动化水平。

在测量技术的优化方面，需要根据具体的测量目标和要求选择最合适的技术和方法。对于建筑工程中的变形监测，可以采用基于卫星定位系统技术的动态监测方法。这种方法能够实时监测结构的微小位移，并通过精确的定位技术及时反馈监测结果，从而实现对建筑物变形的早期预警，这不仅提高了测量的实时性和精度，还增强了对结构安全的监控能力。近年来，新型测量仪器如高精度全站仪和多频段 GNSS 接收机的出现，为测量工作提供了更为先进的工具，这些工具不仅具备更高的测量精度和稳定性，还具备更强的自动化和智能化功能。全站仪集成了激光测距和电子测角功能，能够快速完成大范围的测量任务，并自动生成测量报告。GNSS 接收机的改进使其能够支持更多的卫星系统和频段，提高了定位精度和可靠性。

测量流程的优化则涉及对整个测量过程的系统性改进，通过简化流程、提高效率和降低成本，能够显著提升测量活动的总体性能。引入自动化数据采集和处理系统，可以减少人工操作的错误，提高数据的处理速度。流程优化还包括对测量设备的维护和校准进行科学管理，以确保设备在最佳状态下运行，从而提高测量结果的可靠性。优化测量流程能够减少时间和资源的浪费，提高整体的工作效率和经济性。

在创新与优化的过程中，测量学与计算机科学、信息技术、遥感科学和地理信息系统等领域的合作，可以为测量技术的创新提供新的思路和方法，遥感技术的应用可以实现对大范围地表的快速测量，而地理信息系统技术则可以将测量数据进行空间分析和可视化，提供更为全面的决策支持（见表1-4）。

表1-4 跨学科技术应用在测量工作中的实际效果

技术领域	应用	效果
计算机科学	深度学习图像识别技术	自动化数据处理，提高分析效率
信息技术	云计算和大数据分析	提高数据存储和处理能力
遥感科学	高分辨率遥感影像	快速获取大范围地表数据
地理信息系统	空间数据分析与可视化	提供综合的地理信息决策支持

新技术如大数据、人工智能和机器学习在测量工作中的应用也逐渐增多，大数据技术能够处理和分析海量的测量数据，从中提取有用的信息和模式，人工智能和机器学习技术则可以用于预测和优化测量结果，例如通过训练模型预测设备故障或优化测量参数，不仅提升了测量的智能化水平，还为测量工作带来了新的发展机遇。如数据融合中常用的加权平均法公式：

$$X_{fused} = \frac{\sum\limits_{i=1}^{n} w_i \cdot X_i}{\sum\limits_{i=1}^{n} w_i} \qquad (1-15)$$

式中，X_{fused} 是融合后的数据值，X_i 是第 i 个数据源的值，w_i 是第 i 个数据源的权重。

第二章　测量技术与设备

第一节　水准测量

一、水准测量的基本原理

水准测量作为一种基于重力作用下水平面的高差测定方法，其基本原理在于利用仪器和标尺之间的精确配合来获得测点间的相对高程，该技术的核心依托于自然界中的重力场特性，即静止的水面在不受外力干扰时，能够形成一个精确的水平面。在实际操作中，通过水准仪对不同测点的标尺读数进行比对，从而获得两点间的高度差，测量时要求水准仪的精确水平调节，因为只有在仪器完全水平时，才能保证测量的视线真正平行于水准面，使得高差的计算准确无误。从仪器的设计角度来看，水准仪的核心在于其提供的视线必须绝对水平，意味着其内部构造需要极高的机械精度。光学或电子组件必须经过严格校准，以确保任何微小的倾斜都尽可能被消除。水准仪通常通过三脚架固定于地面，观测者在每次测量之前都需要反复调节，以确保仪器处于最佳工作状态。即便是轻微的震动或倾斜，都会对最终读数产生显著影响，因此，观测过程中对于仪器的维护和环境条件的监控显得尤为必要。在整个测量系统中水准标尺不仅需要具备清晰的刻度，以便于观测者在不同的距离上进行读数。而且其材质和构造必须稳定，以防止因外界环境影响而导致的形变或读数误差。标尺的刻度间距经过精确设计，通常以毫米或更小的单位为测量标志，确保了在不同测量距离上依然可以提供精确的读数。标尺需要足够长以适应不同的地形条件，尤其是在高差较大的地带，其长度直接关系到测量工作的效率。在实际操作中，常见的观测方法包括前后视法和往返观测法。在前后视法中，观测者分别记录水准标尺在两个测点的读数，通过计算两个读数的差值来得到高差，直观且易于操作，但也可能受制于某些环境因素，比如光线、气候条件等。而往返观测法则是一种通过多次测量来提高精度的方法，即观测者先沿一条路线进行测量，然后返回原点再次测量，比较两次结果以消除可能存在的系统误差。这种方法虽然耗时较长，但能够有效提高测量的可靠性。

二、水准仪的构造与使用

水准仪作为一种用于精确测量高差的仪器，其设计和使用方式直接决定了测量结果的可靠性，水准仪的构造包括望远镜、水准器以及基座等多个组件，确保观测过程中能够提供稳定的操作平台以及清晰的观测视线。

望远镜作为水准仪的主要观察工具，其内部装置经过精密调校，目的是为观测者提供清晰、放大的视野，从而能够精确读取水准标尺上的刻度。通过调节望远镜焦距，观测者能够确保视线与目标平面一致，避免由于视差或模糊导致的读数偏差。望远镜内通常还配备有"十"字丝，用于精确对准标尺刻度的中心位置，确保每次读数的标准化。

水准器在水准仪中主要用于保证仪器处于水平状态，水准器内部常采用气泡式设计，通过气泡位置来显示仪器的水平程度。精密的水准器不仅可以帮助观测者迅速确认仪器是否在水平面内，还能够在必要时进行微调，以确保观测过程中视线的绝对水平性。每次观测前，调节水准器都是一个必不可少的步骤，因为即使是微小的倾斜，也可能导致误差累积，从而影响测量的最终精度。

基座作为水准仪的支撑结构，必须具备足够的稳定性和调整功能。通常，基座与三脚架相连接，三脚架的高度和角度可以根据地形条件进行调整，以确保仪器在不规则的地面上依然能够保持稳定。基座通常配备有旋转和微调机构，使得水准仪在水平调节和方位角调整上能够灵活自如，这不仅简化了仪器的操作流程，也使得观测者可以迅速完成设备的初步调试，进入实地观测状态。

在使用水准仪进行观测时，操作的规范性和精细度对测量结果有着直接影响，仪器需要在测点处通过三脚架稳固安置，并通过调节基座上的调整螺旋确保水准仪在水平状态下。水准仪达到水平状态后，观测者可以通过望远镜对水准标尺进行观察。在这个过程中，观测者需不断调整望远镜的焦距，直到标尺上的刻度清晰可见，同时通过十字丝精确对准标尺的中心位置以获得准确的读数。在观测中，稳固的仪器放置、准确的对焦和精确的对准是确保读数精度的关键步骤。为了保证测量结果的可靠性，水准测量往往会采取多次观测的方法，即在同一测点进行多次读数，并通过平均值等统计方法消除偶然误差，在高精度测量中尤为常见，观测者还可能根据实际情况采用不同的观测方法，例如反复测量法或者交替观测法，以进一步提高测量的稳定性和精度。反复测量法通过在同一路线上往返多次测量，消除存在的系统误差，确保每一次测量的结果都能够互相验证，从而降低读数波动的风险。交替观测法则是通过多角度、多方向的观测来排除环境因素对测量结果的干扰，如光线的变化、天气的影响等。

水准仪作为一种高精度仪器，长时间的使用或不当的操作容易导致仪器精度的下降，因此定期的检修和校准是确保其长期可靠性的必要条件。定期检查零点误差是一项必不可少的维护工作，观测者需要通过测试对比，检查水准仪在初始状态下是否存在偏差，若有偏差则需及时调整，水准器的灵敏度也需要定期校准，以确保每次调平操作的准确性。若水准器失灵或精度下降，则整个仪器的水平调节功能将受到影响，进而影响观测结果的准确性。水准仪的望远镜部分也需定期清洁和保养。望远镜作为光学组件，若长时间暴露在外界环境中，灰尘、油污等可能会附着在镜片上，导致观测视线模糊，从而影响读数精度，镜片的调校也需定期进行，以确保焦距调节的灵活性和视野的清晰度。基座和三脚架的连接部位同样需要进行润滑和紧固检查，以确保每次使用时仪器的稳定性和可调节性不受影响。

三、水准测量的误差来源

水准测量的误差大致可以归纳为三类：仪器误差、观测误差和环境误差，每一类误差都有其具体的成因及对策，需要在实际操作中综合加以考虑和控制。仪器误差是指由水准仪器本身的结构设计、制造或使用过程中产生的偏差。水准仪作为一种高精度的测量工具，其生产和校准过程要求极其严密，任何精密仪器在长期使用后，都难免因为内部机械部件的磨损或外部环境的影响导致误差的产生。水准仪制造误差的典型表现之一是望远镜的光学轴线未能与水准仪的水平轴线完全重合，导致观测过程中出现倾斜视线，进而产生读数偏差。为了尽量减少误差，制造商在仪器出厂前都会进行严格的校准，确保其精度符合标准。但即便如此，长期使用后，机械部件的磨损、震动等因素仍会导致仪器精度下降，定期对水准仪进行校验，尤其是针对水平轴线和视线重合性进行检测，成为必不可少的工作。水准标尺的刻度误差也是仪器误差的一种表现，虽然标尺的刻度在制造过程中经过严格控制，但在实际使用中，标尺因温度变化、潮湿等环境条件的影响，会发生细微的伸缩或弯曲，从而导致刻度不再准确。采用耐候性强的材料制造标尺，并在使用过程中注重其存放和保养，是减少此类误差的重要措施。

观测误差则是由测量操作过程中的人为因素所导致的，误差与观测者的经验、操作习惯、技术水平等密切相关。读数误差是其中较为常见的一种。观测者在通过望远镜读取水准标尺上的刻度时，视线与标尺的相对位置不完全垂直，或者由于视差导致的读数偏差，都会直接影响测量结果。瞄准误差也在观测误差中占有较大比重，尤其是在使用高倍率望远镜时，轻微的手部晃动或者对焦不精准，都会导致望远镜的视野中心偏离标尺刻度，进而影响读数的准确性。仪器安置误差同样是观测误差的重要来源之一。即便仪器本身精度无误，但若在测量开始时三脚架未能稳固安置，或者基座未能精确调平，都会导致水准仪产生倾斜，从而使视线偏离水平，导致高差测量结果偏差。因此，在操作过程中，严格按照操作规程进行仪器安置与调平，并确保每次读数的标准化和规范化，成为减少观测误差的关键手段。

环境误差则是由外部环境条件的变化导致的测量误差。水准测量对环境的依赖性较强，尤其是在复杂地形或极端气候条件下进行的测量工作，环境因素往往成为影响精度的主要因素之一。温度变化是导致环境误差的常见原因之一，水准仪和标尺在不同温度条件下会因热胀冷缩效应导致微小的尺寸变化，变化虽不易察觉，但在长距离测量中其累积效应将对测量结果产生较大影响。为减小温度对测量的影响，测量作业通常选择在气温较为稳定的时段进行，并避免在极端高温或低温条件下进行测量操作。大气折射是另一个显著的环境因素。当视线通过不同气层时，空气密度的变化会导致光线发生折射，这种现象在远距离观测中尤为明显。大气折射使得观测视线发生微小偏移，从而引发读数偏差。为了减小大气折射的影响，通常建议在气象条件稳定、空气透明度较高时进行水准测量，避免在光线变化剧烈的环境中作业。地面沉降也是影响水准测量精度的环境因素之一。在一些地质条件不稳定的区域，地面沉降会导致测点位置的变化，使得高程数据失去一致性。面对此情况，测量作业时应尽量避开沉降活跃区域，并通过多次测量取平均值来减小其对结果的影响。

四、水准测量的数据处理

水准测量中的数据处理涵盖了从数据记录、计算到分析的整个过程，在此过程中，不仅需要准确记录各个测点的读数，还必须通过一系列精密的计算，最终生成反映测区高程变化的可靠数据，数据处理的精确性直接关系到测量结果的可信度，因此每一步操作都要求高度的规范和严谨。在实际测量过程中，数据记录是最基础的环节，每个观测点的数据必须被及时、准确地记录在测量手册或电子设备中，记录的数据不仅包括水准标尺的读数，还应涵盖与测量环境相关的因素，如记录时需要标明具体的观测时间、日期、观测点的编号、气象条件（如温度、气压、湿度等），甚至包括测量仪器的使用情况和操作人员的记录，这对后续的误差分析和数据修正具有极大的参考价值。在记录数据时，应严格按照标准格式填写，确保数据的可读性和可追溯性。水准测量的核心在于确定各测点之间的高差，而高差通常通过计算前后视读数的差值来获得。在最基本的情况下，水准测量的计算公式为：

$$\Delta h = B_s - F_s \tag{2-1}$$

式中，Δh 表示两点之间的高差，B_s 为后视读数，F_s 为前视读数。通过计算每个测点的高差，进而推算出各点的相对高程。

在实际操作中，单纯计算前后视读数的差值并不足以得到精确的高程数据，测量过程中存在诸多误差来源，如仪器的零点误差、标尺的刻度误差等，都会影响计算结果的精度。为了修正误差，通常需要将影响因素纳入计算公式。零点误差可以通过对仪器进行定期校准来修正，而标尺刻度误差则可通过检定标尺来调整读数。观测人员在进行高程计算时，也需特别注意地球曲率和大气折射等外部因素带来的误差影响，特别是在长距离观测时，曲率和折射的影响不容忽视。

如表 2-1 所示，前视和后视读数分别以毫米为单位，并通过差值计算出测点之间的高差，高差计算后，将其累加到前一个测点的高程值中，从而推算出下一个测点的高程，误差校正部分记录了各种误差源（如零点误差、刻度误差等）对最终结果的影响，并对测得的高程进行了相应的修正。最终的高程数据便是考虑了各种修正因素后的精确结果。

表 2-1　水准测量数据记录与处理表

测点编号	前视读数（mm）	后视读数（mm）	高差（mm）	高程（m）	校正误差（mm）	最终高程（m）
A	1250	1452	202	100	0.5	100.005
B	1500	1300	-200	99.8	-0.3	99.797
C	1350	1505	155	99.65	0.2	99.652
D	1450	1320	-130	99.52	0.1	99.521

除了简单的高差计算，数据处理还包括对误差的分析和评估，在实际测量中，误差的控制是一个极为复杂的过程，不仅涉及对仪器的校准，还要对观测方法的准确性进行验证。在进行数据分析时，观测人员通常会采用多次测量的方法，以消除偶然误差的影响，在进行往返观测时，若两次测量结果

的差异超出了允许的误差范围，则需要重新测量，或通过平均法对多次观测数据进行处理。除了对偶然误差的控制，系统误差通常表现为某种规律性的偏差，由仪器校准不当、标尺的热胀冷缩或观测方法的固有缺陷所引起。在数据分析过程中，观测人员需要根据现场条件和实际经验对误差进行估计，并根据经验公式或参考文献对其进行相应的修正，针对大气折射带来的误差，可以采用以下公式进行修正：

$$\Delta h_{曲率} = \frac{d^2}{2R} \qquad (2-2)$$

式中，$\Delta h_{曲率}$ 为曲率误差，d 为测量距离，R 同样为地球半径，在短距离测量中可以忽略不计，但在长距离测量时，需要通过公式修正，避免由于地球表面的弯曲影响高程结果的准确性。

在完成数据的计算和误差修正后，还需要对结果进行最终的分析，以判断测量结果的可靠性和一致性，观测人员通常会根据测量的精度要求，对最终数据进行统计分析，并通过计算平均值、标准差等方法评估数据的离散性，若发现测量结果的离散程度超出允许范围，则需要重新进行测量或调整观测方法。

五、水准测量在工程中的应用

水准测量通过测定高差来确定各个点的相对高程，为各类工程建设、土地开发、城市规划和环境监测等提供了可靠的高程数据支撑，无论是从项目规划、设计到施工，还是后期的结构监测和环境评估，水准测量无处不在。

在工程建设中，道路、桥梁、隧道和大坝等大型基础设施建设项目，都离不开高程数据的支持。对于道路建设而言，水准测量是用来确定路基的纵断面和横断面的高程，确保路面坡度符合设计要求，并保证排水系统能够有效运行。桥梁和隧道施工中，水准测量被用于测定基础和关键施工部位的高程，以保证施工的垂直精度和安全性。水准测量还被广泛用于大坝建设，特别是在大坝的沉降监测方面，通过定期的水准测量可以实时监控大坝结构的变形情况，从而为预防工程事故提供科学依据。

　　水准测量的具体过程依赖于精密的仪器和方法，测量员通常会利用高精度的水准仪和水准标尺，对施工区域的各个关键点进行观测，以确保所获得的高差数据能够准确反映地形或结构的实际情况，通过连续的测量和校正，工程建设的每个阶段都能够得到详尽的高程数据支持，确保施工过程中不会出现偏差。通过水准测量，可以准确确定土地的高程和坡度，为土地的开发利用提供可靠的数据基础。土地高程的确定是设计排水系统、规划土地利用以及确定施工方案的前提条件，尤其是在大规模的城市开发和农业用地的改造中，水准测量为合理的土地利用提供了科学依据。在水利工程中，水准测量也是确保灌溉系统设计合理性的基础，能够有效帮助设计人员规划水流的流向和坡度，保证农田灌溉的效率和水资源的合理利用。在城市规划和建筑设计中，建筑物的高度、道路的坡度、排水系统的设计等，都需要精确的高程数据支撑。特别是在城市的总体规划中，水准测量数据能够帮助规划人员确定地形的起伏，为建筑物和基础设施的布局提供可靠的依据。在市政工程中，水准测量用于道路设计中的坡度控制，确保道路的倾斜度符合排水和行车的安全要求。排水系统的设计也离不开水准测量，通过对地表高程的详细测量，可以设计出科学的排水方案，有效避免城市积水问题。在环境监测与灾害评估中，水准测量被广泛应用于地面沉降、洪水水位监测和侵蚀情况的评估。在某些地质条件复杂的地区，地面沉降是一种常见的地质灾害，尤其是在地下水开采频繁的地区，地面沉降问题尤为突出。通过定期进行水准测量，可以监测地面沉降的变化情况，及时预警，防止进一步的灾害发生。在洪水监测中，水准测量被用于测定洪水水位的变化情况，并通过对水位数据的分析，评估洪水的威胁程度。表2-2为某工程区域内不同测点的高程记录及相应的数据处理过程。

表2-2　工程区域水准测量数据

测点编号	前视读数（mm）	后视读数（mm）	高差（mm）	高程（m）	校正误差（mm）	最终高程（m）
1	1005	1025	-20	50	0.3	50.003

测点编号	前视读数 （mm）	后视读数 （mm）	高差 （mm）	高程 （m）	校正误差 （mm）	最终高程 （m）
2	1050	1030	20	50.02	-0.2	50.018
3	1105	1085	20	50.04	0.1	50.041
4	1150	1120	30	50.07	-0.1	50.069

表 2-2 中展示了四个不同测点的前后视读数及高差，通过前后视差值计算出各测点的高差，并依次累加至起始测点的高程，得出最终高程数据。在数据处理过程中，还需考虑仪器误差和环境因素对高程的影响，并进行相应的误差校正，确保最终高程数据的精确性。在实际操作中，除了常规的测量步骤外，还需要通过往返观测、交叉检查等方式来减少随机误差和系统误差，往返观测中，若两次测量结果一致，则说明测量数据的可靠性较高，对于长距离测量，还需要考虑地球曲率和大气折射的影响。

六、水准测量技术的现代化发展

随着科技的快速发展，水准测量技术在现代化过程中发生了深刻的变革，不仅大幅提升了测量精度和效率，还促使测量方法和应用领域得到了创新与扩展。现代化水准测量技术在多个方面取得了显著进展，涵盖了从仪器设备、自动化系统到遥感技术与地理信息系统的整合，全面推进了高程测量的精细化和智能化（见表 2-3）。

表 2-3　现代化水准测量技术的特点及应用比较

技术类型	精度	速度	应用场景	优势	局限性
电子水准仪	高	中等	中小型工程、结构监测	自动读数，减少误差	需人工操作
自动化测量系统	高	高	大型工程、远程监控	无人值守，自动观测	初期成本较高
遥感测量技术	中高	极高	大范围地形测量、灾害评估	大面积测量，快速获取	设备昂贵，精度受限
GIS 与水准测量结合	高	中等	数据管理、决策支持	数据整合，三维可视化	需大量数据支持

续表

技术类型	精度	速度	应用场景	优势	局限性
GNSS 与水准测量结合	中高	高	地形复杂地区、广域测量	精度高，应用范围广	受天气和设备影响

电子水准仪的广泛应用使得传统光学水准仪逐渐被取代，电子水准仪通过集成高精度电子传感器，自动读取水准标尺上的数值，并将测量结果通过数字显示屏实时呈现，不仅减少了人为读数误差，还提高了测量的速度和精度，尤其在复杂地形和不稳定环境下更具优势。由于其具有自动读数和数据记录功能，测量员能够减少操作中的重复劳动，从而专注于数据的分析与处理。电子水准仪能够直接将数据储存到仪器的内存中，便于后期快速导入计算机进行进一步处理，大大简化了数据的后续处理流程。

与电子水准仪同步发展的还有自动化测量系统，自动化测量系统的引入实现了测量全过程的高度自动化，尤其是在大型基础设施项目中表现尤为出色。通过与计算机和自动化设备的结合，自动化系统能够实时控制水准仪的角度和方位，自动调整观测目标并记录数据。随着传感器技术的提升，自动化测量系统在不同环境条件下的适应性也显著增强，在高温、寒冷或强风等恶劣环境中，自动化系统都能保持稳定、精准的测量表现，还具备无人值守的能力，特别适用于远程监控和连续测量的场景。在大规模工程施工和长期监测任务中，自动化测量系统已成为不可或缺的技术工具。

遥感测量技术的应用为大范围、高精度的高程测量提供了新的可能性。传统的地面水准测量通常受到场地条件、设备布置和时间成本的限制，而遥感测量则通过航空摄影、卫星影像和激光雷达等技术手段，在短时间内获取大范围内的精细地形数据。激光雷达技术作为遥感测量中的重要工具，能够在复杂地形和植被覆盖区域精确测量地面高程，特别是在大面积土地测量和环境评估中应用广泛。激光雷达通过向地面发射高频激光脉冲，并测量其反射时间差，能够生成高分辨率的数字高程模型（Digital Elevation Model，DEM），为水利工程、灾害防治和城市规划等提供了强大的数据支持。与传统水准测量相比，遥感技术的优势在于其可以同时获取多维度的地形信息，不仅限于高程，还包括地形特征和地表构造，从而为复杂工程设计提供更全面的数据基础。

地理信息系统的引入为水准测量数据的管理和应用带来了革命性的变化，GIS 技术能够将水准测量获得的高程数据与其他地理信息集成在一起，形成统一的空间信息数据库。通过 GIS 平台，测量数据可以以三维形式呈现，并与其他空间数据如土地利用、交通网络、环境变化等进行叠加分析，多层次的数据整合和可视化不仅提升了数据的可读性，还为规划人员和工程师提供了更直观的决策支持工具。GIS 还能够对历史测量数据进行分析，从而为工程监测、灾害预测等提供科学依据。通过 GIS 系统可以追踪某地区的地形变化趋势，并据此对未来的沉降、滑坡等地质灾害做出预判，极大提高了工程管理的智能化水平，推动了水准测量数据从静态记录向动态管理的转型。

近年来，全球卫星导航系统可以提供全球范围内的精确位置信息，通过与水准测量相结合，测量员能够在更短时间内获得精准的高程数据，GNSS 技术不仅大幅提升了测量速度，尤其在地形复杂、测量面积广阔的地区，还能够有效减少传统水准测量中复杂的布设和测量环节，既保证了高程数据的精度，又拓宽了水准测量的应用场景。

为了适应现代化测量技术的要求，新的水准测量规范和标准也在不断完善，国际上对高精度水准测量的要求越来越高，各国也纷纷出台了新的技术标准，以确保在新技术环境下的测量精度和数据一致性。通过技术标准的规范，水准测量行业得以更有效地适应现代工程需求，提升了数据的可靠性和可比性。

第二节　角度测量

一、角度测量的基本原理

角度测量作为测量学中的核心技术之一，其理论基础植根于几何学和三角学的基本原理，该技术的本质在于通过精确测量两个方向在空间中的夹角，来确定它们之间的相对位置关系，依赖于数学中三角形的几何特性，尤其是三角函数关系。具体而言，在已知三角形的某些边或角的情况下，可以通过正弦、余弦和正切等三角函数计算出未知角度或距离。这一原理被广泛应用于各种角度测量工具的设计与操作中，确保了在复杂的地形和环境条件下依然能够进行准确的测量。

在角度测量中，经纬仪作为一种高精度的测量工具被广泛应用。其工作原理建立在望远镜和精密的角度测量装置基础之上。通过精确的机械结构和光学系统，操作人员可以利用经纬仪对目标进行精确瞄准并测量水平角与垂直角。水平角的测量涉及经纬仪绕其垂直轴的旋转，而垂直角的测量则涉及望远镜绕水平轴的旋转。通过这两种旋转，仪器能够捕捉到目标之间的空间关系，进而为后续的测量和计算提供数据支持。在实际操作中，经纬仪的使用涉及多个步骤，其中包括对仪器的安装与校准。在进行角度测量之前，需要确保经纬仪的水平仪处于平衡状态，以减少由于仪器倾斜带来的测量误差，观测者通过望远镜瞄准目标，并旋转水平和垂直角度盘，精确记录目标之间的角度差异。经纬仪的读数系统通常采用分度盘和光学或数字显示屏，能够精确读取水平角和垂直角的数值。现代经纬仪的读数系统往往结合了电子技术，不仅提高了读数精度，还简化了数据的记录与处理过程。在角度测量过程中，三角函数的应用贯穿始终，通过三角形的已知边长或角度，可以运用正弦、余弦等函数计算未知量。这些函数能够将测量得到的角度与空间中的距离、方位等参数关联起来，使得测量数据不仅反映出两点间的角度差异，还能够进一步用于确定相对位置和距离。在复杂的测量任务中，测量人员通常需要结合多组角度测量数据进行综合计算，确保测量结果的准确性与一致性。在应用层面，角度测量被广泛应用于建筑、工程、地形勘测以及制图等领域。在建筑工程中，角度测量用于确保各构件间的安装角度精确无误，从而保证建筑物的稳定性与美观度。地形勘测时则需要对多个地标间的相对位置进行精确测量，并将测量结果转换为地图或三维模型。在应用场景中，角度测量的精度和可靠性对项目的成败具有直接影响，测量人员在操作中必须严格遵循相关规范和标准，避免任何潜在的误差源。

二、经纬仪的构造与使用

经纬仪作为一种高精度的角度测量仪器，其构造设计和使用过程都极为严谨，确保在各种复杂条件下能够提供稳定且精确的测量结果。经纬仪的核心部分包括望远镜、水平与垂直旋转轴、读数系统、支撑装置（通常是三脚架），以及一系列辅助设备，部件之间的紧密配合，使得经纬仪能够有效地完成对水平角和垂直角的精确测量。

望远镜是经纬仪的核心观测部件，其通常具备高倍率和清晰的成像质量，以确保观测者能够精确瞄准远距离目标，望远镜与水平和垂直旋转轴相连，使其能够绕两条轴线旋转。通过这种方式，观测者可以精确调整望远镜的方向，以对准测量的目标点。望远镜内部通常装有十字丝，观测者通过调节望远镜的焦距和对中，使目标位于十字丝的交点处，从而确保瞄准的准确性。

水平旋转轴和垂直旋转轴分别用于控制望远镜在水平和垂直方向上的旋转，水平旋转轴允许望远镜绕垂直方向自由旋转，从而测量目标点之间的水平角度；垂直旋转轴则控制望远镜绕水平方向的旋转，用于测量目标之间的高度差或垂直角度。为了保证旋转的平稳和精确，经纬仪的旋转轴通常采用高精度轴承结构，并配有锁定装置。当观测者瞄准目标后，可以通过锁定旋转轴来固定望远镜的位置，确保读数的稳定性。旋转轴的灵敏度直接影响测量的精度，因此在日常使用中，观测人员需要定期检查旋转轴的状态，避免由于轴承磨损或松动引发的测量误差。

经纬仪的读数系统是整个仪器的核心数据输出部分，其设计直接影响角度测量的准确性。传统经纬仪的读数系统通常依赖分度盘，这种刻度盘上标有精确的角度刻度，通过光学放大装置，观测者可以读取水平角和垂直角的数值。现代经纬仪则逐步采用了电子读数系统，利用电子传感器直接获取角度数据，并通过数字显示屏呈现。电子读数系统不仅简化了操作流程，还极大地提升了读数的精度和速度，减少了人工读数过程中可能出现的误差。无论采用何种读数系统，经纬仪在读数之前都需要进行初始校准，以确保零点位置的准确性。

经纬仪的支撑装置通常采用三脚架，其能够提供稳定支持的结构。三脚架通常由轻质且高强度的金属或合成材料制成，具有高度可调节性，以适应不同地形条件下的使用需求。在安置经纬仪时，观测者需要通过调节三脚架的高度和倾斜角，确保经纬仪处于水平状态。三脚架上常配备有水平仪或电子水平装置，观测者可以根据水平仪的指示进行微调，以达到精确的水平状态。经纬仪的水平状态对测量精度至关重要，任何细微的倾斜都可能导致角度测量的误差。经纬仪的使用过程中要求操作人员具备一定的技术知识和操作经验，观测者需要先将经纬仪稳固安置在三脚架上，并确保其水平状态，以减少不必要的误差。在进行测量时，观测者通过望远镜瞄准目标，并利用水平和垂直旋转轴调节望远镜的方向。每当瞄准完成后，观测者会锁定旋转轴，确保望远镜固定在该方向上，然后通过读数系统记录角度数据。若测量涉及多个目标点，观测者需要依次调整望远镜的方向，重复以上过程。

在实际操作中，经纬仪不仅用于简单的角度测量，还经常结合其他测量技术应用于复杂的工程项目中。在地形测绘中，经纬仪可以与全站仪、GPS等设备配合使用，提供精确的角度与距离数据，为绘制地形图或设计施工方案提供基础数据。在建筑施工过程中，经纬仪用于精确定位建筑构件的角度，以确保结构的稳定性与设计的一致性。经纬仪还常用于桥梁、大坝等大型工程的监测与维护，通过定期的角度测量，监控结构的位移和变形情况，从而提前预防潜在的安全隐患。

为了保证经纬仪在长期使用中的测量精度，定期的校准与维护至关重要，观测者需要定期检查仪器的零点误差，尤其是在频繁使用后或长时间存放后，确保仪器的读数系统和旋转轴的灵敏度未受影响。望远镜的光学系统也需要定期清洁，以保证观测图像的清晰度和准确性，在恶劣环境下使用仪器时，防护工作尤为重要，应尽量避免灰尘、湿气或极端温度对仪器的侵蚀。

三、角度测量的误差分析

在角度测量过程中，误差的来源复杂且多样，主要可以归纳为仪器误差、观测误差和环境误差，误差的存在影响测量结果的准确性，因此需要系统地分析和加以控制（见表2-4）。

表2-4　各类误差的具体来源和解决方案

误差类型	来源	解决方案
仪器误差	制造误差、读数系统误差	定期校验、维护仪器，使用高精度读数系统
观测误差	瞄准误差、读数误差、仪器安置误差	提高操作人员技术水平，确保仪器水平安置
环境误差	温度变化、大气折射、地面沉降	使用温度补偿装置，利用折射补偿公式修正，选择稳定地面

仪器误差是指经纬仪在制造或使用过程中产生的系统性误差，主要包括：

（1）制造误差：每台经纬仪在生产过程中会存在微小的制造误差，虽然通常在出厂时进行过校准，但随着时间的推移，仪器的性能会发生变化，如经纬仪的分度盘可能会因为长时间的使用而磨损，从而影响读数的准确性。制造误差可以通过在仪器出厂时的精密校准来最小化，但随着使用频率的增加，误差可能会逐渐显现。

（2）读数系统误差：包括光学读数系统和电子读数系统的误差。在光学系统中，读数误差可能来源于分度盘的刻度不准确或光学元件的偏差；在电子系统中，误差可能来源于传感器的精度限制或电子显示的故障。为了减小读数系统误差，定期进行仪器的校验和维护是必要的。

观测误差涉及操作过程中可能出现的误差，主要包括：

（1）瞄准误差：瞄准过程中的误差源于操作人员的技术水平和经验，在使用望远镜瞄准目标时，任何微小的调整都导致角度测量的偏差。为了减少瞄准误差，操作人员需要经过充分的训练，并在测量过程中保持稳定的姿势和准确的操作。

（2）读数误差：在读取经纬仪上的角度值时，观测者的视觉判断可能导致误差，特别是在低光照或视线不清晰的情况下。为减小读数误差，建议使用高质量的读数系统，并在良好的光照条件下进行测量。

（3）仪器安置误差：经纬仪的安置不平衡或不稳定也会引起误差。如果经纬仪的三脚架不完全水平，或地面不稳固，会导致测量结果的不准确。确保仪器安置在水平且稳固的基础上，可以显著减少误差。

环境误差则是外部环境因素对测量结果的影响，包括：

（1）温度变化：温度的变化会导致经纬仪的材料发生热膨胀或收缩，从而影响仪器的精度。温度变化还影响光学系统的性能，进而影响测量结果的稳定性。可以通过在温度变化较小的时间段进行测量，或使用温度补偿装置来减少温度引起的误差。

（2）大气折射：大气折射是指光线在穿过地球大气层时，由于不同密度的气体层对光线的折射作用，导致实际观测角度与理论计算角度之间的差异。大气折射误差可以通过对测量结果进行折射补偿来修正。折射补偿可以使用以下公式计算：

$$\Delta\theta = \frac{R}{D} \cdot \left(\frac{n-1}{n}\right) \qquad (2-3)$$

式中，$\Delta\theta$ 为折射误差，R 为目标距离，D 为测量高度，n 为空气的折射率。

（3）地面沉降：地面的沉降或移动会导致测量点的实际位置发生变化，从而影响角度测量的结果，在测量前应尽可能选择稳定的地面进行仪器安置，或在测量过程中定期校准仪器，减小地面沉降带来的影响。

四、角度测量的数据处理方法

角度测量的数据处理是将原始观测数据转换为最终的测量结果的核心步骤，涉及数据记录、计算、分析等多个环节，每个环节的精确处理都直接关系到测量结果的准确性与可用性，合理的数据处理方法对于保证角度测量的可靠性和精度至关重要。

在数据处理的初始阶段，数据记录是整个测量过程的基础，角度测量过程中，观测人员需要对每个观测点的角度数据进行详细的记录，不仅包括直接的角度读数，还应记录与测量相关的环境条件，如日期、时间、气象状况等。记录气象条件是为了在后续的数据分析中考虑环境对测量结果的影响，如温度和大气压的变化会影响经纬仪的性能，从而导致微小的读数误差。因此，数据记录必须精确、详细，以便在后续分析中能够准确识别和修正误差。

在完成数据记录后，进入数据计算环节，该阶段的主要任务是对观测数据进行数学处理，以计算出实际的角度结果。通常，角度测量的计算包含以下步骤：读取经纬仪的角度数据；根据仪器的零点误差对读数进行修正；计算目标点之间的角度关系，计算过程可以用以下公式表示：

$$\theta = \theta_{obs} - \theta_{zero} \tag{2-4}$$

式中，θ 为修正后的角度，θ_{obs} 为观测角度，θ_{zero} 为零点误差。可以消除经纬仪的零点误差对测量结果的影响。

对于多次观测结果的处理，通常需要计算各次观测角度的平均值，以减少偶然误差的影响，其计算公式如下：

$$\theta_{avg} = \frac{1}{n} \sum_{i=1}^{n} \theta_i \tag{2-5}$$

式中，θ_{avg} 为角度的平均值，n 为观测次数，θ_i 为每次观测的角度。

通过多次观测取平均，能够有效减少随机误差对结果的影响，提高测量精度。

在数据分析阶段，需要对前一阶段计算得出的角度结果进行详细的分析与评估，数据分析的一个重要方面是对误差的分析和评估。测量过程中产生的误差可以分为系统误差和偶然误差，系统误差通常是由仪器制造或使用过程中的偏差引起的，通过校准和修正进行消除。偶然误差则是由外界条件或操作人员的随机因素引起的，误差的大小可以通过多次测量取平均值来减小。误差分析的具体方法包括误差传播法和误差方差法，误差传播法通过对观测数据的误差进行估算，计算最终测量结果的误差范围，误差传播法的计算公式如下：

$$\Delta\theta = \sqrt{\left(\frac{\partial f}{\partial x_1}\Delta x_1\right)^2 + \left(\frac{\partial f}{\partial x_2}\Delta x_2\right)^2 + \cdots} \tag{2-6}$$

式中，$\Delta\theta$ 为最终角度的误差，Δx_1、Δx_2 为输入数据的误差，$\frac{\partial f}{\partial x_1}$ 为测量公式中每个变量对结果的影响。

通过误差传播法，可以评估各类误差对最终测量结果的影响，从而确定角度测量的精度。

在误差分析的基础上，数据处理的最终阶段是对测量结果的表达与呈现。测量结果通常以表格和图表的形式呈现，以便于后续的工程应用或科研分析。角度关系图可以直观地显示各个目标点之间的角度分布，而角度表（见表2-5）可以系统地列出所有测量点的角度数据，方便后续的数据分析与应用。

表 2-5　角度测量结果

测点编号	观测角度（°）	修正角度（°）	零点误差（°）	环境修正（°）
A	45.32	45.28	-0.04	0.02
B	30.47	30.45	-0.02	0.03
C	60.91	60.88	-0.03	0.01

通过此方式，测量结果能够以结构化的形式呈现，方便后续的数据分析和工程决策。在复杂的工程项目中，角度测量的结果还可以用于地形建模、工程规划、建筑施工等领域，在地形测绘中，角度数据可以与距离测量数据结合，生成三维地形模型；在建筑施工中，角度测量可以确保建筑物的定位和对齐精度，避免结构偏差带来的安全隐患。

在实际工程应用中，角度测量的数据处理不仅限于数学计算和误差分析，还可能涉及多种高级数据处理技术。随着计算机技术的发展，现代角度测量开始越来越多地使用软件进行自动化的数据处理，能够快速、准确地处理大量的观测数据，并自动进行误差分析和结果输出。利用全站仪采集的数据可以直接输入计算机，通过专用软件生成测量报告、图表和模型，大大提高了数据处理的效率和精度。

五、角度测量在工程中的重要性

角度测量作为一项基础性测量技术，在工程领域，包括建筑施工、基础设施建设、土地规划与管理、城市设计与规划、环境监测等多个领域，不仅为工程设计提供了精准的几何信息，还为施工过程中的精确定位和对齐提供了保障。

在实际应用中，角度测量的有效性和准确性直接影响到工程项目的质量和安全，因此，工程人员通常会采用多种手段和技术确保角度测量结果的精度和可靠性。在工程建设中，角度测量是确保结构准确定位和对齐的基础，在建筑物、桥梁、隧道、大坝等重大工程项目中，角度测量被用于确定各个构件的方位和角度，以确保其符合设计规范，建筑物的柱体、梁、楼板等构件需要与设计图纸保持严格的一致性，而角度测量则通过精确测量各个构件的相对位置和倾斜角度，确保建筑物的整体结构稳固性和安全性。在桥梁建设中，角度测量用于桥墩、桥塔等关键构件的定位，以确保其能够与道路、桥梁主体结构正确连接。在隧道建设中，尤其是在长距离隧道施工中，角度测量起到了精确定位开挖方向和深度的作用，以避免隧道在挖掘过程中出现偏差或错位，从而确保隧道能够按计划贯通。

土地测量的基本目标是确定土地的边界和形状，而角度测量则帮助测绘人员精确地测量土地边界的方向和位置，通过角度测量，能够明确土地之间的分界线，确定坡度、排水路径等重要特征，为后续的土地开发、施工、灌溉等提供依据。角度测量在地形测绘中用于构建三维地形模型，通过精确的角度数据和距离测量数据的结合，可以生成详细的地形轮廓，供规划和开发人员参考。在较为复杂的土地开发项目中，角度测量还可以用于确定土壤层次的变化，监控土地沉降的趋势，以帮助预测未来可能出现的问题并制定相应的对策。

在城市规划的过程中，测量人员需要利用角度测量技术确定建筑物的方位、道路的走向和基础设施的相对位置，以确保城市空间的合理布局。通过精准的角度测量，规划人员可以设计出合理的道路网络，确保建筑物之间的距离和相对位置符合规划要求。特别是在高密度城市环境中，角度测量的精度要求更高，因为每一条道路、每一个建筑物的偏差都会影响到整体规划的协调性和美观性。角度测量还可用于指导景观设计，确保绿地、花园等公共设施的合理分布，提升城市的宜居性。

在环境监测和灾害预防领域，通过角度测量，环境科学家可以监测地形的变化，观察土壤侵蚀、山体滑坡等地质现象。尤其是在灾害高发地区，角度测量能够帮助实时跟踪地表的变化，预测可能发生的灾害并制定紧急预案。在洪水易发地区，角度测量可以用于分析河道的流向变化和岸堤的倾斜情况，帮助评估水流对周边土地和建筑物的潜在威胁。此外，角度测量还可以用于植被覆盖的监测，通过测量地形的坡度和方位，判断不同区域的土壤条件和水分分布，进而制定合理的植被恢复计划。

工程项目中对角度测量的应用不仅依赖于传统的手动测量设备和方法，随着技术的进步，越来越多的工程项目中引入了自动化和高精度的测量仪器，现代工程中常用的设备如全站仪、激光扫描仪等，不仅能够精确测量角度，还能够在短时间内采集大量的空间数据，极大提高了测量效率。特别是在大型基础设施建设中，自动化测量设备能够实时监控建筑物的角度和位移变化，确保工程的每一个环节都在严格的质量控制范围内进行，先进的测量仪器通过与计算机系统相结合，还能够直接生成数据报告、绘制三维模型，方便工程管理人员进行分析和决策。

六、角度测量技术的创新与应用

随着科学技术的迅速发展，传统的测量方式逐渐被更为先进的技术手段所替代，不仅提高了测量的效率和精度，也大幅拓展了角度测量技术的应用范围。当前，角度测量技术的发展方向主要集中在电子化、自动化、遥感技术和地理信息系统的深度融合上，不仅提升了数据处理的自动化程度，还改善了工程测量的综合管理能力。在传统的光学经纬仪基础上，电子经纬仪中引入电子传感器和数字显示技术，极大地提高了测量精度和读数速度。电子经纬仪采用编码器替代了传统的机械读数系统，不仅避免了因人工读数而产生的误差，还通过数字化显示让操作人员能够直接获得测量结果，并能与其他设备进行数据传输和交互。许多电子经纬仪具有内置存储功能，允许测量数据实时保存，并通过计算机接口进行数据导出和处理，使得工程人员在进行大规模测量时，可以轻松管理大量的数据并进行后续分析。电子经纬仪还配备了自动补偿装置，能够在仪器发生轻微倾斜时自动进行角度补正，从而提高测量的准确性。

通过将测量仪器与计算机系统、自动化设备相结合，自动化测量系统实现了角度测量过程的全自动化。在这种系统中，测量仪器能够自动识别目标并进行跟踪，无须人为干预即可完成高精度的角度测量，广泛应用于需要高频次测量的领域，如大型基础设施建设、桥梁监测等。在应用中，自动化测量系统能够通过自动扫描设备持续收集数据，实时监控建筑结构的状态，及时发现并处理潜在问题。特别是在高风险区域，如地质灾害多发地带，自动化测量系统能够通过实时数据传输和远程监控，实现对角度变化的持续监测，从而提高防灾减灾工作的效率。

相比传统的地面测量方法，遥感测量通过利用卫星、无人机和航空摄影等手段进行大范围的角度数据采集，能够在短时间内覆盖大面积的测量区域，且精度能够满足大多数工程应用的需求。遥感测量的优势在于其能够获取宏观尺度的角度数据，特别是在地形复杂或人员难以到达的区域，遥感技术成为不可或缺的手段。卫星遥感能够对大面积的山地、森林、河流等地貌进行精确测绘，提供有关坡度、方位等的角度信息，并为工程规划和生态保护提供科学依据。无人机的应用进一步提升了遥感测量的灵活性和精度。通过携带高精度摄影设备，无人机能够低空飞行采集角度数据，尤其适用于建筑物、桥梁等结构的高精度测量和检测。

地理信息系统是将角度测量数据与空间信息相结合的强大工具，通过对角度数据的整合和可视化处理，GIS 能够为工程项目提供全面的空间分析支持。在 GIS 中，角度测量数据可以与其他地理数据（如高程、地形、土地利用等）结合，从而实现对复杂地形或建筑结构的全方位分析和管理。例如，在城市规划项目中，GIS 可以结合角度测量结果生成详细的三维城市模型，展示建筑物、道路、桥梁等的空间关系，不仅能够帮助规划人员在设计阶段优化城市布局，还可以用于模拟和预测不同设计方案对交通流量、建筑阴影和风向等因素的影响。在工程建设过程中，GIS 结合角度测量技术能够实时跟踪施工进展，确保项目的每一个环节都符合设计要求。

在工程应用中，角度测量技术的创新极大地拓展了角度测量的适用领域，并为更复杂的测量任务提供了技术保障，如在高精度的桥梁建造过程中，角度测量技术的电子化和自动化为桥梁各构件的定位、对齐和调整提供了有力的技术支持。现代化的测量仪器能够在施工过程中实时获取角度数据，并将数据同步至中央控制系统，以确保桥梁的每个构件能够以毫米级的精度安装到位。同样地，在大型建筑施工中，角度测量技术的创新让测量人员能够在更短的时间内完成精确测量，从而提高了施工的效率和质量。在传统的角度测量中，数据的处理往往依赖于手工计算和纸质记录，而现代测量技术则借助强大的计算能力实现了数据的自动处理和分析。通过与计算机系统的结合，角度测量数据可以在采集完成的同时被传输至后台处理中心，经过算法分析后生成精确的角度关系图和数据表。表格和图表的自动生成大大缩短了数据处理的时间，提高了测量结果的可视化水平，测量人员可以使用专门的软件工具直接生成角度测量报告，其中包括测量点之间的角度关系、误差分析以及相关的修正参数。

第三节　距离测量与直线定向

一、距离测量的基本原理

距离测量作为测量学中的核心组成部分，贯穿于诸多工程应用场景中，其基础原理奠定了测量工作的可靠性和精度。通过精确地确定两点之间的直线距离，能够为地形图测绘、建筑施工放样以及土地测量等多领域的工程提供准确的空间数据。距离测量技术的演变，从早期依赖光学仪器的传统方法，到如今广泛采用电磁波测距技术，展现出测量方法的不断创新与精进。传统的距离测量方法主要依赖于三角学和几何学的基本原理，通常通过光学仪器（如经纬仪或测距仪）结合已知的距离和角度来计算未知的距离，此类方法操作相对烦琐，需要在不同条件下进行角度和距离的手动测量和推算，其结果的准确性在很大程度上取决于仪器性能和测量人员的操作水平。随着现代测量技术的发展，电磁波测距方法迅速占据主导地位，此类方法通过发射和接收电磁波信号，利用信号传播时间的差异来计算距离，实现了高效且精准的测量。电磁波测距技术，如激光测距和雷达测距，具有高速度、高精度的显著优势。激光测距技术是通过发射窄波束激光到达目标点，并测量反射光返回的时间来计算距离；雷达测距技术则是通过发射电磁波并记录其反射信号的时间差来确定距离，操作相对简单，且可以在复杂的环境条件下稳定运行。现代激光测距仪器还能提供超长距离的测量能力，广泛应用于高精度要求的领域，如大型工程测量、交通枢纽建设、跨河大桥测量等。

二、距离测量仪器的介绍

随着技术的发展，距离测量仪器的种类和性能都有了显著的提高，光学测距仪作为一种传统的测量工具，其基于光学原理，通过测量光线在两点间的传播时间来确定距离。仪器通常配备有高精度的光学镜头和精确的计时系统，使得其在短距离测量中表现出色，如光学测距仪在室内装修、建筑施工以及小型工程测量中被广泛使用，因为能够提供快速且精确的测量结果。

电磁波测距仪则代表了现代测量技术的一次飞跃，利用电磁波的传播特性来确定距离，具有更高的测量精度和更远的测量范围。激光测距仪是电磁波测距仪中的一种，通过发射激光脉冲并接收其反射回来的光信号来测量距离。激光测距仪的优势在于其测量速度快、精度高，且操作简便，因此在建筑测量、地形测绘以及高精度工程测量中得到了广泛应用。激光测距仪还能够适应各种环境条件，包括强光、雾天等，这使得它们在户外测量中尤为可靠。雷达测距仪是另一种电磁波测距仪，使用无线电波进行距离测量，与激光测距仪相比，雷达测距仪的测量范围更远，能够覆盖数公里甚至更远的距离，通常用于航空、航海以及远程地形测绘等领域。雷达测距仪的工作原理是发射无线电波并接收由目标反射回来的信号，通过计算信号的往返时间来确定距离。由于无线电波的波长较长，能够穿透某些障碍物，如雾和雨，使得雷达测距仪在恶劣天气条件下也能保持较高的测量精度。全站仪是现代测量技术中的集大成者，集成了角度测量和距离测量功能，能够提供全面的测量解决方案，全站仪通常配备有高精度的光学系统、电子测距系统以及先进的数据处理软件。在进行测量时，全站仪能够自动计算并显示两点之间的距离，同时还能进行角度测量和数据处理，仪器的自动化程度高，能够显著提高测量效率和准确性。全站仪在大型工程测量、城市规划、土地测绘以及高精度施工放样中发挥着重要作用，能够提供精确的三维坐标数据，为工程设计和施工提供可靠的依据。随着测量技术的不断进步，距离测量仪器也在不断地更新换代，现代的全站仪已经能够实现与全球定位系统的集成，提供更加精确的定位服务，一些全站仪还配备了无线通信功能，能够实时传输测量数据，使得测量结果的共享和分析变得更加便捷。技术的发展不仅提高了测量的精度和效率，也为测量工作带来了更多的灵活性和便利性。

在实际应用中，选择合适的距离测量仪器需要考虑多种因素，包括测量范围、精度要求、环境条件以及预算等。在进行高精度的工程测量时，会选择全站仪或高精度的激光测距仪；而在进行长距离的地形测绘时，则会选择雷达测距仪。现代测量仪器的多功能性也使得其能够适应各种不同的测量任务，从而提高了测量工作的灵活性和效率。

三、距离测量的误差因素

虽然现代测量技术的进步在一定程度上提高了精度，但测量工作中的各种误差因素仍然不容忽视，误差可以分为仪器误差、环境误差和人为误差，每一种类型的误差都可能导致测量结果与实际值之间的偏差，偏差若未能有效控制或校正，将直接影响测量的可靠性和最终结果的精度。

仪器误差是由测量设备本身的设计、制造及其使用过程中的缺陷引起的，误差来自设备的机械结构、电路系统或光学元件。在激光测距仪中，发射器和接收器对准精度对测量结果至关重要，如果发射器未能精确对准目标，或接收器未能精确捕捉到反射信号，测量数据将出现偏差。光学测距仪中的镜头畸变也会导致测量路径的偏移，进而影响最终的距离计算。虽然先进的仪器设计和制造工艺能够尽可能地减少这些误差，但这些误差在实际操作中依然存在且不可完全消除。因此，定期对仪器进行校准和维护是确保测量精度的重要手段。

电磁波在传播过程中受周围环境的影响较大，尤其是在使用激光测距或雷达测距时，大气条件对信号的传播有着显著的影响。大气折射率是影响激光信号传播路径的主要环境因素之一，其随气压、温度和湿度的变化而改变，导致激光信号发生折射或弯曲，从而影响测量的准确性。温度变化对测量精度的影响也较为明显，热胀冷缩现象会引起仪器组件的物理尺寸发生微小变化，进而影响测量结果。湿度和风速的变化则会对信号传播的稳定性产生影响，尤其是在长距离测量中，风速的变化可能导致信号路径的不稳定，增加测量误差。为减小环境误差的影响，通常在测量时需要采用气象数据进行修正，如通过大气折射率修正公式，对温度、湿度等参数进行补偿，进而提高测量的精度。

人为误差则源于操作人员的经验和技术水平。虽然现代测量仪器的自动化程度不断提高，但测量过程中仍然离不开人工操作。操作人员的技术水平和操作习惯在测量精度中起着至关重要的作用，在手动操作仪器时，测量人员若无法保持仪器的稳定，会导致仪器发生微小的晃动，从而使得测量结果不准确。瞄准目标的误差也是人为因素中的一项常见问题，操作人员在瞄准时若未能精确锁定目标点，反射信号的回波位置将发生偏移，导致最终测量的距离值与实际距离不符。读数误差则出现在数据记录或处理的过程中，操作人员未能准确记录读数或处理数据时发生偏差，都会影响到测量结果的精度。为减少人为误差的影响，操作人员需要经过专业培训，并在操作中严格遵守测量规范，确保每一个步骤都能准确无误地执行。

除了上述主要误差来源外，测量工作中的系统误差也需要加以考虑。系统误差通常是由于测量条件的恒定偏差所引起的，这种误差具有可重复性和规律性，在使用同一设备进行多次测量时，若设备的零点校准出现偏差，测量结果将始终偏离实际值，尽管误差在单次测量中不易察觉，但在多次测量的累积下将对最终结果产生较大影响。通过仪器的校准或对系统误差进行数学模型的建立，可以有效地识别和消除这类误差。

为确保测量精度，需要从多个方面入手进行误差控制。选择高精度的测量仪器是提高测量精度的基础，现代测量设备的设计越来越注重减少仪器自身的误差，同时采用自动校准技术来保证设备的长期稳定性。测量环境的选择也十分重要，尽量避免在极端气象条件下进行测量，并在必要时使用气象补偿技术来减小环境误差的影响。操作人员的培训和技术水平提升也是减少人为误差的有效手段，熟练掌握测量设备的使用方法以及严格遵循测量规范，能够在很大程度上减少人为误差。

四、直线定向的方法与技巧

在测量学中直线定向的目的是通过确定两点之间的直线方向，为距离测量和其他相关工作提供精确的参考，直线定向的精确性直接影响后续测量结果的准确性。在现代测量工作中，随着技术的不断进步，直线定向的方法已经从传统的光学仪器扩展到电磁波技术和全球定位系统等多个领域，每种方法在不同的场景下具备独特的优势。光学定向是传统测量中常用的方法，主要依靠经纬仪或全站仪等光学设备进行操作，通过瞄准目标点，确定两点之间的直线方向。该方法的优势在于操作相对直观和简便，且设备易于携带，适用于各种中短距离的测量任务。光学定向也存在一些不可忽视的局限性，光学仪器的视线受环境条件影响较大，尤其是在山区、城市建筑密集区等场景中，树木、建筑物等障碍物可能会遮挡视线，导致测量工作无法顺利进行。

光学仪器的精度依赖于设备的质量和使用人员的操作水平，因此在测量中，操作人员的技术能力以及设备的校准情况对定向的准确性有着重要影响。电磁波定向通过电磁波测距仪发射和接收信号来确定方向，电磁波定向具有较高的精度，尤其在长距离测量中，其精度优势更加明显。电磁波信号在传播过程中，方向性强且可以穿透部分障碍物，使其在复杂地形条件下依然能够提供可靠的测量数据，在复杂的环境中，电磁波定向时信号的反射和散射现象会影响测量结果，例如当电磁波遇到建筑物、山体等障碍物时，信号会发生多路径效应，导致接收信号不稳定，进而影响定向精度。在使用电磁波定向时，需要结合环境条件和信号特性，进行多次测量或误差修正，以确保测量结果的可靠性。全球定位系统定向方法是近年来随着卫星导航技术的普及而广泛应用的另一种定向手段，通过接收多个卫星的信号，并结合多普勒效应，GPS 能够在开阔地带提供高精度的定向数据。GPS 的优势在于其不依赖于地面障碍物，能够在大范围内进行快速、自动化的定向操作，特别适用于大地测量、远距离测量和地形复杂的区域。然而，卫星信号易受地形和建筑物的遮挡，尤其是在城市峡谷或森林密集区，GPS 信号的遮蔽和多路径效应问题较为严重，导致定向结果偏差。在实际操作中，常需结合其他辅助测量方法对 GPS 定向进行校验，或者在信号强度较差的区域，通过提高接收精度或增设辅助站来增强测量效果。

在进行直线定向操作时，除了选择适合的定向方法外，操作过程中的技巧也直接影响测量的精确度和可靠性，仪器的稳定性和水平性是确保测量准确性的基本前提。无论是光学仪器、电磁波设备，还是 GPS 接收器，在进行定向时，设备的稳定性尤为关键。轻微的晃动或倾斜都会导致瞄准方向的偏移，进而影响最终的测量结果。因此，在定向操作中，测量人员需要确保仪器的底座稳固，并利用水平仪等工具校正仪器的角度。环境条件对直线定向的影响不可忽视，在高温、强风等极端天气条件下，测量工作会受到气流或热胀冷缩等因素的干扰，因此在测量时应选择天气条件相对稳定的时间段进行操作。为了确保测量的准确性，应尽量选择视野开阔、标志明确的目标点，避免因视线遮挡或反射干扰而影响定向结果，在复杂环境中，合理利用测量标志或设立辅助点，能够帮助克服视线障碍问题，从而确保定向操作的顺利进行。

为减少测量过程中的随机误差，进行多次测量并取平均值是一种常用的操作技巧，无论是光学定向、电磁波定向，还是 GPS 定向，单次测量结果受多种因素影响，存在一定的偏差，通过多次重复测量，并对结果进行统计分析，可以有效减少随机误差的影响，获得更加准确的定向结果。在直线定向中，大气折射率会影响激光或电磁波信号的传播路径，因此在测量过程中需要根据实时气象数据进行折射率修正。对于长距离测量，考虑地球曲率的影响也是必要的修正手段之一，通过补偿技术，可以进一步提升测量的精确性，确保测量数据的可靠性。

五、距离与方向测量的工程应用

距离与方向测量技术作为工程测量领域的核心手段，其应用贯穿于从项目规划、设计、施工到运营维护的各个阶段。通过精确的距离测量与方向定向，工程项目得以在不同复杂环境下确保位置、尺寸和方位的精确性，从而为项目的顺利实施奠定了基础。该技术的应用场景极为广泛，涵盖了地形测绘、建筑施工、土地管理、交通规划等多个领域，每个场景都对距离和方向测量提出了独特的要求和挑战。在地形图测绘中，地形图是反映地形地貌、地理实体相对位置和空间分布的基础工具，广泛用于城市规划、国土资源管理、环境监测等领域。在绘制地形图时，测量人员需要通过距离与方向测量技术获取地面上各个点之间的相对位置和高度差异，以精确描绘地势的起伏和建筑物的分布，通常涉及大量的测量数据，精确的距离和方向测量为后续的地形分析、规划设计等工作提供了准确的基础数据，确保了规划工作的科学性和可行性。施工放样依赖于距离和方向测量的高精度数据支持，在建筑施工现场，放样是将设计图纸上的建筑物位置和尺寸准确地标注到实际地面上的过程，确保施工操作符合设计要求。在操作过程中，测量人员通过距离测量和方向定向技术，将建筑物的基点、边界线和高程准确定位，不仅要求测量精度极高，还需要综合考虑地形复杂度、建筑物尺寸和施工环境的变化等因素。通过准确的放样，可以有效防止施工误差，确保建筑物的平面和立面位置符合设计图纸，进而提高施工质量，降低返工风险。土地测量主要用于界定土地的边界、确定面积以及进行土地资源的开发和利用。

在土地管理中，准确的土地测量数据是土地确权、登记和交易的基础。通过距离与方向测量技术，测量人员可以精确界定土地边界、分割区域以及计算面积，确保土地登记数据的准确性。特别是在复杂地形或存在历史争议的土地区域，距离与方向测量技术的精确性尤为重要，为解决土地纠纷、保障土地权益提供了技术依据。测量结果还为土地开发、城市规划等进一步工作提供了参考。

在交通工程领域，距离与方向测量广泛应用于道路、铁路、桥梁等基础设施的规划、设计和施工中。道路和桥梁的规划需要考虑自然地形的变化、交通流量的预测以及安全性的要求，而距离与方向测量可以为此系列的规划提供精确的数据支持。在施工过程中，通过距离和方向测量技术，工程人员可以确保道路和桥梁的走向、坡度、转弯半径等参数符合设计要求。精确的测量能够有效降低交通基础设施建设中的误差，确保施工质量和运营安全，在道路运营阶段，距离测量与方向定向技术也被广泛用于交通设施的维护和扩建中。

资源勘探特别是在矿产、水利、石油等自然资源的勘探和开发过程中，勘探人员需要精确确定资源的分布范围、储量以及地质结构，这离不开距离和方向测量的精准数据。通过测量技术，勘探人员可以确定地下矿藏、油气资源的位置和深度，为后续的开采作业提供数据支持。

在水利资源开发中，测量技术用于规划水库、河流走向、堤坝和渠道的建设，确保资源的合理利用和生态环境的保护。在应用中，测量数据的准确性不仅影响资源的开采效率，也关系到资源的可持续利用和生态平衡。

距离与方向测量在环境保护、灾害防治、考古调查等其他工程领域也有广泛应用。在环境保护中，测量技术用于监测河流、湖泊、森林等自然资源的变化，为生态环境保护措施提供科学依据；在考古调查中，测量技术帮助考古学家确定古代遗址的分布和地理关系，恢复历史场景，进一步拓展了距离和方向测量的应用范围，也展示了其在解决复杂问题中的不可替代作用。

六、距离测量技术的发展趋势

随着科技的不断进步，距离测量技术正在经历快速的发展与变革，展现出诸多令人瞩目的趋势，不仅提升了测量精度和效率，也扩展了测量技术的应用范围和能力，未来的距离测量技术将越来越趋向于高精度、智能化、集成化、无线化、环境适应性强以及数据融合等，为各种工程应用提供更加先进和可靠的支持。

随着制造工艺的进步和测量技术的不断创新，现代测量仪器正向着更高的精度目标迈进，高精度测量仪器能够提供更细致的测量数据，这对于要求严格的工程测量任务尤为重要。在大型工程项目中，诸如桥梁建设、地下工程等领域，对测量精度的要求极高，传统的测量方法难以满足这些需求，新型高精度测量设备的出现和发展，使得这些工程项目的实施变得更加精确和可靠。这些设备通常采用更先进的传感器和精密的制造工艺，能够在极端环境下保持高精度的测量性能，从而满足现代工程对测量精度日益严格的要求。集成了先进的传感器技术和智能数据处理功能的测量仪器，能够自动进行误差补偿、数据记录和分析，从而显著提高测量效率和准确性。智能化技术使得测量设备能够自主判断并修正误差，减少人为操作的影响，提高测量结果的可靠性。现代全站仪和激光测距仪已内置智能算法，可以实时处理复杂的测量数据，自动进行误差校正，并生成精准的测量报告。

　　智能化的测量设备不仅提高了工作效率，还大幅降低了操作难度，使得工程人员能够更加专注于数据分析和决策。将多种测量功能集成于一台仪器中，如全站仪，已经成为现代测量技术的一个重要方向，全站仪不仅能够进行角度测量和距离测量，还可以完成数据记录和处理的一体化操作，集成化的设计简化了测量流程，减少了设备的携带和操作负担，提高了测量工作的整体效率。现代全站仪结合了激光测距、电子经纬仪、测量数据处理等多种功能，使得工程人员可以在一个设备上完成多个测量任务，从而提高工作效率，减少测量误差。通过无线通信技术，测量数据可以实现实时传输和远程控制。这种技术的应用使得测量工作能够在更大的范围内进行，无须烦琐的布线和连接，极大地提高了测量工作的灵活性和便捷性。现代测量设备可以通过无线网络将实时测量数据上传至云端，工程师能够通过移动设备远程监控和控制测量过程，不仅提高了数据传输的效率，还为现场工作人员提供了更大的操作自由度。

　　现代测量设备需要在各种极端环境条件下保持稳定的测量性能，包括高温、高湿、强磁场等。为应对挑战，新的测量技术正在不断研发。针对高湿环境中的测量，设备可能采用防潮设计和特殊的材料，以保证测量的准确性。在极端温度条件下，设备的温度补偿技术能够确保测量结果不受温度变化的影响。适应性设计不仅扩展了测量技术的应用范围，也提升了其在复杂环境中的可靠性。通过结合 GPS、GIS、遥感等技术，现代测量设备能实现多源数据的融合和综合分析，可以提供更全面、更准确的测量结果。数据融合技术能够将来自不同来源的数据进行综合处理，从而获得更为全面的地理和工程信息，在地形测绘中，通过将 GPS 数据与地面测量数据结合，可以获得更高精度的地形信息，遥感技术与地面测量数据的融合，能够提供更丰富的空间数据，帮助工程师进行更精确地分析和决策。多源数据融合的能力为复杂工程项目提供了更加详细和准确的信息支持。

第四节　全站仪

一、全站仪的功能与特点

全站仪在现代测量技术中占据了核心地位，其功能的多样性和技术的先进性使其成为精密测量中不可或缺的工具。全站仪集成了电子测角、电子测距、数据处理及存储等多种功能，通过其高精度的电子测量系统，显著提高了测量工作的效率与准确性。

1. 高精度测量

全站仪利用先进的电子测角和电子测距技术，能够在各种测量环境下提供极高的测量精度。电子测角系统通过光电编码器进行角度测量，其分辨率通常达到 1"（秒），甚至更高，能够提供毫米级至亚毫米级的精度。高精度测量满足了复杂工程和科学研究中的严格需求，在测量大型建筑或桥梁时，全站仪能够精确到每一个细节，确保工程设计和实际施工的一致性。

2. 多功能性

全站仪不仅能进行角度和距离的测量，还具备多种功能，如高差测量、坐标测量、导线测量、交会定点测量和放样测量等，其功能的多样性使得全站仪能够适应不同的测量场景，提供全面的数据支持。进行高差测量时，全站仪通过测量水平角度和垂直角度来计算两点之间的高度差，公式如下：

$$H = d \cdot \tan(\alpha) \tag{2-7}$$

式中，H 是高差，d 是测量的斜距，α 是垂直角度。

全站仪可以完成各种测量任务，包括测量地形、建筑物放样、道路和桥梁的建设等。

3. 操作便捷性

现代全站仪配备了用户友好的操作界面，使得复杂的测量任务变得简单易行。用户可以通过直观的键盘输入或触摸屏操作来设置测量参数和进行数据记录，自动化功能如自动目标识别、自动跟踪测量和自动瞄准大大简化了操作过程。在自动跟踪测量中，全站仪能够实时追踪目标点的移动，确保测量数据的连续性和准确性。操作的简便性降低了对操作人员的技术要求，使得更多的人员能够快速上手使用全站仪。

4. 数据处理能力

现代全站仪通常配备内置的微处理器和存储器，能够实时处理和存储测量数据，不仅支持数据的即时分析和处理，还可以通过数据接口与计算机进行连接，实现数据的传输和后处理，表 2-6 为全站仪的数据处理能力和接口配置。

表 2-6 全站仪的数据处理能力与接口配置

功能	描述
数据存储	内置存储器支持多种数据格式存储
数据处理	内置微处理器实现实时数据处理
数据接口	RS-232C，USB，蓝牙等接口
数据传输	支持数据上传至计算机或云端

这些功能使得测量数据的管理和分析变得更加高效，数据可以被快速导出、备份和共享，支持后续的详细分析和报告生成。

5. 环境适应性

全站仪设计时考虑了在各种恶劣环境条件下的使用需求，具备防水、防尘和耐冲击的特性，确保其在复杂环境中的稳定工作（见表 2-7）。具体来说，设备的防护等级通常达到 IP54 或更高，能够有效抵御灰尘和水溅，同时其坚固的外壳能够承受一定的物理冲击。

表 2-7　全站仪的环境适应性性能指标

环境条件	性能指标
防护等级	IP54，防水防尘
工作温度范围	−20°C 至 50°C
抗冲击性	通过严格的跌落测试

6. 通信能力

全站仪通常配备了 RS-232C、USB 等多种通信接口，支持与计算机或其他测量设备的连接，允许全站仪将测量数据实时传输至计算机或其他系统，便于进行数据分析和报告生成。通过 USB 接口，用户可以将测量数据导入到计算机进行进一步处理和分析，支持数据的共享和存档。通信能力提高了全站仪的灵活性和便捷性，使得测量数据能够迅速集成进其他工作流程中。

二、全站仪的操作流程

在工程测量中全站仪的操作流程是确保测量数据准确和高效的关键，全站仪操作的详细流程，包括安置、初始化设置、测量模式选择、目标识别与找准、数据测量与记录、数据传输与处理、测量结果输出，以及仪器关闭与存放。全站仪的安置是操作流程中的第一步，确保测量的准确性和稳定性（见表 2-8）。仪器需要放置在一个坚固且水平的三脚架上，三脚架的支腿需牢固地固定在地面，以防止仪器晃动或倾斜。水平仪的使用可以确保全站仪在水平方向上的稳定性，对于高精度测量，三脚架的稳固性因为微小的位移或倾斜都对测量结果产生显著影响。

表 2-8　安置仪器检查要点

检查项	描述
三脚架稳定性	确保三脚架稳固，无晃动
水平调整	使用水平仪调整仪器至水平
仪器中心对准	仪器的垂直轴应与三脚架中心对准

完成仪器安置后，需要进行初始化设置。打开仪器电源后，设置测量单位（如米、英尺等），并输入仪器高和棱镜高。仪器高是指全站仪的中心点到测量基准点的高度，而棱镜高是指棱镜中心到测量基准点的高度。这些设置对于精确计算测量结果是必要的，大气改正值的设定也很重要，以修正大气折射对测量结果的影响（见表2-9）。

表2-9　初始化设置步骤

设置项	描述
测量单位	选择测量单位，如米、英尺
仪器高	输入全站仪的高度
棱镜高	输入棱镜的高度
大气改正值	设定大气改正值以修正大气折射影响

根据具体的测量任务，全站仪通常提供多种测量模式，如角度测量模式、距离测量模式和坐标测量模式。在角度测量模式下，全站仪会测量目标点的水平和垂直角度；在距离测量模式下，通过激光或其他测距技术测量两点之间的直线距离；在坐标测量模式下，可以进行目标点的坐标计算和定位。选择正确的模式可以使仪器的测量功能得到充分发挥。在选择好测量模式后，使用全站仪的光学瞄准系统或自动目标识别系统进行目标点的精确照准（见表2-10）。光学瞄准系统通过视线对准目标点，而自动目标识别系统则利用传感器和图像处理技术自动锁定目标点，此步骤的精确性直接影响到测量数据的准确性。

表2-10　目标识别与照准步骤

步骤	描述
光学瞄准	通过光学系统对准目标点
自动识别	使用自动目标识别系统锁定目标点
调整焦距	确保目标点在视野中清晰可见

目标点对准后，可以开始进行数据测量，全站仪将自动测量角度和距离，

并将测量数据实时记录在内置存储器中，仪器的显示屏通常会显示当前的测量结果，便于操作人员进行实时监控和调整（见表 2-11）。数据测量过程中需要注意仪器的稳定性，避免因操作不当导致数据误差。

表 2-11　数据测量与记录过程

测量项	描述
角度测量	测量目标点的水平和垂直角度
距离测量	测量两点间的直线距离
数据记录	实时记录测量数据

测量完成后，通过数据接口将测量数据传输至计算机或其他设备，全站仪通常配备了多种数据接口，如 RS-232C、USB 等，支持与外部设备的连接，实现数据的实时传输和存储，方便后续的数据处理和分析。数据传输后，利用专业软件对测量数据进行处理，包括数据校正、分析和可视化展示（见表 2-12）。

表 2-12　数据传输与处理步骤

步骤	描述
数据接口连接	使用 RS-232C、USB 等接口进行数据传输
数据处理	利用软件对数据进行校正和分析
数据可视化	生成图表或报告以展示测量结果

根据测量任务的需求，将处理后的测量结果输出，输出形式可以是测量报告、图形或其他数据格式，生成的测量报告可以包括测量数据的详细描述、计算结果和图示，供工程师或项目管理人员参考。在某些情况下，还需要将测量结果绘制成图形，以便于对测量区域进行进一步分析和规划。完成所有测量任务后，关闭仪器电源，确保设备的安全和节能，将全站仪妥善存放在专用的保护箱中，以防止灰尘、潮湿和物理损伤。定期检查和维护仪器，以保证其长期的稳定性和准确性（见表 2-13）。

表 2-13 仪器关闭与存放注意事项

步骤	描述
关闭电源	关闭仪器电源，确保安全
存放环境	将仪器放置于干燥、无尘的环境中
定期维护	定期检查和维护仪器，保证其性能

整体而言，全站仪的操作流程涉及从仪器安置、初始化设置、测量模式选择、目标识别与找准，到数据测量与记录、数据传输与处理、测量结果输出，再到仪器关闭与存放多个步骤，每一步都需严格按照操作规范进行，以确保测量的准确性和设备的长寿命。

三、全站仪的误差校正

全站仪的误差校正涵盖了多个方面，其中光学系统、机械结构、电子系统、环境因素及周期性校正是核心环节。光学系统的校正包括对望远镜的调焦、"十"字丝的校正以及物镜和目镜的清洁，望远镜的调焦确保了图像的清晰度，避免因焦距不准引起的测量误差。"十"字丝的校正则涉及十字丝的对准，确保其在视野中心位置，从而提高角度测量的精度。物镜和目镜的清洁则是为了去除灰尘和污垢，防止光学系统中的光线折射或散射，影响测量结果（见表 2-14）。校正过程中可以使用以下公式来校正望远镜的对焦：

$$D = \frac{F}{1 + \dfrac{d}{f}} \qquad (2-8)$$

式中，D 为视距，F 为焦距，d 为视差，f 为物镜的焦距。

表 2-14 光学系统校正检查项目

项目	描述	校正方法
望远镜调焦	确保视野图像清晰	调整焦距
"十"字丝校正	确保"十"字丝中心位置	调整"十"字丝位置
物镜目镜清洁	去除光学系统的灰尘污垢	使用光学清洁工具

机械结构的校正涉及仪器基座的水平校正、三脚架稳定性检查以及仪器

的对中检查（见表2-15）。基座水平校正通过使用水准泡或电子水准仪进行，以确保仪器在水平面上正确放置。三脚架稳定性检查则是为了避免地面不平或支撑不稳带来的误差。仪器的对中检查则确保仪器的测量轴与基准轴重合，从而保证角度测量的精确性，通过调整基座螺丝和重新校准水准泡来实现。

表2-15　机械结构校正检查项目

项目	描述	校正方法
基座水平校正	确保仪器基座水平放置	使用水准泡或电子水准仪
三脚架稳定性检查	检查三脚架的稳定性	调整三脚架位置
仪器对中检查	确保仪器测量轴与基准轴对齐	调整基座螺丝，校准水准泡

在电子系统的校正中，测距系统、电子测角系统和数据处理器校正是关键（见表2-16）。测距系统的校正涉及激光测距仪或电子测距装置的准确性检查，确保其测量距离的精度。电子测角系统的校正则是通过调整传感器的零点和增益来保证角度测量的准确性。数据处理器的校正则涉及软件算法的验证和调整，确保数据处理的准确性和稳定性。

表2-16　电子系统校正检查项目

项目	描述	校正方法
测距系统校正	确保测距仪器的准确性	调整激光测距仪的设置
电子测角系统校正	确保角度测量的准确性	调整传感器的零点和增益
数据处理器校正	确保数据处理的准确性	验证和调整软件算法

环境因素的校正则是考虑到温度、气压、湿度等环境因素对测量结果的影响（见表2-17）温度变化会导致仪器材料的膨胀或收缩，从而影响测量精度。气压的变化会影响光的传播速度，进而影响测距结果。湿度则可能影响光学系统的清晰度，为了进行环境补偿校正，可以使用以下公式来调整测距结果：

$$D_{adj} = D_{meas} \times \left(1 + \frac{\alpha(T - T_{ref})}{100} \right) \qquad (2-9)$$

式中，D_{adj} 为调整后的测距值，D_{meas} 为测量得到的原始值，α 为温度补偿系数，T 为实际温度，T_{ref} 为参考温度。

表 2-17　环境因素补偿校正

环境因素	补偿方法
温度	根据温度变化调整测距结果
气压	通过气压补偿公式调整测距结果
湿度	监测湿度对光学系统的影响并进行清洁和调整

周期性的校正是确保全站仪长期稳定性的必要措施，定期的校正可以检测和修正仪器在长时间使用过程中可能产生的任何偏差或误差，包括对光学系统、机械结构和电子系统的全面检查和调整。周期性校正可以使用定期校正计划来安排，确保每个时间段都可以进行必要的检查和调整。

四、全站仪在工程测量中的应用

在建筑施工中，全站仪的应用主要包括建筑物的定位放样、结构监测和竣工测量。定位放样通过高精度的测量确保建筑物的基础和主体结构准确地按设计要求进行，避免了因测量误差引起的施工偏差。结构监测中则利用全站仪对建筑物的变形、沉降等进行实时跟踪，确保建筑物在施工过程中始终符合安全标准。竣工测量中使用全站仪则是为了确认建筑物是否按设计图纸建造完成，并为后续的验收提供准确数据。

在道路和桥梁工程中，全站仪主要用于施工放样、变形监测和质量控制，在道路工程中，仪器用于道路中心线、边坡以及交叉口等重要标志物的放样，确保道路设计的准确实施。桥梁工程中则需要对桥梁结构进行精确的测量，以确保施工过程中各部分的对接和连接精度，避免结构不对称或不稳定。全站仪能够实时监测桥梁的变形情况，及时发现并解决问题，保证桥梁的安全和稳定。

质量控制方面，全站仪提供的数据用于检查施工质量是否达到标准，确保工程项目的高质量完成。隧道工程的测量中同样依赖于全站仪进行精确的开挖放样、支护结构监测和轴线控制，在隧道的开挖放样中，使用全站仪以确保隧道的走向和位置与设计要求一致，在支护结构监测中，使用全站仪则可以实时跟踪隧道壁的变形和位移，确保支撑系统的有效性和安全性。在轴线控制中，通过全站仪对隧道的纵向和横向轴线进行精准控制，避免因误差引起的结构偏移，保障施工精度和隧道的结构完整性。在水利工程中，全站仪用于大坝和水库的地形测绘、施工放样和变形监测。大坝的地形测绘中使用全站仪是为了准确掌握大坝所在区域的地形地貌，为大坝设计和施工提供基础数据。施工放样中使用全站仪则确保大坝的每一部分都按设计图纸进行，确保大坝的稳定性和安全性。变形监测中使用全站仪则是为了实时跟踪大坝的变形情况，预防潜在的安全隐患，确保水库和大坝的安全运行。在土地测绘领域，全站仪广泛用于土地边界的测量、地籍调查和土地利用分析，在土地边界测量中，通过全站仪确保土地划分的准确性，为土地交易和规划提供可靠的数据基础。在地籍调查中，利用全站仪对土地所有权和使用权进行详细记录，为土地管理和政策制定提供支持，在土地利用分析中，依赖全站仪提供的精确数据，对土地资源进行有效规划和利用，提高土地使用效率和合理性。城市规划方面，全站仪用于城市地形测绘、市政设施布局设计和城市景观评估。在地形测绘中使用全站仪为城市规划提供详细的地形数据，帮助规划师设计合适的城市布局。市政设施布局设计依赖于全站仪提供的数据，以确保市政设施的合理布置和高效运作。城市景观评估则通过全站仪获取精确的测量数据以对城市景观进行分析，帮助规划师设计出符合城市发展需要的景观方案。

五、全站仪的维护与保养

定期清洁是保持全站仪正常运作的基本要求，仪器表面及光学部件的清洁应根据实际使用情况定期进行，光学系统如物镜和目镜应使用专用的光学清洁工具和无尘布进行擦拭，避免灰尘和污垢的积累对测量结果产生负面影响。在清洁时，应特别注意不使用腐蚀性强的清洁剂，避免对仪器造成损害，定期检查光学系统的清洁状况，并在发现有污垢时及时清理，有助于保持图像的清晰度和测量的准确性。

全站仪在存放和运输过程中应保持环境干燥，避免潮湿对仪器内部电子系统和机械结构造成腐蚀或故障。存放时应将仪器放置在防潮箱或密封良好的环境中，减少湿气对仪器的影响。仪器应避免受到冲击或震动，减少对仪器的内部元件和结构产生不利影响。使用时应注意仪器的操作环境，尽量避免在不稳定或不平的地面上操作，以减少震动带来的潜在损害。电池应定期检查其电量状态，保持充足的电量以保证仪器的正常工作。充电时应使用指定的充电器，避免过度充电或充电不足，以免对电池的寿命和性能产生不利影响。需定期更换电池或电池组，以确保其在长时间使用中的可靠性。电池的维护不仅影响仪器的使用时间，还直接关系到工作效率和测量的连续性。

仪器在长期使用中可能会出现各种误差，定期进行校正可以有效检测并修正误差，保证测量结果的准确性。校正应根据制造商的建议进行，并记录每次校正的结果和日期，以便跟踪仪器的性能变化。校正过程包括光学系统、电子系统和机械结构的检查和调整，确保仪器在所有工作条件下均能保持高精度的测量性能。仪器的固件和软件定期更新可以利用最新的技术改进和功能增强，提升仪器的性能和用户体验。制造商通常会发布软件更新包，用户应根据更新说明进行安装，确保仪器软件始终处于最新状态。软件更新包中包括错误修复、功能优化或新功能的添加，对提高仪器的综合性能具有积极作用。

六、全站仪技术的未来发展

全站仪技术的未来发展方向集中在提高精度、智能化、集成化、无线通信、用户友好性和多功能性等方面。随着测量技术的不断进步，全站仪在精度方面的提升将成为未来发展的重要趋势，精度的提升将通过更先进的测量原理和更精密的制造工艺实现，以满足越来越高的测量要求。高精度全站仪能够更准确地捕捉细微的测量数据，为工程项目提供更可靠的基础数据，从而提高工程的整体质量和安全性。未来的全站仪将具备更为先进的自动目标识别、自动测量和自动数据处理能力，智能功能将通过集成高性能的图像处理和人工智能算法实现，使仪器能够自动识别目标物体并进行精准测量；自动数据处理功能将简化数据分析过程，自动生成测量报告，减少人为操作错误,提高测量效率。智能化的发展将使全站仪的操作更加便捷,适应更复杂的测量场景和要求。未来的全站仪将不仅局限于单一的测量功能,而是与其他测量技术如全球定位系统、地理信息系统等进行深度集成,将提供更全面的测量解决方案,能够同时获取多种类型的数据,并进行综合分析。结合GPS技术可以实现更高精度的定位和数据配准,与 GIS 的集成则可以将测量数据与地理信息进行有效结合,提高数据的应用价值和分析能力。无线通信能力的提升将使全站仪能够实现数据的实时传输和远程控制,通过无线通信技术,全站仪能够将测量数据即时传输至远程服务器或移动设备,方便实时监控和数据共享。远程控制功能将允许用户在距离仪器较远的位置进行操作和设置,提高测量工作的灵活性和安全性。无线通信的发展将促进数据的高效传输和实时分析,提高工作效率并减少现场操作的复杂性。用户友好性方面,未来全站仪的操作界面和用户体验将得到进一步优化,全站仪将配备更加直观和易于操作的界面,减少复杂的操作步骤,提高用户的操作便捷性,通过改进的图形界面、触摸屏操作和人性化设计,用户将能够更轻松地进行各种设置和测量操作,将降低操作难度,提高测量工作的效率,特别是在复杂环境下的应用表现尤为显著。

多功能性的发展将使全站仪能够满足更多专业领域的测量需求,未来的全站仪将不仅具备传统的测量功能,还将集成多种新兴技术和功能,如激光扫描、三维建模等,多功能的集成将使全站仪在测量和数据处理方面具有更大的灵活性和适应性,能够广泛应用于建筑、交通、环境监测等多个领域,为不同的专业需求提供支持。

第五节　小区域控制测量

一、小区域控制网的布设原则

在小区域控制网的布设过程中,需综合考虑测区的实际需求、地形条件、控制点分布、点位稳定性及未来灵活性等多方面因素,以确保控制网的有效性和测量精度。控制网的设计必须基于测区的具体要求，确保控制点能够覆盖整个测区并满足不同规模地形图的测绘需求，这意味着在确定控制网布局时，要充分了解测区的面积、形状及其特殊要求，选择合适的控制点布局以实现全面覆盖。对于大面积测区，可以考虑设立多个控制网子网，并保证这些子网之间的相互联系，以提高整体测量的精度和可靠性。应优先选择地势开阔、通视良好的地点作为控制点，以减少测量过程中可能出现的视线障碍，地形复杂或有较多遮挡物的区域应尽量避免设置控制点，或者在设置时采取必要的补救措施，如使用高杆或临时架设观测点，以确保测量的顺畅进行。还需考虑地形对测量设备的影响，如避免在高温或极端气候条件下进行测量，以免对仪器的性能产生不利影响。

布设时应遵循合理的点间距，以保证测量数据的均匀性和准确性。点间距的选择要根据具体的测量要求和控制网的规模来确定，通常较大测区需要较稀疏的控制点，而较小测区则需要较密集的点位布设。在布设过程中，应综合考虑点位的相对位置，以避免出现数据采集盲区或测量误差较大的区域。

选择稳定的地质基础或人工设置的稳固平台作为控制点的安装位置，以减少环境变化或人为活动对控制点的影响。控制点的长期保存应考虑到自然环境的变化，如土壤侵蚀、植被覆盖变化等，必要时应采取防护措施，如设置围栏、标志物等，以确保控制点的持久稳定。对于可能存在的环境因素变化，应定期对控制点进行检查和维护，以确保其长期有效性。

控制网的布设需要具备一定的灵活性，以适应工程测量中可能出现的变更和扩展需求。在设计控制网时，应考虑未来可能的工程变动，如新增测区、修改测量要求等，预留适当的空间和点位设置余地。灵活性还体现在布设方案的调整上，当实际测量过程中发现控制点布局不尽如人意时，应及时调整和优化点位配置，以确保测量工作的顺利进行。

二、小区域控制测量的方法

小区域控制测量的方法主要包括导线测量、三角测量和 GPS 测量，每种方法具有不同的适用场景和技术要求。导线测量是一种通过测量一系列连续的直线段和转折角来建立控制网的方法，该方法适用于建筑物密集、视线受限的城市及工业区等区域。导线测量的基本原理是通过在测量区域内布设一系列相互连接的测量点（导线），然后测量这些点之间的距离和角度，从而建立起一个连续的控制网，通过测量数据，能够计算出控制点的位置，并进行进一步的数据处理和调整。导线测量的步骤包括：选择测点、测量直线段长度、测量角度以及数据处理和计算。使用这种方法时需要根据测量需求和现场实际情况选择合适的测点，通常布设在地形较为稳定和视线较好的位置，通过全站仪或经纬仪测量相邻测点之间的直线段长度和角度，记录这些测量数据，对测得的数据进行处理，利用测量公式和调整方法计算出各控制点的坐标，并确保控制网的闭合性和精度。

三角测量是一种通过测量三角形的内角和边长来确定控制点位置的方法，该方法适用于地形开阔、通视条件良好的区域，如大范围的平原和开阔地带。三角测量的基本原理是利用三角形的几何特性，通过测量三角形的边长和内角，应用三角函数和坐标转换公式，计算出控制点的精确位置。在三角测量中，常用的计算公式包括：

三角函数公式：

$$\tan A = \frac{a}{b} \qquad (2\text{-}10)$$

式中，A 为角度，a 和 b 分别为相对边和邻边的长度。

坐标计算公式：

$$X = X_0 + L \cdot \cos\theta \qquad (2\text{-}11)$$

$$Y = Y_0 + L \cdot \cos\theta \qquad (2\text{-}12)$$

式中，X 和 Y 为测点的坐标，X_0 和 Y_0 为已知点的坐标，L 为测得的边长，θ 为测得的角度。

三角测量的优点在于其适用范围广泛，并能在通视条件良好的情况下提供高精度的测量结果，该方法在地形复杂或视线受限的区域难以实施。其与导线测量的比较如表 2-18 所示。

表 2-18　导线测量与三角测量的比较

	导线测量	三角测量
适用区域	城市、工业区、建筑物密集区域	地形开阔、通视条件良好的区域
主要测量内容	直线段长度和转折角	三角形边长和内角
测量设备	全站仪、经纬仪	全站仪、经纬仪
精度	高，受环境因素影响较小	高，但受视线障碍影响较大
数据处理	需要处理直线段和角度数据	需要处理三角形的边长和角度数据

　　GPS 测量是利用全球定位系统进行高精度控制测量，GPS 测量的基本原理是通过接收来自多个卫星的信号，计算测量点与卫星之间的距离，并利用这些距离数据进行坐标计算。GPS 测量具有不受地形限制、测量速度快、精度高等优点（见表 2-19），尤其适用于大范围、高精度的控制测量。GPS 测量的核心步骤包括：选择测量点、接收卫星信号、计算距离和坐标。测量点通常需要在开阔地带设置，以确保卫星信号的稳定接收。通过 GPS 接收机接收至少四颗卫星的信号，计算每颗卫星与测点之间的距离，并利用距离数据通过解算法进行坐标计算。GPS 系统的测量结果通常可以达到厘米级的精度，适用于大范围的地形测量和控制网布设。

表 2-19　GPS 测量的优势

优势	描述
不受地形限制	能够在各种地形条件下进行测量
测量速度快	实时获取测量结果
高精度	通常达到厘米级精度
数据处理简便	自动计算坐标和测量结果

三、小区域控制测量的精度要求

　　精度要求主要包括平面位置精度和高程精度，具体取决于工程的性质、规模和相关规范。在设计和实施小区域控制测量时，需要严格遵循精度标准，以保证测量数据的准确性和可靠性。平面位置精度反映了测量点在水平面上的定位精度。通常，平面位置精度以单位长度内的误差表示（见表 2-20），如针对一级小区域控制网的平面位置精度要求，需要在 1/10 万以内，意味着在 1 千米的测量范围内，允许的最大误差不超过 10 厘米。这一精度要求适用于需要高精度定位的工程，如大规模建筑施工、城市规划等。平面位置精度可以通过以下公式计算：

$$E_p = \frac{E_d}{L} \tag{2-13}$$

式中，E_p 表示单位长度内的误差，E_d 表示测量的实际误差，L 为测量距离。

假设某个控制网的测量误差为 10 厘米，测量距离为 1000 米，则单位长度内的误差为：

$$E_p = \frac{0.1}{1000} = 1 \times 10^{-4}$$

说明该测量结果符合 1/10 万的精度要求。

表 2-20 平面位置精度要求

控制网等级	平面位置精度（单位长度内误差）	适用范围
一级	≤1/10 万	高精度测量，如城市规划、重要建筑施工
二级	≤1/5 万	一般建筑工程、基础设施建设
三级	≤1/2 万	常规工程测量、地形调查

高程精度则是指测量点在垂直方向上的高度定位精度。高程控制测量的精度通常以单位高度内的误差表示（见表 2-21），如在三等水准测量中，高程的精度要求为 ±5 毫米，意味着在高程测量中，允许的误差范围为 ±5 毫米。这一精度要求适用于要求高精度的工程，如水利工程、桥梁施工等，高程精度的计算公式如下：

$$E_h = \frac{E_d}{H} \tag{2-14}$$

式中，E_h 表示单位高度内的误差，E_d 表示高程测量的实际误差，H 为测量的高度。

如果高程测量误差为 5 毫米，测量的高度为 1000 米，则单位高度内的误差为：

$$E_h = \frac{0.005}{1000} = 5 \times 10^{-6}$$

表明该测量结果符合±5毫米的精度要求。

表 2-21　高程精度要求

水准等级	高程精度（单位高度内误差）	适用范围
一等	±2mm	高精度要求的工程，如大坝建设
二等	±3mm	一般工程测量，如道路桥梁
三等	±5mm	基础设施建设，地形测绘

控制测量的精度要求不仅影响到工程的质量，也决定了数据处理和结果分析的可靠性。在实际测量过程中，应根据工程的具体要求和相关标准选择合适的测量方法和精度等级。精准的测量能够为工程设计、施工和验收提供可靠的数据支持，确保工程的顺利进行和长期稳定性。

四、小区域控制测量的数据处理

小区域控制测量的数据处理过程主要包括数据整理、平差计算和成果输出三个阶段。数据整理是数据处理的初步步骤，旨在对外业观测数据进行系统化的归类和审查。所有观测数据，包括测量点的坐标、测量角度、距离数据等需要进行汇总。对数据的完整性进行检查，以确保所有记录都被正确记录和存储；需进行数据的质量控制，识别和纠正明显的测量误差或不一致性，确保数据的准确性和可靠性常见的整理方法包括数据清理、异常值检测和数据校验，通过这些步骤，可以发现并修正观测数据中的错误或偏差。

平差计算是通过数学和统计方法对观测数据进行调整，以消除测量误差，提高结果的精度。平差计算的主要目标是对误差进行优化，使得所有观测数据在统计意义上尽可能地接近真实值。常见的平差计算方法包括（见表 2-22）：

（1）角度平差：用于调整测量角度的数据，消除因测角仪器误差或测量环境变化引起的误差。角度平差通常采用最小二乘法进行计算，通过构建观测方程并求解最小二乘估计量来实现。

（2）边长平差：对测量的边长数据进行调整，以消除由于测量设备或操作不当造成的误差。边长平差通常结合三角形的边长和角度数据进行计算，利用平差理论和坐标转换公式进行计算。

（3）坐标平差：调整测量点的坐标数据，消除由测量误差引起的坐标偏差。坐标平差包括对点位坐标的平差计算，确保最终结果的准确性和一致性。

在平差计算中，常用的数学工具包括最小二乘法和加权平差法。最小二乘法是通过构建目标函数，最小化观测值与理论值之间的平方差来优化测量结果。加权平差法则是根据不同观测值的权重对结果进行加权处理，以提高总体精度。

表 2-22　平差计算方法对比

平差计算方法	适用范围	优点	缺点
角度平差	角度测量	消除角度测量误差，提高精度	依赖于准确的观测数据
边长平差	边长测量	提高边长测量的准确性	需结合角度数据进行计算
坐标平差	坐标数据	确保点位坐标的一致性	计算复杂度较高

成果输出是数据处理的最终阶段，将处理后的数据以特定的格式输出，以供后续工程测量或设计使用。成果输出包括生成测量报告、制作控制网图、输出坐标数据等（见表 2-23）。测量报告应详细记录数据处理过程、平差计算结果以及最终的测量成果，确保数据的透明性和可追溯性。控制网图则展示了控制点的空间分布和相对位置，为工程实施提供直观参考。输出的坐标数据应符合相关格式标准，以便于后续的数据分析和应用。

表 2-23　成果输出格式

输出类型	内容描述	输出格式
测量报告	数据处理过程和结果	PDF、Word
控制网图	控制点分布和位置	DWG、DXF
坐标数据	处理后的坐标数据	TXT、CSV

五、小区域控制测量的工程意义

在工程测量中通过小区域控制测量为地形图的绘制提供准确的控制点，为工程设计和施工提供基础数据支持。在施工放样中，控制测量能够确保建筑物的定位和尺寸精度，使得各项工程按照设计要求精准实施，从而避免了因误差导致的返工和资源浪费。在建筑施工中，控制测量的精确性直接关系到建筑物的位置和高程的准确性，在高层建筑的施工中，控制点的精度决定了楼层的垂直度和水平度，从而影响到整个建筑的稳定性和安全性。通过精确地控制测量，可以在施工过程中及时发现并纠正偏差，防止建筑物在后续使用中出现结构性问题。控制测量还对施工过程中设备的安装位置、管线的铺设等方面提供了精确的基准，确保各项工程的协调和配合。在变形监测中，控制测量为监测提供了准确的基准数据，使得可以检测到建筑物或基础设施的微小变形。通过定期的变形监测，工程师能够及早发现潜在的安全隐患，并采取必要的加固措施，避免因变形导致的事故，这对于桥梁、大坝、隧道等关键基础设施尤为重要，能够有效防止灾难性事故的发生。控制测量在工程的后期管理、维护和改造中也具有不可忽视的作用。在工程完成后的维护阶段，准确的控制点数据可以用于监测建筑物的长期变形和沉降，评估结构的健康状况。在进行工程改造或扩建时，控制测量提供了与原有结构对接的基准，确保新工程与旧结构的兼容性和稳定性。控制测量的数据还为工程项目的验收和质量控制提供了依据，通过对照设计图纸和实际测量数据，可以验证工程是否符合设计标准，确保施工质量。精准的测量数据也有助于项目管理人员在验收时做出准确的判断，从而促进工程的顺利交付。在城市规划和土地利用方面，控制测量为城市基础设施规划提供了精确的数据支持，能够帮助规划师准确绘制城市地图，合理布局市政设施，提高土地利用效率。对于大型城市项目的实施，如道路网建设、公共设施规划等，控制测量提供了必要的数据基础，确保项目的顺利推进。

六、小区域控制测量技术的优化

随着技术的不断进步，小区域控制测量技术正经历显著的优化，推动了测量精度、效率以及操作便捷性的提升，不仅提高了控制测量的准确性，还使得在复杂地形条件下进行测量变得更加高效和便捷。

全球定位系统通过提供高精度的定位数据，极大地提升了控制测量的精度和效率，传统的地面测量方法依赖于烦琐的现场测量和复杂的计算，而GPS技术则能够实时提供高精度的空间定位数据，使得测量过程更加快速和精确。在小区域控制测量中，GPS能够提供实时定位数据，并结合地面控制点进行精确校正，显著减少了传统测量方法中的误差。GPS技术还使得大范围的测量任务得以简化，因为其覆盖面广且不受地形限制，有效提高了测量的灵活性和应用范围。

现代测量软件的应用进一步推动了数据处理的自动化和智能化，现代测量软件不仅能够自动完成数据的整理、平差计算，还具备强大的数据分析和可视化功能，通常集成了先进的算法和数据处理技术。自动化的处理流程减少了人为操作的误差，提高了数据处理的效率和精度。利用软件，测量人员可以快速生成测量报告、控制网图及其他相关成果，优化了整个测量流程。现代测量软件还能够与其他测量技术进行无缝集成，如将来自GPS、激光扫描等设备的数据进行综合处理，从而提供更加全面和准确的测量结果。

无人机测绘技术的发展为小区域控制测量提供了新的技术手段，尤其在复杂地形条件下表现尤为突出。无人机配备高精度的摄影设备和传感器，能够快速获取地面高分辨率的影像和数据，并生成详细的地形图和三维模型，能够在传统测量方法难以达到或效率低下的区域进行高效测量，极大地提升了测量的便捷性和效果。无人机测绘还具有较高的灵活性，可以根据实际需求调整飞行路径和数据采集范围，实现对广泛区域的精准测量。无人机测绘技术的成本相对较低，使得其在小区域控制测量中的应用更具经济效益。

现代全站仪和激光扫描仪等设备在测量过程中集成了自动对中、自动测距、自动数据记录等功能，进一步提高了测量的自动化水平，能够在复杂环境中进行快速、精确的测量，减少了人工干预和操作错误。自动化设备的应用还使得测量过程更加高效，能够在更短的时间内完成更多的数据采集，满足现代工程测量对速度和精度的高要求。

数据融合和集成技术的进步使得小区域控制测量能够结合多种测量手段和数据来源，实现更全面的测量结果。通过数据融合技术，可以将 GPS、激光扫描、无人机测绘等多种来源的数据进行综合分析，提供更加精确和全面的测量信息。这不仅提高了数据的准确性，还优化了测量结果的可靠性，使得控制测量技术在实际工程应用中能够更好地满足复杂测量需求。

未来，小区域控制测量技术将继续朝着高精度、自动化和智能化的方向发展，随着技术的不断进步，测量设备将变得更加精密和高效，数据处理将进一步自动化，测量过程将更加智能。新兴技术的引入，如人工智能、机器学习等，将为测量技术的优化提供更多的可能性，使得测量结果更加精准，操作更加便捷。随着测量设备和技术的普及，测量成本将逐渐降低，为更多的工程项目和应用场景提供支持。

第六节　全球定位系统

一、GPS 系统的组成与原理

全球定位系统是美国国防部研制并维护的一种全球卫星导航系统，广泛应用于民用和军事领域。该系统的基本构成分为三大部分：空间段、地面控制段和用户设备段。在空间段，GPS 由至少 24 颗卫星构成，卫星分布在六个轨道面上，确保在任何时刻和任何地点至少有四颗卫星可供接收。卫星以约 12 小时的周期环绕地球运行，形成了一个全球覆盖的网络，每颗卫星不仅定期发送其位置，还会发送包含时间戳的信号，确保了无论用户身处何地，总能获得足够的卫星信号进行定位。地面控制段的功能则主要是对卫星进行监控和管理，监控站负责持续监测卫星的状态，包括轨道位置和健康状况，以确保系统的稳定运行。注入站的作用是将计算出的导航信息和时间校正数据发送回卫星，确保卫星发送的信息始终准确且最新。主控站则负责整个系统的协调与管理，对所有卫星的轨道计算、时间同步及信号生成等方面进行全面控制，确保了 GPS 系统的高可靠性和准确性。用户设备段是指 GPS 接收器，可以是便携式设备、汽车导航系统或智能手机等，接收器通过接收来自卫星的信号，利用信号传播的时间差来计算与每颗卫星的距离。为了确定用户的确切位置，接收器至少需要接收到四颗卫星的信号，卫星信号采用伪随机码和载波相位测量的技术，能够精确地计算出用户在三维空间中的坐标以及当前的时间。

二、GPS 接收机的类型与选择

GPS 接收机的类型多样，能够满足不同应用场景和精度需求，主要可分为单频接收机、双频接收机、实时运动测量接收机及地基增强系统（Ground-based Augmentation Systems，GBAS）接收机等。

单频接收机是最基础的类型，仅使用一个频率的信号进行定位，通常应用于一般民用场合，具有较低的成本，适合对精度要求不高的用户。尽管单频接收机便宜且使用方便，但其精度受电离层延迟的影响较大，通常在水平方向的定位精度约为 10 米，垂直方向的精度在 15 米左右，在日常导航、户外活动和简单的测量任务中广泛应用。

双频接收机能够接收两个频率的信号，通过对比分析，消除电离层延迟的影响，从而提高定位精度。这类接收机通常用于需要较高精度的测量和绘图领域，如土地测绘、建筑规划和科学研究等。双频接收机的精度通常达到厘米级，能够在复杂环境中提供可靠的定位服务，在专业领域，使用双频接收机进行数据采集已成为一种标准。

实时运动测量接收机采用差分 GPS 技术，与基准站进行数据交换，实时提供厘米级的定位精度。RTK 技术特别适合对精度要求极高的工程应用，如土地测绘、建筑施工和精准农业等。

地基增强系统接收机则通过结合多个基准站的数据，为用户提供更高的定位精度和完整性，通常应用于需要严格安全和可靠性的场景，如航空导航、机场引导系统等。GBAS 能够确保飞机在起降过程中获得稳定的定位支持，从而提高飞行安全性。

选择适合的 GPS 接收机时，需要综合考虑多种因素：一是测量精度。不同类型的接收机在精度方面存在显著差异，使用场景的精确要求将直接影响接收机的选择。二是工作范围也是重要考虑因素。某些接收机在广域应用中表现优越，而另一些则适合局部精确测量。三是环境适应性。一些接收机在极端天气或复杂地形条件下的表现可能会有所不同。

在需要实时定位的应用场合，如无人驾驶和动态监控系统，接收机的更新频率将直接影响系统的反应速度和定位精度，选择具备高更新速率的接收机尤为重要。接收机的兼容性也是一个值得关注的方面。随着技术的进步，确保接收机能够与最新的导航卫星和定位技术相兼容是十分必要的。在考虑成本时，虽然一些高精度接收机的初始投资较高，但在长期使用中可能带来更高的价值和效率，因此，评估接收机的性价比是一个重要的决策因素。制造商的技术支持和售后服务也是关键考虑因素。优质的技术支持可以帮助用户在使用过程中解决潜在问题，并进行必要的系统升级。在实际应用中，随着定位需求的不断提升和技术的持续进步，GPS 接收机的功能也在不断扩展，许多新型接收机集成了其他定位技术，如惯性导航系统、北斗导航、GLONASS等，以实现更高的定位精度和可靠性。这不仅增强了定位的鲁棒性，还提升了系统在复杂环境下的适应能力。

三、GPS 测量的误差来源与处理

系统误差的来源主要包括卫星轨道误差、卫星钟差、电离层延迟和对流层延迟。卫星轨道误差是由卫星轨道参数的不确定性导致的，通常可以通过广播星历和精密星历进行校正。卫星钟差则是由卫星原子钟的不完善引起的时间误差，通过卫星信号中的时钟参数进行校正。电离层延迟是信号经过电离层时，由于电离层的电子密度变化而引起的速度变化，通过双频接收机的技术或电离层模型进行校正。对流层延迟同样是信号在通过对流层时所引起的速度变化，通常可通过气象模型进行估算和校正。

随机误差的来源则主要包括多路径效应、接收机噪声以及观测条件。多路径效应是指信号在到达接收机前经历多次反射而产生误差，导致接收到的信号时间不准确。为了减少多路径效应的影响，采用先进的天线几何设计和信号处理技术是必要的。接收机噪声主要源于接收机内部电路的热噪声，这种噪声可以通过提高信号的信噪比来减少。观测条件方面，天线的位置和环境因素会影响接收信号的质量，选择合适的观测时间和地点对于优化定位精度至关重要。

为有效处理这些误差，多个方法被提出并应用于 GPS 测量中，差分 GPS 技术是一种常用的校正方法。通过设置一个已知位置的基准站，该站可以实时监测并提供校正信息，从而显著提高测量的精确度。卡尔曼滤波是一种动态系统状态估计的方法，能够有效融合来自不同来源的数据，提升定位的稳定性和准确性。其基本公式为：

$$x_{k\,|\,k} = x_{k\,|\,k-1} + K_k(y_k - H_k x_{k\,|\,k-1}) \tag{2-15}$$

式中，$x_{k\,|\,k}$ 为当前时刻的状态估计，$x_{k\,|\,k-1}$ 为预测状态，K_k 为卡尔曼增益，y_k 为观测值，H_k 为观测矩阵。

最小二乘法也是常用的误差处理方法，通过最小化误差的平方和来求解未知参数，其目标函数可表示为：

$$\min \sum_{i=1}^{n} \left[y_i - f(x_i) \right]^2 \tag{2-16}$$

式中，y_i 为观测值，$f(x_i)$ 为模型预测值，x_i 为待求解的未知参数。

在实际应用中，对 GPS 测量误差的处理往往需要综合运用上述多种技术（见表 2-24）。对于需要高精度测量的应用场景，差分 GPS 和 RTK 技术的结合能够显著提升定位精度，达到厘米级的水平，卡尔曼滤波和最小二乘法的结合使用也可以增强数据融合能力，优化测量结果。

表 2-24　误差来源及其处理方法

误差来源	描述	处理方法
卫星轨道误差	轨道参数的不确定性	广播星历、精密星历校正
卫星钟差	原子钟的不完善引起的时间误差	时钟参数校正
电离层延迟	信号经过电离层的速度变化	双频接收机、模型计算
对流层延迟	信号经过对流层的速度变化	气象模型估算
多路径效应	信号反射导致的时间误差	天线设计、信号处理技术

误差来源	描述	处理方法
接收机噪声	内部电路的热噪声	提高信噪比
观测条件	天线位置和环境因素影响接收质量	选择适当的观测时间和地点

四、GPS 在工程测量中的应用

在土地测绘方面，GPS 技术能够迅速而准确地获取大量地面点的坐标，不仅提高了测绘工作的效率，还保证了高精度的测量结果，使得土地边界的划分更加精确。通过 GPS，测绘人员能够实时监测和记录地形的变化，便于土地资源的管理和规划。结合 GIS 技术，GPS 可以实现数据的空间分析，进一步提升土地利用效率，为城市规划和资源分配提供科学依据。

在建筑施工中，施工放样是建筑施工的关键环节，通过 GPS 技术进行精确定位，确保建筑物的位置和形状符合设计要求，不仅提高了施工质量，还减少了因测量误差造成的后续修改和返工。在施工监测方面，GPS 技术能够实时监控建筑物的位移和变形，及时发现潜在的安全隐患，确保施工过程的安全性。通过对建筑结构的动态监测，可以对设计和施工工艺进行优化，从而降低成本，提高整体工程效益。

在交通工程中，道路和铁路的规划、设计和施工中，通过 GPS 测量确保线路的精确对准和高程控制，不仅提高了工程质量，还为运营的安全性提供了保障。在交通管理方面，GPS 技术能够实时跟踪车辆位置，优化交通流量，减少拥堵，提高运输效率。实时数据为智能交通系统的发展奠定了基础，推动了现代城市交通管理的智能化与高效化。

在水利工程领域，通过 GPS 水位计，实时监测水位变化，为洪水预警和防洪决策提供了重要的数据支持。水文监测中的 GPS 技术不仅可以帮助工程师了解水体变化情况，还能够评估水利设施的运行状态，提前识别潜在风险，确保水利工程的安全与有效运行。在水资源管理中，GPS 技术有助于实现水资源的科学调配，提高水资源的利用效率。

环境保护方面，GPS 技术为野生动物的跟踪和栖息地的监测提供了强有力的支持，通过 GPS 定位设备，可以实时了解动物的活动范围和习性，分析栖息地选择与环境变化之间的关系。数据对于生态保护与生物多样性的维护具有重要意义，可以帮助科研人员制定保护措施，维护生态平衡。

在灾害管理中，地震、滑坡等自然灾害的监测依赖于 GPS 技术的高精度定位能力，通过对地壳运动的实时监测，能够及时发现灾害迹象，帮助相关部门提前预警。在救援行动中，GPS 的定位功能能够帮助救援队伍迅速找到受灾区域，提升救援效率，减少生命财产的损失。

五、GPS 技术的精度提升方法

差分 GPS 是一种常用的技术，利用一个已知位置的基准站来提供实时的误差校正信息，用户接收机接收到基准站发来的校正数据后，可以显著提高自身的定位精度，适合于固定或半固定位置的应用场景，如地籍测量和施工放样等，因为其误差修正能够迅速提高定位结果的准确性。实时运动测量技术则进一步推进了定位精度的提升，RTK 通过实时传输基准站的校正数据，使得移动用户能够实现厘米级的实时定位精度。高精度定位方案在动态应用中表现尤为突出，例如高精度农业、测绘和建筑工程等领域，RTK 技术通过频繁更新的差分信息，使得即使在快速移动的情况下也能保持高精度，满足工程对实时性和精确度的需求。精密点定位（Precise Point Position，PPP）利用全球分布的多个基准站数据，通过精密的卫星轨道和时钟信息，实现全球范围内的毫米级定位精度。PPP 技术的优势在于可以在不需要实时校正信息的情况下提供高精度定位，因此适用于静态或某些动态应用场景，如气象观测和地壳运动监测等。

多系统融合技术也为提升 GPS 测量精度提供了新的思路，通过同时接收来自 GPS 及其他卫星导航系统（如 GLONASS、Galileo、BeiDou）的信号，可以在复杂环境中增强定位的可靠性和精度，尤其是在城市峡谷或高楼密集区域，多个系统的信号互补能够有效减少信号遮挡造成的影响，提高定位的连续性和稳定性。地面增强系统（如地基增强系统 GBAS）和卫星增强系统（如广域增强系统 WAAS）通过增强信号的强度和质量，进一步提升了定位的精度和完整性，通过提供额外的校正信息，使得接收机能够更准确地处理信号，提高定位结果的可靠性。

在硬件方面，优化天线和接收机的性能也能显著提高 GPS 测量的精度，高性能的天线能够有效减少多路径效应和接收机噪声，提高信号的信噪比，从而改善定位精度。选择合适的天线设计与高质量的接收机，有助于在各种环境下保持良好的信号接收质量。采用先进的数据处理算法，如卡尔曼滤波和最小二乘法，能够更有效地处理观测数据。这些算法能够融合来自不同来源的信息，降低误差，提高定位结果的精度和稳定性，通过对观测数据的动态分析，卡尔曼滤波能够在噪声环境中实现最佳状态估计，从而提升整体定位效果。通过对对流层和电离层延迟模型的改进，可以更准确地估计这些延迟对信号传播的影响，从而减少其对定位精度的干扰。采用更复杂的气象模型来实时修正电离层延迟，可以显著提高在多变气候条件下的测量准确性。定期对 GPS 接收机的硬件和软件进行校准，确保其性能始终满足高精度测量的要求，能够有效延长设备的使用寿命，并保持其性能的稳定。通过系统的维护和校准，可以确保 GPS 测量结果的准确性，减少长期使用中的性能退化。

六、GPS 技术的发展趋势与挑战

随着多个卫星导航系统的相继建立与完善，如俄罗斯的 GLONASS、欧盟的 Galileo 及中国的北斗系统，未来的 GPS 将实现与这些系统的融合，形成更加全面的导航体系。多系统的协同工作将有效提升定位的可靠性与精度，特别是在信号弱或环境复杂的场景下，如城市峡谷和密林区域，融合多种信号能够有效减少因信号遮挡造成的定位误差。高精度定位服务的需求不断增长，精密点定位技术的进步为全球范围内的毫米级定位提供了可能，PPP 技术通过利用全球多个基准站的数据，实现对卫星轨道和时钟的精确校正，从而满足高精度测量的需求。随着 PPP 技术的普及，未来在气象监测、地壳变动监测等高精度需求的领域，GPS 技术将能提供更为精确的数据支持。实时动态定位技术也在不断演进。实时运动测量技术的进步，使得 GPS 能够提供厘米级的实时动态定位服务，RTK 在农业、测绘和工程建设等需要高精度实时定位的应用中显示出了重要的价值，未来这种技术的发展将推动更广泛的应用场景，如无人驾驶、智能交通系统和精细农业管理。

随着电子技术的快速发展，GPS 接收机的集成化和小型化趋势越发明显。现代电子设备越来越倾向于轻便和功能多样化，GPS 技术也将更容易地集成到各种设备和系统中，从智能手机到无人机，再到物联网设备。这样的集成化设计将为更多应用场景提供便利，提升用户体验，使得定位服务在日常生活中更加普及。与此同时，随着 GPS 应用的普及，信号干扰和欺骗攻击事件日益增多，如何提高 GPS 技术的抗干扰能力、确保定位服务的可靠性是一个亟待解决的问题，未来的 GPS 系统需要引入更为先进的加密和认证技术，确保数据的完整性和可靠性，维护用户的安全和隐私。在室内定位和城市峡谷环境的挑战方面，GPS 信号在这些复杂环境中容易受到遮挡和反射，影响定位精度，未来的 GPS 技术需要发展新的算法和技术，如使用辅助定位技术（例如Wi-Fi、蓝牙、超宽带等）来弥补 GPS 信号的不足，提供更为精准的室内定位服务。这一发展将为智能建筑、仓储管理及物流等领域提供重要的支持。气候变化和环境变化也对 GPS 信号的传播产生影响，气象因素如降雨、云层、气温变化等均可能导致信号衰减和延迟。未来的 GPS 技术需要考虑这些环境因素，采用更为复杂的模型进行信号传播的预测和校正，通过将气象数据与 GPS 技术结合来提升定位精度，这将为气象监测、农业管理等领域提供更好的服务。

第七节　大比例尺地形图的测绘

一、地形图测绘的基本概念

地形图测绘涉及对地球表面各类自然与人造特征的精确测量与记录，地形图不仅提供了地形的高程信息，还细致描绘了水系、道路、建筑物及植被等多种地理要素。测绘工作旨在创建一个能够真实反映地表特征的二维或三维模型，供各类专业领域使用，通过对地形的详细记录和分析，地形图为城市规划、土地管理、环境监测和工程建设等领域提供了可靠的数据支持。在地形图测绘的过程中，需要选定合适的测绘方法和技术，传统的测绘手段如全站仪、测距仪和水准仪仍然被广泛应用，尤其在需要高精度测量的区域。随着技术的发展，GPS 和遥感技术的引入极大地提升了测绘的效率和精度，现代化的技术手段不仅可以快速收集大规模的数据，还能够通过处理软件进行数据分析与可视化，提升了地形图的实用性。

比例尺决定了地图上所描绘地物的详细程度和精确性，在大比例尺地图中，地物细节得以充分展示，适用于城市规划、精细化土地管理等应用，而小比例尺地图则适合于展示大范围的地理特征，如国家或区域的总体布局，在选择比例尺时，需要根据实际应用需求进行合理评估。

地形的复杂程度对测绘工作也有着直接影响，在山地、丘陵等地形复杂的区域，测量工作往往面临较大的挑战，测绘人员需要结合多种测量方法，确保能够全面、准确地获取数据，环境因素如天气、植被覆盖、土壤条件等也可能对测量结果产生影响，因而在实际操作中，需要进行周密的环境评估和应对措施的制定。

为了确保地形图的精度和可靠性，测绘完成后，需通过精密的计算和校正手段，消除因测量误差、设备限制或人为因素引起的误差。在此过程中，最小二乘法和卡尔曼滤波等先进算法被广泛应用，能够有效提高数据处理的精度，进行现场验证和交叉检查也是确保数据准确性的重要环节，这能够进一步提高地形图的可信度。

地形图的制作和应用不仅限于传统的纸质地图，随着数字技术的发展，数字地形图和三维模型日益受到重视，数字地形图可以通过地理信息系统进行动态更新和分析，使得用户能够根据需求进行多维度的信息查询和可视化展示，灵活性使得数字地形图在应急管理、环境保护以及资源管理等方面展现出了极大的应用潜力。

二、地形图测绘的准备工作

地形图测绘涉及多个方面的准备，包括现场勘查、数据收集、设备选择、测绘计划制定及人员培训等，旨在为后续的测绘工作奠定坚实的基础。

初步的现场勘查是准备工作中的首要步骤，不仅能够帮助测绘团队对测绘区域的地形地貌、植被状况和交通条件有更深入的了解，还能识别可能影响测绘工作的其他因素，如人造障碍物和天气条件。通过对现场的仔细观察，测绘人员可以制定合理的测量方案，确保在实际操作中能够高效地完成任务，现场勘查也可以帮助识别潜在的安全隐患，为后续工作的安全性提供保障。现有的地图和地理数据能够作为重要的控制点和参考信息，帮助规划测绘路线和选择测量方法。通过整合历史数据、地形资料以及其他相关信息，测绘团队可以对目标区域形成全面的认知，不仅有助于达到测量的精度要求，也为测量过程中可能遇到的挑战提供了应对方案。

根据测绘区域的特点、测量需求和预算限制，合理选择全站仪、GPS 接收机、激光扫描仪等测量工具，可以有效提升数据采集的效率和准确性。测绘软件的选择也极为重要，其不仅需要具备强大的数据处理和分析能力，还要支持与测量设备的良好兼容，确保数据流的顺畅。通过适当的设备选择，测绘团队能够在不同的环境条件下，灵活应对各种测量需求。

在测绘计划中，需要明确测量的目标、方法、时间表和工作分工，确保每位成员都能清晰理解自己的职责和任务。计划应包含测量的具体步骤、测量方法的选择、数据记录方式和预期的成果形式等。合理的计划能够提高工作效率，避免不必要的资源浪费和时间延误，为顺利推进测绘工作提供保障。培训测绘人员，确保测绘团队对所使用设备的操作熟练程度以及对测绘方法的理解。通过定期的培训和模拟演练，可以提升团队成员的技能水平和应对突发状况的能力。在实际测绘过程中，熟练的团队成员能够更有效地识别和解决问题，确保数据的准确性和可靠性。

充分的准备工作不仅能够显著提高测绘效率，还能减少因操作不当或信息不足导致的返工，确保最终成果的质量和准确性。在整个测绘项目中，准备工作如同建筑的地基，只有在坚实的基础上，才能构建出高质量的测绘成果。随着技术的不断进步，地形图测绘的准备工作也应与时俱进，借助新兴技术和工具的辅助，提升工作效率和数据质量，为各类应用提供更为精准的地理信息支持，这样才能使测绘团队在瞬息万变的环境中，从容应对各种挑战，完成高标准的测绘任务。

三、地形图测绘的野外作业

地形图测绘的野外作业的结果直接影响到地图数据的质量和完整性，测绘人员需运用各种先进的测量工具和技术，如全站仪、GPS 接收器、无人机、激光扫描仪等，以获取地形的高程、位置及其他相关属性信息。通过工具的有效配合，测绘团队能够实现对地形的全面捕捉，确保所获得数据的丰富性和多样性。

控制点是测绘工作的基础，为测绘工作提供了精确的参考框架，确保后续测量数据的准确性和可靠性。在选择控制点的位置时，需要综合考虑地形的特征、可视范围及交通条件，确保其能够在后续的测量工作中易于访问和识别。在建立控制点时，测绘人员需要利用高精度的设备进行测量，确保每一个控制点的坐标和高程信息的精确。

在完成控制点的建立后，接下来是对地形特征的测量，此阶段涉及地形的细节记录，包括水体、道路、建筑物、植被等各类自然与人造特征的定位与测量。测绘人员需根据实际情况选择适当的测量方法，灵活运用全站仪进行高精度角度与距离的测量，或使用 GPS 接收器进行大范围位置数据的采集。无人机技术能够在短时间内覆盖广泛区域，获取高分辨率的影像数据，为后续的数据分析和处理提供丰富的资料。

测绘人员在现场需详细记录每一次测量结果，确保所有数据都得到妥善保存，通常会使用电子表格或专业测绘软件进行现场数据的录入，这样不仅能提高数据处理的效率，还能减少人为错误。在数据的初步处理过程中，测绘人员可以进行简单的校验，及时发现并修正测量误差，确保最终数据的质量。

为确保数据的准确性，野外作业时还必须进行严格的质量控制。测量数据的复核和校验是质量控制的核心环节，测绘人员通过交叉测量不同位置的数据、重复测量关键点或与已知控制点的数据进行比对，以验证测量结果的准确性，这需要高度的专业素养和严谨的态度，确保每一项数据都能够经得起审查，为后续的地图制作提供可靠的基础。

在野外作业过程中，安全问题同样不容忽视。测绘人员常常在复杂的地形和多变的天气条件下工作，在作业前，应进行详细的安全评估，包括对工作区域的危险因素的识别，如陡坡、水域及交通状况等。测绘人员应穿戴适当的防护装备，确保其在野外环境工作时的安全，团队内的有效沟通与协作，也能提升整体工作的安全性。

四、地形图的绘制与编辑

在开始绘制之前，测绘人员首先需要对在野外收集到的数据进行整理和分析，确保所有信息都完整无误。该步骤不仅包括对高程和位置数据的整理，还需对地形特征的属性信息进行分类和归档，为后续的绘制工作打下坚实的基础。

在绘制过程中，测绘人员根据整理后的数据，选择适当的地图符号和颜色来表现不同的地形特征，水体可以用蓝色表示，森林用绿色表示，而城市建筑则用灰色或棕色来区分。符号的选择和颜色的运用不仅需要遵循相关的制图规范，还应考虑到视觉效果，以确保地图的可读性和美观性。绘制时，需严格遵循比例尺的要求，确保地图上各个特征的实际大小和位置与原始数据一致。通过软件的辅助，绘制人员可以利用图层管理功能，分别处理不同类型的地形特征，最终整合成一幅完整的地形图。

编辑工作旨在提升地图的美观性和实用性。在这一过程中，测绘人员需要对地图的整体布局进行审视，调整符号的大小和位置，以避免视觉上的拥挤和混乱。添加注记和图例是编辑工作的重要组成部分，注记可以为地图的使用者提供额外的信息和解释，而图例则帮助用户理解不同符号的含义。颜色的调整同样不可忽视，合理的色彩搭配能够增强地图的可视性和识别性，使不同地形特征之间的差异更加明显。

为了确保地图的准确性与易读性，绘制与编辑过程中需要经过多轮的校对和修改，测绘人员会对地图进行详细审查，检查每个符号和标注的准确性以及数据的完整性，这需要多个团队成员的参与，集思广益，及时发现潜在的错误和不一致之处。每次修改后，地图应重新审查，以确保修正后的结果依然符合制图标准，并且能够有效地传达所需的信息。

随着数字化技术的进步，地形图的绘制与编辑过程变得更加高效和精确，现代地图制作软件不仅提供了丰富的工具和功能，还支持自动化的绘图和编辑过程，大大减少了手工操作所带来的误差。数字化技术还使得地图的更新和维护变得更加便利，用户可以迅速响应地形变化，及时更新地图数据。通过云存储和数据共享平台，测绘团队能够方便地进行协作，实时更新和分发地图信息，提高了工作效率和响应速度。

五、地形图测绘的质量控制

地形图测绘的质量控制是确保地图数据准确性和可靠性的核心环节，贯穿测绘的整个过程，从野外数据采集到地图的最终输出。在野外作业阶段，质量控制首先体现在对测量数据的现场检查和复核，要求测绘人员在进行每一项测量时，及时记录数据，并对数据进行初步的审查，以确保测量结果的准确性与一致性。同时，测量设备的定期校准也是质量控制的重要内容。设备的准确性直接关系到数据的可靠性，测绘团队必须遵循既定的维护和校准程序，以避免因设备故障而导致的测量误差。

在数据采集完成后，进入地图的绘制与编辑阶段，质量控制的重点转向对地图内容的详细校对。测绘人员需要核实地形特征的表示是否准确，符号和注记是否清晰易读，地图上的每个符号和标记都应准确反映相应的地理特征，同时应与地图的比例尺相符合，以便用户能够准确理解地图信息。为确保地图的可读性，测绘人员还需考虑图例的设计，使用户能够快速识别各类地形特征。通过误差分析和精度评估，测绘团队可以确定地图的精度等级，此过程通常包括对测量误差来源的识别，以及对不同数据集进行交叉验证。利用统计方法，测绘人员可以量化地图数据的精度，从而为用户提供可靠的参考信息，这不仅有助于提升地图质量，还能为后续的数据采集和测绘工作提供改进建议。

在整个质量控制过程中，测绘团队应定期召开质量评审会议，分享各阶段的质量控制结果，分析出现的问题，并制定相应的改进措施。通过团队内部的有效沟通，能够及时发现潜在的质量隐患，并迅速采取措施加以纠正。

向用户和相关利益方收集反馈也是提升地图质量的重要手段，用户的使用体验和意见能够为测绘团队提供宝贵的改进方向。现代数字化技术为地形图测绘的质量控制提供了新的可能性，借助先进的软件工具，测绘人员可以在数据处理和地图绘制的各个环节自动进行质量检查。这些工具能够迅速识别数据中的异常值，并提供数据的可视化分析，帮助测绘人员更快地发现和解决问题。数字化技术的应用不仅提高了工作效率，还增强了质量控制的准确性，使得地形图测绘的过程更加科学和系统。

六、地形图测绘技术的现代化

随着科技的发展，地形图测绘技术正经历着显著的现代化转型，不仅体现在测绘工具和设备的更新换代，也包括数据处理、管理与分析手段的全面革新，现代测绘技术如遥感技术、地理信息系统、无人机测绘和三维激光扫描等，正在为地形图测绘提供前所未有的手段与工具。技术的融合与应用，不仅大幅提升了测绘效率和精度，还拓展了地形图的应用范围，使其在各行各业中扮演越来越重要的角色。

遥感技术的快速发展，使得地形图测绘可以通过卫星或航空摄影获取大面积的地表信息。相较于传统的地面测绘方法，遥感技术可以在较短时间内覆盖广阔区域，特别是在人员难以到达或具有复杂地形的地区，遥感数据的获取不仅为地形图提供了丰富的基础信息，也为环境监测、土地利用变化分析等应用提供了强有力的支持，遥感技术能够通过不同波段的电磁波获取多维信息，使得测绘人员能够对地表特征进行深入分析，利用红外波段分析植被覆盖情况，或通过雷达数据监测土壤湿度变化。

地理信息系统作为一种强大的数据管理与分析工具，已经成为现代地形图测绘不可或缺的组成部分，GIS 技术不仅能够存储和管理空间数据，还提供了多种分析工具，支持对地形特征进行空间分析、属性分析以及模型构建。测绘人员可以利用 GIS 进行数据整合，将遥感数据、地面测量数据和其他相关信息结合在一起，形成一个全面的地理信息平台。集成化的数据管理方式，不仅提高了数据的利用效率，也增强了地形图的应用灵活性，使得用户能够根据具体需求进行多样化的分析和决策。

无人机测绘技术的兴起，为地形图测绘打开了新的局面，无人机以其灵活性和高效性，能够在复杂地形和人员难以到达的区域进行测绘工作。配备高精度摄影设备和激光扫描仪的无人机，可以快速采集大量高分辨率的数据，对于需要高精度和快速响应的测绘任务尤为重要。在城市规划中，无人机可以迅速获取更新的地形数据，帮助规划师及时调整设计方案。无人机的低成本和高效率，使其在农业、环境保护和灾害评估等领域的应用越来越广泛。

三维激光扫描技术则为地形图测绘提供了更加精细的空间信息获取手段。通过激光扫描，测绘人员可以获得高精度的三维点云数据，数据能够详尽记录地形表面的微小变化。激光扫描在大规模的基础设施监测和古建筑保护方面表现尤为突出，能够在短时间内生成三维模型，极大提升了数据获取的效率和精度，不仅简化了传统测量过程，还为后续的数据处理和分析提供了丰富的基础数据。

随着现代测绘技术的不断发展和完善，地形图测绘正朝着更加快速、准确和智能化的方向迈进，实时数据采集、自动化处理与智能分析使得测绘工作不仅高效，还能够更好地适应瞬息万变的社会经济环境。地形图测绘在城市管理、环境保护、基础设施建设等多个领域的应用价值不断提升，为社会经济发展和人类活动提供了坚实的数据支持。未来，随着技术的进步，地形图测绘的现代化将更加深入，新兴技术如人工智能和大数据分析将与传统测绘技术相结合，推动测绘行业的变革。通过智能化的数据分析和决策支持，地形图测绘不仅能够满足当前的需求，还能为未来的可持续发展提供科学依据。

第八节　地形图的应用

一、地形图在规划设计中的应用

地形图不仅提供了自然地理特征的清晰呈现，还反映了人类活动对地表的影响，成为制定科学合理规划的重要依据。在城市规划方面，地形图展示了地势起伏、河流分布、植被状况等信息，帮助规划师理解地形如何塑造城市布局与功能分区，如在某些城市中，地形的高低差异导致特定区域的开发受到限制，从而影响居住区、商业区与工业区的合理配置。图示中的等高线能够直观地展示地面高度变化，使设计者在布局时能充分考虑地形因素，以避免高差过大而影响交通与建筑的实用性。

在建筑设计中，地形图起到了指导与规范的作用，建筑物的位置选择、外形设计与建筑高度等都需充分考虑地形特征，在山地地区，进行建筑物的基础设计时需针对地基土壤的稳定性进行详细分析，而地形图中显示的坡度与土壤类型则为这种分析提供了重要数据，建筑设计可以在保证安全性和功能性的基础上，融入自然环境，使建筑与周边景观协调统一。

地形图在环境影响评估（Environmental Impact Assessment，EIA）中同样发挥着不可或缺的作用。通过对拟建项目区域的地形图分析，可以评估项目对水系、生态系统与景观的潜在影响，为决策提供数据支持，确保规划的可持续性。

交通规划方面，交通网络的合理布局依赖于对地形特征的深入理解，例如道路的坡度、弯道的设计及交通流量的预测等（见表2-25）在制定交通线路时，设计师必须考虑地形的制约因素，如在丘陵地区，道路的选线需要避开陡坡与复杂的地形，以降低建设成本及未来的维护难度。

表2-25 不同地形条件下道路建设的建议

地形条件	道路建设建议	设计考虑因素
平坦地形	直线道路，宽阔设计	行车安全，流量预测
山地区域	弯道设计，缓坡处理	降低坡度，提高稳定性
水边区域	高架道路设计	防洪考虑，水流管理
植被覆盖	保留植被，适度开发	生态保护，景观融合

随着城市化进程的加快，地形环境也在不断变化，新的建筑与基础设施的建设往往会导致地形特征的改变，定期更新地形图，不仅能为规划设计提供最新的信息，还能帮助识别潜在的环境风险，确保规划决策的科学性与有

效性。在地理信息系统的支持下，地形图的更新与应用变得更加高效与精确，利用空间分析与建模技术，可以对不同规划方案进行全面评估，优化决策过程。

在综合考虑地形因素的过程中，建立数学模型来分析地形对规划设计的影响，也是一种有效的方法。坡度与坡向的计算公式如下：

$$S = \frac{\Delta z}{\Delta x} \tag{2-17}$$

式中，S 表示坡度，Δz 为高度差，Δx 为水平距离。

通过公式，可以量化地形的影响程度，为交通与建筑设计提供数据支持，结合土地利用变化模型，更好地预测未来的土地需求，合理配置资源，实现可持续发展。

二、地形图在工程建设中的作用

地形图在工程建设中涵盖了从选址到后期管理的全过程（见表2-26）。工程建设的前期阶段，地形图为选址提供了重要依据，帮助评估地形对工程项目的影响，通过详细分析地形图所提供的信息，包括坡度、高程、河流及排水条件等，能够判断某一地点是否适宜进行工程建设。在水利工程的选址过程中，地形图能够揭示流域的特征与水文情况，为决策提供科学依据。地形图还可以帮助确定潜在的地质风险区域，避免因地质条件不佳而导致的后期施工困难。

在工程设计阶段，地形图提供了必要的地理参数，诸如土石方量、土壤承载力等，对于确保设计的精确性与经济性至关重要。利用地形图进行土方计算，能够清晰地了解需开挖或填筑的土方量，从而优化材料的使用和施工成本。地形图中所显示的土壤类型和层理信息，能够为基础设计提供支持，确保结构在施工后的稳定性与安全性。在高层建筑设计中，地形图可以揭示地下水位与土壤承载力，从而帮助工程师选择合适的基础形式，降低风险。

施工阶段同样离不开地形图的指导，地形图用于施工放线、土方开挖及填筑等作业，确保施工按照设计要求进行。通过地形图，施工团队能够直观地了解工程现场的实际情况，依据地形特点进行施工计划的调整。比如，在进行道路建设时，地形图能够提供详细的坡度与曲线信息，指导施工团队进行合理的道路布局，避免不必要的浪费与返工。地形图还可用于制定施工过程中的安全措施，确保工人在复杂地形中的安全。工程完成后通过对地形图的分析，工程管理者能够监测排水系统的有效性、土壤侵蚀的情况以及生态恢复的进展。借助地形图，管理团队可以识别潜在的环境问题，并及时采取措施以保护生态环境。在建设水库时，地形图可以帮助监测水位变化与周边植被状况，评估其对生态环境的影响。随着技术的进步，利用高精度的地理信息系统和遥感技术，可以定期更新地形图数据，确保工程师能够基于最新的信息进行决策。在制定工程计划时，可以通过 GIS 分析土壤特性、排水路径等，建立数字化的模型进行决策支持，为复杂工程提供了更加全面和准确的数据支持，提升了决策的科学性。

表 2-26　地形图在工程建设不同阶段的具体应用

阶段	应用内容	具体作用
选址	地形分析	评估坡度、高程、排水条件
设计	土石方量计算	确保设计精确性与经济性
施工	放线与土方指导	确保施工符合设计要求
监测与管理	环境影响评估	及时发现并解决潜在环境问题

三、地形图在资源管理中的重要性

在资源管理中地形图为各类资源的合理开发与可持续利用提供了基础数据与科学依据（见表 2-27），尤其在土地资源管理中，地形图为土地利用现状的分析提供了翔实的信息，涵盖土壤类型、坡度、土地覆盖等多方面数据，帮助决策者制定科学的土地规划方案，通过合理配置资源，最大限度地提高土地利用效率。在土地整治方面，地形图可以直观反映土地退化、污染与荒废情况，为土地复垦与保护提供支持，通过对地形图的深入分析，土地管理者能够确定优先整治区域，从而实现更高效的资源配置与管理。

在水资源管理领域，水系的分布、流向与流域面积等信息，能够帮助管理者评估水资源的现状与潜力。在制定水资源分配政策时，地形图为水体的来源与流动提供了直观支持，有助于制定合理的用水计划，平衡各方用水需求。水资源保护措施的实施同样依赖于地形图的支持，通过监测流域内水体的变化情况，决策者能够及时识别水资源的潜在风险并采取相应的保护措施，例如实施水源地的保护政策，以防止污染源的侵入。

在森林资源管理方面，地形图通过显示森林分布、林分结构、林种信息，为森林的合理采伐、更新与保护提供了指导依据。管理者可以利用地形图分析不同区域的森林覆盖率和生长情况，从而制定科学的森林采伐计划与恢复策略。在实施森林资源保护时，地形图有助于确定需要重点保护的区域，以维护生态平衡与生物多样性。在某些山区，利用地形图可以帮助识别重要的生态功能区，如水源涵养林与生物栖息地，指导森林资源的可持续管理。尤其在土地退化、水土流失等环境问题的监测上，通过定期更新地形图，管理者能够实时跟踪资源的变化情况，从而在发现问题的第一时间采取措施。以土地退化为例，利用地形图可以揭示因过度耕作、城市化等因素导致的土地退化区域，帮助管理者制定相应的恢复计划与政策，以改善土地质量并促进生态恢复。

表 2-27　地形图在不同资源管理领域的具体应用

资源类型	应用领域	具体作用
土地资源	土地规划与整治	提供土壤类型、土地利用现状分析
水资源	水系评估与分配	显示水流向、流域面积信息
森林资源	森林管理与保护	显示森林分布、林分结构与林种信息
动态监测	资源变化跟踪	识别土地退化、水土流失等问题

随着技术的不断进步，地形图的应用也在不断拓展，尤其是在大数据与遥感技术的结合下，资源管理的效率与精度得到了显著提升。利用高分辨率的遥感影像与 GIS 技术，能够实现对资源的实时监测与管理，提升资源利用的科学性与合理性；高效的数据整合与分析方式，为实现资源的可持续发展

提供了强有力的支撑。

四、地形图在环境保护中的应用

地形图在环境保护领域的应用为环境监测、环境影响评估、生态保护及环境恢复提供了坚实的基础（见表 2-28），通过对地形图的分析，能够有效支持各类环境保护措施的实施与优化。在环境监测方面，地形图不仅用于确定监测点位，还能够规划监测路线，以确保数据采集的全面性与代表性。在水质监测中，地形图可以帮助识别河流、湖泊等水体的位置，从而选定合适的采样点，地形图显示的高程变化和坡度信息可以辅助规划空气质量监测站的布局，确保监测数据的准确性与有效性，通过定期更新的地形图，可以追踪环境变化趋势，识别潜在的环境问题，为后续的治理措施提供数据支持。

在环境影响评估过程中，地形图同样不可或缺。对于新建项目，地形图在选址、设计和施工阶段提供了必要的地理信息，帮助评估项目对环境的潜在影响。通过对地形图的分析，项目决策者可以清晰了解项目所在地的生态环境特征，包括水文条件、土壤类型及植被覆盖等，为评估项目的环境风险提供了科学依据，有助于制定相应的环境保护措施。

在大型基础设施项目的规划中，地形图能够揭示潜在的水土流失区域或生态敏感区域，从而引导设计方案的调整，降低对环境的影响。在生态保护方面，地形图能够清晰显示生态敏感区域及生物多样性分布情况，为保护策略的制定提供了基础。在某些自然保护区，地形图上可以标示出栖息地的边界、迁徙路线及生态廊道的位置，帮助管理者制定有效的保护措施。地形图在评估生态恢复效果时也发挥着重要作用。通过将恢复区域与周边生态环境进行对比，管理者能够评估恢复措施的有效性，及时调整管理策略，确保生态恢复的顺利进行。

表 2-28　地形图在环境保护各个方面的应用

应用领域	具体作用	相关信息
环境监测	确定监测点位、规划监测路线	水体、空气质量、土壤等监测数据

应用领域	具体作用	相关信息
环境影响评估	提供项目对环境影响的地理信息	生态敏感区域、水文条件、土壤类型
生态保护	显示生态敏感区域及生物多样性分布	栖息地边界、迁徙路线、生态廊道
环境恢复	规划恢复区域、设计恢复措施	恢复效果评估、生态环境对比

在全球面临气候变化、生态破坏等严峻挑战的背景下，通过应用先进的遥感技术与地理信息系统，可以实现对地形图的动态更新，使环境管理者能够基于最新的信息制定决策。高效的数据管理方式，有助于提升环境保护工作的科学性与有效性。在某些案例中，利用高分辨率的遥感影像，环境管理者能够实时监测生态变化，快速响应环境问题，及时采取保护措施。

地形图在多种环境政策与法规的制定与实施过程中也发挥着支持作用，如在制定水资源保护政策时，地形图能够揭示流域内各水体的分布与连接性，从而为流域管理提供科学依据。通过识别水源地及其周边环境的敏感性，政策制定者能够有针对性地设计保护措施，确保水资源的可持续利用。

五、地形图在灾害评估中的功能

地形图在灾害评估中的功能涵盖了灾害风险评估、监测、应急响应及灾后重建等多个方面（见表2-29），为灾害评估工作提供了必要的基础数据与信息支持。在灾害风险评估阶段，地形图能够详细展示地形特征、地质条件及人口分布等信息，这些数据对于评估潜在灾害的发生可能性及其影响范围具有重要意义。

在地震风险评估中，地形图可以反映断层分布、土壤类型及建筑密度等因素，从而帮助专家判断某地区遭受地震的风险及其造成的损失。通过对历史数据的综合分析，利用地形图，研究者能够确定高风险区域，并提出相应的防范措施。

在灾害监测方面，地形图的应用同样不可或缺，为规划监测点位、分析灾害发展趋势以及指导监测行动提供了科学依据。

在洪水监测过程中，地形图可以帮助确定水位监测站的位置，以便及时捕捉水位变化和流动趋势。通过对水系的地形分析，管理者可以识别潜在的淹水区域，从而实施预警机制，结合实时数据，地形图能够帮助决策者分析灾害的发展动态，及时做出反应，以降低灾害对人类生活及财产的影响。

在灾害应急响应过程中，地形图为救援行动提供了不可或缺的信息支持，通过显示救援路线、救援点位和受灾区域，地形图能够帮助救援人员迅速规划救援方案，确保资源的合理分配与利用。在发生地震后的救援行动中，地形图可以帮助指挥中心选择最有效的救援路线，确保救援队伍能够快速到达受灾群众所在的位置。利用地形图还可以帮助评估受灾区域的基础设施状况，为后续的救援行动提供指导，精准的地理信息支持，使得应急响应更加高效，最大限度地减少生命与财产的损失。

在灾后重建阶段，地形图可被用于规划重建区域、设计重建方案及监测重建效果，在灾后恢复过程中，利用地形图能够帮助规划重建项目的具体位置和规模，确保新建设施在地质条件良好的区域进行。结合生态恢复的需求，地形图可以帮助识别适合生态重建的区域，推动可持续发展。通过对重建效果的监测，管理者能够对比重建前后的地形变化，评估重建方案的有效性，以便及时调整和优化重建策略。

表2-29 地形图在灾害评估不同阶段的具体功能

功能领域	具体作用	相关信息
灾害风险评估	评估灾害发生的可能性与影响范围	地形特征、地质条件、人口分布
灾害监测	规划监测点位、分析灾害发展趋势	实时水位、气象数据、灾害动态分析
灾害应急响应	提供救援路线、救援点位及受灾区域	救援资源分配、救援行动指导
灾后重建	规划重建区域、设计重建方案	重建效果评估、生态恢复需求分析

在灾害评估过程中，地形图的准确性与时效性直接影响到评估的质量与有效性。随着科技的发展，特别是遥感技术和地理信息系统的应用，使得地形图的获取和更新变得更加迅速与准确。高效的数据处理能力，能够为灾害管理提供实时支持，帮助决策者在灾害发生的第一时间作出科学的应对策略。

六、地形图应用技术的创新与发展

遥感技术的进步使得地形图的获取速度大幅提升（见表2-30），同时覆盖范围也更为广泛，能够实现对大面积地区的高频次监测。利用卫星或无人机获取的遥感影像，可以迅速生成高分辨率的地形图，显著降低了传统测量方法所需的时间和成本，地理信息的更新变得更加及时，为环境监测、城市规划等领域提供了实时数据支持。

表2-30　当前地形图应用技术的主要创新与发展方向

技术领域	应用方向	具体贡献
遥感技术	高效获取地形图	实现快速、广泛的区域覆盖和更新
GIS 技术	数据管理与空间分析	提供智能化的决策支持
GPS 技术	精确定位与导航	提升数据采集的准确性与实时性
三维激光扫描	复杂地形的高精度测量	生成细致的三维模型，为决策提供数据支持

地理信息系统作为地形图管理和分析的重要工具，推动了地形图应用的智能化与高效化，GIS技术使得用户能够对地形图进行多维度的空间分析，支持数据的可视化与交互式操作，用户可以基于地形图进行空间分析，如计算地形坡度、流域划分、视域分析等，从而为决策提供更具依据的空间信息。结合大数据技术，GIS能够处理海量地理数据，进行深度分析，发掘潜在的地理规律，这不仅提升了地形图的应用深度，也为城市管理、资源分配等领域的决策提供了更加科学的支持。

全球定位系统为地形图的定位与导航提供了极为精确的技术支持。通过GPS，用户可以在地形图上实时标记位置，进行高精度的地理定位，确保数据采集与分析的准确性。高精度定位技术广泛应用于野外勘测、资源调查和环境监测等多个领域，使得数据的获取过程更加高效和便捷。GPS技术的进步也为地形图的动态更新提供了可能，用户能够实时跟踪特定位置的变化，进一步丰富了地理信息的时效性。

三维激光扫描技术为复杂地形的测量提供了全新的解决方案，尤其在地形起伏较大或植被覆盖密集的区域，三维激光扫描能够获取更为细致的地形信息。通过高密度的数据采集，三维激光扫描能够生成高精度的三维模型，为地形图的制作提供了丰富的原始数据。其在城市建设、环境评估以及基础设施管理等领域的应用，推动了地形图的多维度呈现，使得用户能够更直观地理解地形特征及其变化。

随着技术的不断进步，地形图的应用将进一步拓展到更多领域，如智能交通、智慧城市、灾害管理等。通过集成多种技术手段，地形图不仅能够为传统的地理信息应用提供支持，还能够为新兴的智能化需求提供解决方案。在智能交通系统中，地形图与实时交通数据的结合，将为交通管理和优化提供重要依据，有效提高城市交通的流畅性与安全性。在智慧城市建设中，地形图的深度应用将有助于提升城市规划的科学性，实现资源的高效配置与利用。

第三章　施工测量

第一节　施工测量概述

一、施工测量的定义与范畴

施工测量是确保工程项目顺利进行的基础性工作，贯穿整个施工过程的各个阶段，从项目启动的初期筹备，到施工中的实际操作，再到最终验收，测量工作无处不在，涵盖的内容极为广泛。在工程建设之前，测量人员要对施工现场进行详细的勘测，获取包括地形、地貌、土壤性质、水文条件等在内的地理信息。这些信息不仅为工程设计提供依据，还可以帮助设计人员根据实际地形情况进行方案的优化和调整。在施工阶段，测量人员的任务更加细致和具体。不同的工程项目对测量的精度要求各不相同，像高层建筑、大跨度桥梁或是地下管网等大型工程，对测量的要求极为严格，稍有误差便可能引发重大事故。测量工作的精确性直接关系到整个工程的安全性和稳定性，通过精密的仪器和先进的测量技术，测量人员确保每一个施工环节都严格按照设计图纸进行，并实时监控各项指标是否符合标准。在此过程中，施工测量不仅仅是简单的数字记录，还承担着定位、放样、标高控制等多重任务，必须依赖于先进的测量设备以及测量人员丰富的经验和技术能力。在施工过程中，测量工作还要持续进行，以便及时发现并纠正施工中可能出现的偏差或误差。尤其在大型复杂工程中，施工进度的每一个阶段都需要进行动态测量和反馈，确保工程的每一部分都能在计划时间内顺利推进。除了在施工过程中发挥重要作用，测量工作同样贯穿于工程的验收阶段。通过验收测量，确定工程各项指标是否符合设计要求，确保工程质量达标。验收测量不仅包括对建筑物、桥梁等实体工程的检测，还包括对隐蔽工程、地下工程等无法通过肉眼直接检查的部分进行测量和评估。

随着科技的发展，施工测量的手段和方法也在不断进步，从传统的水准仪、经纬仪到现代的全站仪、GPS 定位系统，乃至无人机、激光扫描等新技术的应用，极大提高了测量的精度和效率，三维建模技术的引入，使得施工过程中的测量数据可以以更加直观的方式呈现出来，工程师可以实时掌握施工现场的进展情况，并根据实际测量数据做出科学合理的判断和决策。与此同时，施工测量工作还对整个施工团队的协作提出了更高要求，测量人员必须与设计、施工等多个部门密切配合，保证测量数据的准确性、可靠性以及信息传递的及时性。在复杂的工程环境中，任何细节的偏差都可能导致整个工程项目的延期或返工，甚至引发严重的安全事故，施工测量不仅是技术层面的工作，还涉及对整个施工流程的把控和管理，测量人员需要具备高度的责任感和风险意识，以确保工程项目的顺利进行。

二、施工测量的目的与要求

施工测量的根本目的在于为工程建设全过程提供科学、精确、且符合设计要求的测量数据及参考信息，从而有效指导各项施工作业，确保建筑、道路、桥梁等工程结构在位置、尺寸和高程等方面与设计图纸保持高度一致。在工程施工中，任何一个环节的测量数据出现偏差都可能导致工程的偏位、形变，甚至影响整体结构的安全性与功能性，因此施工测量的首要要求是达到极高的精度。为了实现目标，测量数据必须准确反映出施工现场的实际情况，确保每一个构件、每一条管线、每一个标高点都符合设计标准，无论是建筑物的地基放样，还是桥梁的墩柱定位，测量误差的控制都直接关系到后续施工的顺利进行与否。在精确度的追求下，施工测量不仅需要使用先进的测量仪器，还需要测量人员在数据处理和分析方面具备高度的技术水平和实践经验，能够灵活应对复杂地形和环境对测量精度的影响。除了精度要求，施工测量时还必须兼顾效率，工程项目通常有严格的工期要求，任何测量工作的拖延都可能导致整体进度的滞后，在保证测量精度的前提下，测量工作需要快速进行，以确保工程进度不受影响。施工测量在操作过程中通常会采用高效的技术手段，如全站仪、GPS 定位系统、无人机航测等设备，这些技术能够在较短的时间内完成大面积、高精度的数据采集和处理。测量人员必须在施工现场进行合理的测量任务规划，避免重复测量和无效操作，确保每一次数据采集都能快速、准确地为施工提供有效信息。施工过程中，测量数据需要多次反复使用，不仅用于施工前的放样，还会在施工中的定位调整和施工后的验收阶段继续发挥作用，测量结果必须具备极强的稳定性和一致性，即在不同时段、不同环境下的测量数据能够保持高度一致，保证每一个阶段的施工都在同一个基准之上进行。测量的可靠性不仅依赖于仪器设备的性能稳定，也依赖于测量人员的操作规范和测量数据的科学处理，任何一次测量的失误或数据的偏差都会在后续施工中放大，导致工程偏位或返工，进而影响工程的质量和安全。施工测量工作在数据采集和处理过程中，必须严格遵循相关的技术标准和规范，确保所获取的数据具有高度的可信度。

在实际施工过程中，除了精度、效率和可靠性要求外，施工测量还需要考虑到成本效益。测量工作作为工程建设中的一部分，其成本投入也需与整体项目预算相协调，在满足测量精度和效率要求的前提下，选择合理的测量方案和设备、优化测量流程、降低不必要的费用支出，是施工测量的一项基本要求。现代测量技术的发展，为施工测量提供了更加多样化的选择，从传统的地面测量到现代的遥感测量，从单一的测量仪器到多种设备的组合应用，每一种技术手段都有其特定的适用场景和成本效益，测量人员在制定测量方案时，需要根据工程的具体特点、地理环境、测量任务的复杂性等因素进行综合考量，选择最适合的测量方法和设备，从而实现精确与经济的平衡。在面对实际工程中可能出现的各种不可预见因素时，施工测量还要求具有一定的灵活性和应变能力。地形变化、气候条件、施工现场的复杂性等都会对测量工作产生不同程度的影响，测量人员需要具备根据现场情况及时调整测量方案的能力，并确保调整后的测量结果仍能满足精度和可靠性要求。随着施工的进展，测量人员还需要不断更新和核对测量数据，确保工程在不同阶段的施工均能严格按照设计方案进行，并及时发现和纠正施工过程中出现的误差或偏差，避免对工程整体造成不可逆的影响。

三、施工测量的流程与方法

施工测量的整个过程通常可以分为前期准备、现场测量、数据处理和成果输出四个主要阶段，每个阶段的工作环节都至关紧要，且相互关联，形成完整的测量流程。前期准备是施工测量的基础性工作，不仅决定了后续测量工作的顺利开展，也对测量数据的准确性和可靠性产生深远影响。在此阶段，测量人员需要进行现场踏勘，全面了解施工现场的地形地貌、环境条件、现有的基础设施等信息，项目相关的设计图纸、施工方案、工程要求等资料也需要充分收集和研究，这样测量人员能够明确测量工作的重点与难点，并根据现场实际情况制定详细的测量方案。测量方案的设计需要考虑多种因素，如施工进度安排、现场条件变化、所需的测量精度、测量工具的选择以及如何最大限度地降低测量误差等。

进入现场测量阶段后，测量人员将根据前期制定的方案，使用各种专业设备进行精准的数据采集。不同的工程类型需要不同的测量设备和方法，在建筑工程中，测量人员通常使用全站仪进行点位测量和放样，以确保建筑物的各个结构部件精确定位在设计图纸规定的位置；在道路和桥梁施工中，GPS全球定位系统可以帮助快速确定道路中心线和桥墩位置，并结合使用水准仪对施工区域的高程进行测量与控制。对于大面积的施工场地，尤其是地形复杂或视线受限的区域，测量工作可能会采用无人机航测或激光扫描技术，以获取三维立体的地形数据。现代化的测量方法大大提高了测量的速度和覆盖范围，使得测量工作能够在短时间内完成并保证高精度。在施工过程中，测量人员会不断进行测量数据的采集和调整，确保每个施工阶段都能按照设计要求进行，同时根据现场实时状况调整测量方案。

数据处理阶段则是对前期现场测量所获得的原始数据进行整理、计算和分析，测量人员会利用各种专业软件对采集到的大量数据进行筛选、分类和校对，以确保数据的完整性、连续性和准确性。针对施工测量中常见的误差问题，数据处理人员会通过多种校正方法，如误差分配、数据平差等手段，将测量误差控制在可接受的范围内。对于多次测量结果的对比和分析，往往也会使用数学模型进行拟合和校验，确保不同时间点或使用不同测量设备所得结果的一致性。数据的准确性是整个测量工作的核心，因此，任何异常数据的出现都会被仔细分析，以找出误差的来源，并根据分析结果对现场测量进行调整或补充测量。现代测量技术的发展，使得数据处理变得更加高效和自动化，测量人员可以通过软件直接生成施工所需的各种图纸和报告，大大缩短了数据处理的时间。

成果输出阶段是将测量结果以可视化的形式呈现给施工团队和项目管理方，以便他们能够基于这些数据指导实际的施工操作。测量成果通常包括各种平面图、剖面图、三维模型、地形图等，这些成果图纸不仅清晰地标注了施工过程中各个关键点的具体位置，还详细显示了建筑物或其他工程结构的尺寸、高程以及其他几何参数。在复杂的工程项目中，测量成果还会以数字模型的形式展示，帮助施工方通过直观的三维视角了解整个施工现场的布局和施工进展，测量报告也是成果输出的重要组成部分，报告中通常会对测量方法、使用的设备、数据的处理过程以及最终的测量精度进行详细说明，确保测量结果具有完整的技术依据和可追溯性。成果输出的目的不仅在于为施工提供数据支持，还在于通过准确的数据呈现帮助管理方监督工程进度，评估施工质量，从而有效减少施工中的潜在风险。

在整个测量过程中，施工测量的方法多种多样，既包括传统的几何测量方法，也涵盖了现代电子测量技术、遥感技术和地理信息系统的应用。几何测量方法是施工测量中最为经典和广泛应用的技术之一，主要通过角度测量、距离测量和高程测量等手段，获得施工现场的几何参数，以其简单、直接、易操作的特点，在建筑、道路、桥梁等工程中被广泛采用。随着测量技术的发展，电子测量设备的应用逐渐成为主流，全站仪、激光测距仪、电子水准仪等设备可以通过数字化的方式快速获取测量数据，并实现实时记录与传输，大大提升了工作效率和精度。GPS 技术能够在大范围内提供高精度的定位信息，尤其适用于道路、铁路、水利等大尺度的线性工程。而遥感技术则通过无人机、卫星等平台，获取大范围的地形和环境数据，并结合 GIS 进行数据分析和建模。先进技术的结合，不仅提高了测量精度和效率，还为复杂地形和环境下的测量工作提供了强有力的支持。

四、施工测量的精度控制

施工测量的精度控制直接关系到工程能否按照设计要求进行精确施工，为了确保精度，测量工作中必须严格控制各类误差，包括仪器误差、观测误差、环境误差和数据处理误差。误差来源多样，且在不同施工环境下表现形式各异，因此，精度控制需要从多个方面进行综合管理和技术优化。

仪器误差是测量精度控制中的常见问题之一，测量设备随着使用时间的推移或外界条件的影响，会出现精度下降的情况。为了最大程度减少仪器误差，测量人员必须确保对所使用的设备定期进行检修和校准，现代测量设备如全站仪、GPS 接收器和电子水准仪等，虽然具有极高的精度，但若其长时间暴露在高温、低温或高湿度等极端环境下，仍可能产生细微的偏差。通过定期维护与设备校验，能够有效避免由于设备性能不稳定引起的误差。施工测量中往往需要不同类型的设备协同工作，如在大范围的场地测量中，GPS 与全站仪会同时使用，也必须通过多次校准来确保设备间协同精度的一致性。

观测误差则更多来自人工作业中的不确定性，尤其是在手动测量过程中，操作人员的视差、观测角度的变化以及读数误差都会影响最终结果。施工测量工作中通常要求操作人员具备丰富的经验和扎实的技术基础，以保证测量数据的稳定性。除了操作人员的专业水平外，多次重复测量是降低观测误差的重要手段。通过多次测量，尤其是在不同条件下（如不同时间、天气变化）进行的重复测量，可以有效地减少偶然误差的影响，从而提高数据的可靠性和一致性。在高精度要求的项目中，测量工作中不仅要求现场测量人员具备精湛的技艺，还需严格遵守标准的观测程序和方法，以最大限度地减少人为因素引起的误差。

在实际施工过程中，温度、湿度、气压、风力等自然条件都会直接或间接影响测量设备的性能以及数据的稳定性，温度变化会导致测量仪器中金属部件的热胀冷缩，进而造成距离测量上的微小误差；而风力可能使测量目标物出现轻微的晃动，导致测量数据不稳定。在环境复杂或条件变化较大的施工现场，测量人员通常会采取多种措施来减小这些外界因素的干扰，选择在天气相对稳定的时间段进行测量、利用避风设施减少风对仪器的影响、采用具有温度补偿功能的测量设备，都是常见的精度控制手段，还需要实时监测现场环境条件的变化，以便及时调整测量方案，确保数据的准确性。

在数据处理环节，误差的累积和传播是精度控制中需要关注的重点。数据处理误差往往源于不合理的计算方法、不完善的数学模型以及在数据录入和处理过程中出现的细微错误。误差一旦出现，将对整个测量结果产生严重影响，施工测量工作在数据处理阶段必须采取严格的检查和校验措施。现代施工测量中，数据的处理大多依赖计算机软件，通过算法对采集的数据进行计算与分析，无论是软件处理还是人工处理，都需要多重校验机制来保障数据的准确性和一致性。误差的识别与校正通常需要通过误差分析、数据平差等数学手段来减少误差传播，并最终将测量精度控制在合理范围内。

为了实现持续的精度控制，施工测量过程中通常还会建立完善的质量管理体系，该体系贯穿于整个测量流程，从设备的选择与校准、现场测量的操作规范，到数据处理与分析结果的输出，所有环节都受到严格的质量监督和审核。质量管理体系不仅保证了测量工作的系统性和规范性，也通过定期的审查与反馈，帮助发现和纠正潜在的问题，确保所有测量工作都能在受控条件下进行。通过对历史测量数据的分析与总结，质量管理体系可以为后续测量工作提供参考依据，从而不断优化测量技术和精度控制方法。

五、施工测量的安全管理

施工测量的安全管理是确保测量活动顺利进行的基础保障，不仅涉及测量人员的生命安全，还涵盖了测量设备的安全使用、维护以及环境保护的要求。有效的安全管理能够防范潜在的风险，降低安全事故的发生率，同时维持现场工作秩序和提高测量效率。施工测量的安全管理通常包括多个方面的内容，如制定严密的安全操作规程、实施全面的安全教育和培训、提供合适的个人防护装备，以及设置完善的应急响应机制。这些措施相互配合，构成了一个完整的安全管理体系。制定科学合理的安全操作规程是施工测量安全管理的核心环节，施工测量工作通常在复杂的地理环境中进行，如高空作业、陡坡、深坑或水域等，这些环境本身就伴随较高的风险，安全操作规程不仅涵盖设备的正确使用方法，还包括在不同环境条件下如何开展测量工作，以减少现场潜在的危险。在高空作业时，操作规程中会规定佩戴安全绳索和防护头盔，在水边作业时则要求穿戴防水装备或救生衣。通过对测量流程的细致规定，确保每个环节都有安全防护措施来应对相应的风险。设备的使用也必须符合操作规程要求，如对全站仪、GPS 接收器等精密仪器的安装、调试和移动，都应按照规范进行，以避免设备损坏和误操作引发的安全隐患。

尽管现代测量设备的自动化程度越来越高，操作流程也趋于简便，但许多测量工作依然涉及复杂的现场环境和潜在的风险，特别是当测量人员在视线受限、气候恶劣或环境不稳定的条件下作业时，安全问题尤为突出。通过定期的安全培训，测量人员可以掌握不同作业环境下的安全操作技巧，了解如何快速识别潜在的危险并采取相应的防范措施。培训内容还应包括应急处置的相关知识，如如何在发生意外情况时进行紧急自救或协助他人。通过安全教育的不断强化，测量人员的安全意识能够有效提高，减少因操作失误或安全疏忽导致的事故。

不同的施工环境对安全设备的要求各不相同，常见的个人防护设备包括安全帽、防护眼镜、安全鞋、手套和防护服等，在进行高风险作业时，也必须确保诸如安全带、绳索、脚手架等辅助防护设备符合相关安全标准，对于需要长时间暴露在恶劣天气中的测量人员，还应提供相应的防风、防雨、防晒装备。测量设备的安全保障同样至关重要，尤其是精密仪器在复杂环境中使用时容易受损。为避免设备因操作不当或环境因素而受到损坏，现场管理人员应定期检查仪器的状态，确保设备在安全使用期限内工作，并在必要时进行防护处理，例如为电子设备提供防水、防尘装置等。

　　施工测量安全管理中还需建立完善的应急响应机制，以便在突发事故或危险情况下能够迅速采取有效的应对措施。应急响应机制包括事前预案、事中应急处理和事后评估等多个环节。事前预案是针对不同潜在风险制定的应急方案，例如发生高空坠落、电击或机械设备故障等意外情况时，如何迅速组织救援和抢修。事中应急处理则要求现场管理人员具备快速反应能力，能够在事故发生后第一时间采取措施，控制事态发展，避免二次伤害。事后评估则主要是对事故原因进行分析，总结经验教训，并改进今后的安全管理措施。完整的应急响应机制不仅可以最大程度减少事故带来的损失，还能提高现场人员的应急处理能力和团队协作意识。

　　在确保人员和设备安全的同时，施工测量的安全管理中还应充分考虑环境保护和文明施工的要求。施工现场通常伴随着一定的环境影响，尤其是在大型工程项目中，测量作业的频繁进行可能会对周边的生态系统、土壤、水源等产生不同程度的影响。为减少对环境的不利影响，测量工作中应尽量使用环保型的设备和材料，并采取有效的防护措施，防止测量过程中产生的废弃物或污染物对环境造成破坏。在靠近水源的区域，必须确保测量设备不会污染水体，应及时收集和处理废弃物，避免影响生态平衡。施工测量中还应遵循文明施工的原则，减少噪声和光污染，避免对周围居民的正常生活造成干扰，确保施工活动的有序开展。

第二节　施工控制网的布设

一、控制网布设的规划原则

　　施工控制网布设的规划原则旨在为工程建设的全过程提供精确而高效的定位和测量支持，为了确保施工控制网能够在不同阶段的施工活动中保持高效运转，其布设不仅要求在精度和密度上达到严格标准，还必须具备系统性和前瞻性，能够根据工程的特点灵活应对各种技术和环境挑战。控制网的设计应在考虑地形复杂性、工程规模、施工要求以及未来可能的扩展与维护需求的基础上，实施统一的标准化操作，从而确保施工过程中不同阶段的测量需求得以充分满足。

分级布网和逐级控制是施工控制网规划中的重要原则。由于不同的施工阶段对测量精度的要求存在差异，控制网的布设应采用分级设计，以实现整体性与局部精细化的结合。在工程的初期，通常需要通过布设基础控制网来确定大范围的坐标基准和高程基准，控制点数量相对较少，但其精度要求较高，旨在为后续的细化测量提供整体框架。而随着施工进入中后期，则需要增加局部施工控制网中控制点的密度，以应对具体施工操作的精细化需求，局部控制网的布设必须保证其能够直接继承基础控制网的精度，逐级控制误差，从而确保在全局与局部之间实现测量结果的统一性。

除了分级布网，测量精度是保证工程结构按照设计意图精准实施的基础，密度则直接影响测量的便利性与效率。控制网布设的精度要求取决于工程的类型与规模。对于大型基础设施项目，如桥梁、隧道和高层建筑，其结构复杂、施工难度大，因此对控制网的精度要求极为严格，甚至达到毫米级。而在普通建筑工程中，控制网的精度要求则相对宽松。除了精度外，控制网点的密度同样不容忽视。点位过少可能导致测量工作烦琐，增加施工中重复定位的风险；点位过多则可能导致资源浪费，甚至因点位选择不当而引发误差，控制网的布设应通过合理布局，确保在满足精度要求的同时，提供足够的控制点以覆盖施工区域，并便于后续测量工作的进行。

在施工控制网布设时，控制网的设计应严格遵循国家或行业标准，避免因不同阶段或不同工序中的操作不一致而引发测量误差或数据不兼容的问题，控制点的标记、坐标系统的选择、基准点的设置以及测量设备的校准和使用，都应符合统一的技术规范，以确保数据的可比性和准确性。标准化操作不仅限于测量数据的采集和处理，还包括对控制网本身的管理和维护。通过统一的管理流程，可以实现对控制网状态的长期监测，及时发现并纠正可能的误差或位移，保证控制网的稳定性和长期可靠性。

施工控制网的设计中还需充分考虑工程建设的特点和可能的技术难题。

每个工程项目都有其独特的地形条件和施工要求,因此,控制网的规划需要结合这些因素进行针对性的设计。在山区或复杂地形中,控制网布设可能受到视距、天气变化和地质条件的影响,传统的平面控制网布局可能难以满足精度要求,需结合高程控制网或采用其他空间测量技术。城市建筑群中的施工控制网布设则需特别关注遮挡物、地下管线和已有建筑物的影响,以避免施工中的误差累积。

控制网的布设规划中还需要充分考虑未来的扩展和维护需求。对于需要长期维护或扩展的项目,控制网应预留足够的冗余,以便在未来的建设或维护过程中无须重新布网,从而节省成本并确保后续工作的精度和连续性。在大型工程项目中,施工周期长、参与的团队多,控制网可能需要长时间维持使用并在施工过程中进行多次调整,规划时应对控制点的选址进行合理评估,避免因周围环境的变化或施工活动的进行而导致控制点的移位或损坏。为了提高控制网的长期可靠性,控制点应尽量避开施工活动密集区域,或采取适当的防护措施,以防止外界干扰。随着工程的推进或未来扩展需求的出现,控制网应具备一定的灵活性,便于新项目或新阶段的控制点直接在已有控制网基础上进行布设,确保控制网在全生命周期内都能发挥作用。

二、控制网的类型与选择

选择施工控制网的具体类型时需根据工程的实际需求、现场条件和施工环境进行充分考量。常见的施工控制网包括平面控制网、高程控制网以及三维控制网,不同类型的控制网各自具备特定的功能,适用于不同的施工场景和测量要求。平面控制网主要用于确定建筑物在水平面上的位置、尺寸和方向,是大多数建筑物平面定位的基础。而高程控制网则更注重垂直方向的精度,确保建筑物、道路、桥梁等构筑物在高度和倾斜度方面符合设计要求。在地形复杂或对空间精度要求极高的工程中,三维控制网被广泛采用,其能够同时兼顾平面和高程的精度控制。

平面控制网是通过在施工区域内布设若干控制点来确定建筑物的坐标位置,控制点相互连接形成网状结构,能够确保施工过程中各个部分的准确位置得以确定。平面控制网构建时通常采用精确的测量仪器，如全站仪或 GPS 设备，并根据工程的具体要求选择合适的网格密度。在平面控制网的布设过程中，测量精度和网点的合理布局尤为关键，必须确保所选取的控制点足够稳定且易于辨识，以避免测量误差的积累。对于大型建筑物，如厂房、住宅小区等，平面控制网不仅需要覆盖施工区域，还应保证各分区之间的协调一致，以确保整体工程定位的准确性和统一性。

高程控制网则侧重于对建筑物或构筑物垂直方向的精确定位，通常应用于需要高度控制的项目，如高层建筑、桥梁、隧道等工程中，通过在施工区域内布设若干基准高程点，施工团队可以确保在整个施工过程中高程测量的可靠性和一致性。高程控制网构建时通常使用精密的水准仪或激光测距设备，以保证高程数据的准确性。由于高程控制网直接影响建筑物的垂直度和水平度，任何微小的误差都可能导致结构倾斜或不均匀沉降，因此在高程控制过程中，必须进行多次精密测量，并对测量结果进行综合分析和校正。在一些需要精确高程控制的工程中，施工团队还会采用数字高程模型等技术手段，以提高高程数据的精度和可靠性。

在地形复杂或精度要求极高的项目中，三维控制网成为首选。三维控制网结合了平面和高程控制网的特点，能够同时满足建筑物在空间上各个方向的定位需求。控制网的应用范围广泛，尤其在高层建筑、大型基础设施和跨地域工程中占有重要地位。三维控制网通过在空间中布设三维坐标点，结合现代测量技术如全站仪、GPS 以及激光扫描仪等设备，能够实现对建筑物各个方向的高精度控制。三维控制网不仅适用于工程的初始定位，还在后续的施工监测、形变分析和质量控制中发挥重要作用。对于涉及复杂空间结构的工程，如跨河桥梁、超高层建筑或地下工程，三维控制网为施工提供了全方位的测量数据支持，确保施工过程中的每个细节都在受控范围内，从而减少施工误差并提高施工效率。

控制网类型的选择还需结合工程规模、精度要求、施工方法以及现场条件进行综合分析。对于规模较大的工程项目，如高速公路、铁路或大型工业园区，控制网的选择不仅需要考虑到精度问题，还需确保其能够覆盖广泛的区域并适应多阶段的施工需求。在此类项目中，选择多层次的控制网体系，基础控制网用于大范围的初始定位，而局部的施工控制网则服务于精细施工。对于高层建筑或精度要求极高的项目，三维控制网能够提供更加全面的测量支持，避免单一平面或高程控制网带来的精度不足问题。而在地质条件复杂的区域，如山区、河谷或地下工程，控制网的布设还需充分考虑现场地形和环境因素的影响，选择合适的测量设备和方法，以确保测量工作的顺利进行。

在选择控制网类型时，不同的施工工艺对控制网的要求存在差异。传统的建筑施工可能更加依赖于平面和高程控制网，而现代的自动化施工和智能建造技术则更倾向于采用三维控制网。施工技术的发展，遥感技术、无人机测绘、激光扫描等先进手段的应用，使得控制网的构建方式更加多样化和智能化，也促使施工测量领域逐渐向高效、精确的方向发展。

三、控制网点的测定与布设

控制网点的测定与布设是确保施工控制网具有高精度和可靠性的核心环节，不仅涉及对控制点进行精确的定位和测量，还包括标石的科学埋设和详细的点位记录，为后续的施工提供了可靠的基准和数据支持，确保各项施工活动按照预定的精度要求进行。控制网点测定中需要采用先进的测量设备和技术，以保证定位的精度和数据的稳定性。常用的设备包括全站仪、GPS 和电子水准仪等，能够在不同条件下提供高精度的测量结果，确保控制点坐标和高程数据的可靠性。根据工程的不同需求，选择适当的设备和测量方法，以确保在复杂的地形条件下仍能获得稳定的测量结果。在控制点的布设过程中，标石通常由混凝土或钢材制成，具有良好的稳定性和耐久性，以确保其在长期使用中不受外界环境的影响。标石的埋设不仅需要确保其稳固性，还应注意防止外界的干扰或破坏。在标石周围设置防护设施，防止机械设备的碰撞或施工过程中的人为破坏。埋设位置的选择同样至关重要，应尽量避开可能受到地质变动、洪水、滑坡等自然灾害影响的区域。标石的埋设深度和周边材料的选择也需要充分考虑，以确保其在不同季节和气候条件下保持稳定。点位记录不仅应包括控制点的精确坐标和高程数据，还应详细记录其周边环境的具体情况，包括标志物、地形特点、附近建筑物或构筑物的距离与方位等，在后续的施工中将为测量团队提供重要的参考，特别是在进行复核或重新测量时，点位记录可以帮助快速定位并校准已有数据。控制点位的记录应以多种形式保存，不仅需要纸质记录，还应建立数字化档案，确保信息的长期保存和便捷调用，数字化管理系统能够更高效地存储和检索控制点的信息，方便在施工过程中各团队之间进行数据共享和协作。

为了确保控制网点的测定和布设过程符合高精度要求，操作中应严格遵循科学的测量流程和规范。测量前应进行设备的校准和检查，确保所使用的全站仪、GPS等仪器处于良好的工作状态，避免因设备问题导致的测量误差。在进行实际测量时，应选择适合的测量时段和天气条件，尽量避免在强风、雨雪天气下进行控制点的布设，以减少环境因素对测量精度的影响。为了确保数据的可靠性，控制点的测量通常需要进行多次观测，并通过综合分析来消除偶然误差和系统误差。对于关键位置的控制点，应进行反复的测量和校验，确保最终的测量数据精确无误。除了设备和环境因素外，对控制点的布局同样需要科学规划。控制点的布设应尽量均匀，覆盖整个施工区域，同时考虑到施工的具体需求和操作便利性。对于规模较大或地形复杂的工程项目，控制点的数量和密度应适当增加，以便在施工过程中能随时进行高效的定位和测量操作，尤其是在高层建筑、桥梁、隧道等对空间精度要求极高的项目中。控制点的布设还需考虑施工过程中可能的变化和扩展需求，预留足够的调整空间，以适应工程的进展和扩展。在实际操作中，控制点的稳定性和长期使用性是必须关注的问题，施工周期较长的项目中，控制点需要长时间保持稳定，而不受施工活动或外界因素的影响，除了标石的稳固性，控制点周围的环境保护措施同样不容忽视。施工现场中的机械活动、材料堆放等都可能会对控制点造成影响，合理的保护措施可以有效避免因施工引起的点位移动或破坏。控制点的定期检查和维护也非常重要，尤其是在长期施工项目中，应定期对控制点进行复核，确保其位置和高程数据的稳定性不受外界因素的干扰。

四、控制网的优化与调整

施工控制网的优化与调整旨在提升测量系统的整体精度、操作效率及经济性，确保工程的各个环节能够按照设计要求顺利实施，涉及对控制网的全面评估、控制点的重新选择与布设、观测方案的改进等多个方面，旨在减少测量误差、提高数据精度，同时控制成本。

优化工作依赖于现代测量技术和数据处理工具，如地理信息系统和计算机辅助设计软件（Computer Aided Design，CAD），通过先进技术对测量方案进行模拟和分析，确保控制网布局的科学性和合理性。在优化过程中，需要对现有控制网的设计进行全面评估，评估内容包括控制点的分布是否合理，控制网是否能够覆盖整个施工区域，以及当前的测量精度是否满足工程要求。对于复杂地形或大型施工项目，控制网的布局往往需要随着施工进展进行调整，通过定期的评估和分析，可以及时发现控制网中潜在的问题，如控制点的精度不足、位置不理想或受外界因素干扰等。这些问题如果不及时处理，会对后续施工产生负面影响，导致定位误差和施工误差的累积。在评估过程中，如果发现现有控制点的布设不合理或无法满足工程精度要求，便需要对其进行重新选择或调整位置。通常情况下，新选择的控制点需要避开易受外界干扰的区域，如频繁的机械活动区域、地质不稳定区域或人流密集的区域，确保其在整个施工周期内的稳定性。为了进一步提高精度，可以增加控制网中的关键点位密度，形成更加严密的网格结构，从而为施工测量提供更多的数据支持。

不同的测量工具和技术对观测方案的要求各不相同，通过优化观测方案，可以减少重复测量的次数，降低测量误差，并提高整体工作效率，在使用全站仪或 GPS 设备时，观测方案应根据设备的测量特性进行合理调整，避免在极端天气或不适宜的地理条件下进行测量，以减少环境因素带来的误差影响，采用多种观测方法的交叉验证也是一种有效的优化手段。通过结合平面测量、高程测量和三维测量等不同的技术手段，可以获得更加全面和可靠的测量数据，进而提高控制网的精度。

现代测量技术的应用为控制网的优化提供了强有力的支持，地理信息系统能够集成和分析大范围的地理和空间数据，帮助测量人员确定最佳的控制点位置和网格布局，通过 GIS 的可视化功能，测量人员可以直观地评估不同控制网方案的优劣，快速做出调整决策。而计算机辅助设计软件则可以用于精确模拟控制网的布局和测量过程，提供详细的控制网设计图和数据分析，帮助施工团队更好地理解和使用控制网。随着无人机测量技术和激光扫描技术的发展，施工控制网的优化手段变得更加多样化和精确化。这些技术的应用不仅提高了测量精度，也极大地缩短了测量时间，降低了施工成本。

为了确保控制网在整个施工周期内的稳定性和可靠性，定期的检查和维护必不可少。控制网在长期使用过程中，受环境变化、施工进展及外界干扰等因素的影响，控制点可能会出现位移或标石损坏等情况，进而影响测量数据的准确性。定期对控制网进行检查，确保所有控制点的位置和高程数据保持稳定，是保持控制网精度的重要手段。在检查过程中，除了对控制点的物理状况进行评估外，还应重新测量部分关键点的坐标和高程数据，确保其与初始数据的一致性，如果发现任何异常情况，需及时进行调整和修复，以确保控制网在整个施工周期内持续发挥作用。

同时，控制网的优化与调整不仅仅是对现有控制网的修正，也涉及对未来施工阶段的需求进行预先规划。大型施工项目通常具有较长的施工周期，随着工程的推进，控制网可能需要进行扩展或局部调整，以适应新的施工需求。因此，在优化过程中，除了解决当前存在的问题外，还应考虑到未来的扩展和调整需求。例如，随着施工范围的扩大，新的控制点可能需要增加；随着施工精度要求的提升，控制网的精度和密度也可能需要进一步提高。通过提前规划和合理调整，可以确保控制网始终能够满足工程进展的需求，为整个施工过程提供可靠的测量基础。

五、控制网的维护与管理

施工控制网的维护与管理涵盖了对控制点的定期检查、标石的维护、数据的更新与备份等多个方面，需根据工程的进度及现场条件进行系统规划，以确保控制网在施工过程中持续提供准确的测量数据。维护过程中的每一项任务均应有详细记录，形成完善的档案，以便于后续的检查和管理。

通过定期对控制点进行现场勘查，可以及时发现可能存在的位移或损坏情况，确保所有控制点仍能满足设计要求，检查应包括对控制点位置的复核和高程的重新测量，并与原始数据进行对比分析。在每次检查中，应详细记录每个控制点的状态和测量结果，形成系统的检查报告，以便于后续跟踪和分析。若发现任何异常情况，如控制点出现位移、标石损坏或被施工设备遮挡等，应立即采取措施进行修复或重新布设，确保控制网的完整性与可靠性。标石作为控制网的重要组成部分，必须保持其稳定性和耐久性。维护工作应包括定期检查标石的外观和稳固程度，及时清除周围的杂物和障碍物，避免对标石的干扰。对于遭受严重破坏或位移的标石，应及时进行加固或更换，确保其能够在未来的测量工作中继续发挥作用。在进行大规模施工或环境变化较大的情况下，标石的保护措施也需相应加强，以防止意外损坏。

随着施工进度的推进和现场条件的变化，控制网的数据也需要不断进行更新，以保持其准确性和时效性。需建立规范的数据管理制度，确保所有测量数据在记录后能及时被整理、存档，并进行定期备份，以防止因意外情况导致的数据丢失。数据更新应包括对所有控制点的最新坐标和高程信息的录入，及时反映施工过程中的任何变更。

在管理方面，需要建立一套完善的控制网管理制度。制度中应明确控制网的使用规程、维护计划、数据管理和质量控制等内容，以确保控制网的有效运行和数据的安全性。通过制定详细的操作手册和维护指南，可以为测量团队提供明确的操作标准，从而减少人为错误，提高测量的准确性。定期召开管理会议，评估控制网的维护状况与数据质量，讨论潜在问题并制定解决方案，有助于提升控制网的整体管理水平。

控制网的维护与管理不仅仅是针对当前工程的要求，考虑到施工项目的复杂性与多变性，需制定长期的维护与管理策略，以应对未来可能出现的各种挑战。控制网应当具备一定的灵活性，能够适应未来工程扩展或新技术的引入。在日常维护中，也应关注技术的发展，定期对现有设备进行升级，以提高测量精度和效率。团队成员应接受系统的培训，掌握控制网的维护知识与技能，确保每一位工作人员都能熟悉控制网的操作流程与维护规范，通过建立专业的技术支持团队，为施工单位提供必要的技术指导与支持，从而提升整体工程管理水平，确保施工控制网的长期稳定性与可靠性。

六、控制网布设的技术发展

随着测量技术的迅速发展，施工控制网布设的技术也在不断演进，极大地推动了工程建设的效率与精度，现代测量技术如全球定位系统、遥感、激光扫描及无人机测绘等，为施工控制网的建立与优化提供了先进的工具和方法，不仅提升了控制网的测量精度，也拓宽了其应用范围，增强了其功能。

GPS 技术以其全球范围内的精确定位能力，已成为施工控制网布设的重要工具。通过卫星信号的接收，施工人员能够在现场实现高精度的定位，大幅度缩短了测量所需的时间。GPS 的高精度定位能力使得其在大型工程项目中能够快速布设控制网，确保工程的各个环节在空间上的准确性。GPS 技术也为多点的同步测量提供了便利，提升了施工效率。

遥感技术在施工控制网布设中的应用，使得其对大范围地形和地物信息的获取变得更加高效。通过遥感手段，可以迅速收集和分析地形数据，为控制网的布局提供基础信息。遥感技术不仅适用于传统的土地测量，还能有效支持城市规划、环境监测等领域。利用遥感技术，可以对复杂的地形进行全面分析，辅助施工人员在设计阶段合理规划控制网的布设，提高其科学性。

激光扫描技术已逐渐成为施工控制网布设中的重要手段，激光扫描能够快速获取三维点云数据，提供详尽的空间信息。在复杂地形或建筑结构的测量中，激光扫描展现出独特的优势，能够有效捕捉微小的空间变化，确保控制网布设的准确性，不仅提高了测量的精度，也大幅提升了数据处理的效率，使得控制网的建立过程更加智能化。

无人机测绘技术的兴起，为复杂地形和危险区域的测量提供了新的解决方案，无人机可在高空进行拍摄和数据采集，能够轻松穿越人力难以到达的区域，收集大量的高分辨率图像和地形数据，可以迅速将数据转化为三维模型，为控制网的布设提供科学依据。无人机的灵活性和高效性，不仅降低了测量成本，也减少了施工人员在危险环境中作业的风险。随着这些现代测量技术的不断发展与完善，施工控制网的布设将更加快速、准确和智能化，数据采集与处理的自动化水平显著提高，施工团队能够实时获取、分析和应用测量数据，从而更好地进行工程管理。在施工过程中，控制网的维护与调整也将变得更加便捷，能确保其长期的稳定性与可靠性，也促进了测量行业的专业化和智能化，培养出一批具备现代技术应用能力的专业人才，为施工控制网的高效管理奠定了基础。

第三节 施工放样的基本工作

一、施工放样的准备工作

施工放样的准备工作涵盖多个方面，以确保放样工作的精确性与高效性。

通过对图纸进行仔细分析，可以明确工程的设计要求、施工细节和关键节点，需要与设计团队密切沟通，确保对设计意图的全面理解，特别是针对复杂结构或特殊工艺要求的项目，详细的审查能够有效避免后续施工中的误解和错误。

在图纸审查完成后，通过实地考察放样区域，可以对周围环境、地形地貌及现有设施进行全面评估，以便于确定最佳的放样方法和步骤。现场勘查有助于识别潜在的障碍物，如树木、建筑物或其他基础设施，确保放样过程顺利进行。现场勘查还可以帮助施工团队评估天气状况及土壤条件，为放样工作做好充分准备。

根据工程的具体需求，选择合适的测量工具，如全站仪、GPS、水平仪等，确保在放样过程中能够实现高精度的测量。对于所选用的测量设备，必须进行校准，以确保测量数据的准确性。设备的状态检查应包括电池电量、零部件完好性及功能测试等，确保在放样时设备能够正常运作，避免因设备故障导致的工期延误。

制定详细的放样计划和作业指导书是确保放样工作有序进行的重要措施，放样计划应涵盖放样的具体步骤、时间安排及责任分工，确保每一位参与人员都能明确自己的职责和任务。作业指导书中则需详细列出操作流程、测量标准及注意事项，为现场放样提供明确的指导。计划中还应考虑到施工进度与资源的合理配置，以实现高效的施工管理。

为了确保放样工作的顺利进行，需对参与放样的人员进行技术和安全培训，培训内容包括测量技术、操作规程及安全注意事项等，确保所有人员熟悉所使用设备和工具的操作流程。安全培训强调在施工现场的安全意识，特别是在高空作业或复杂地形中，人员的安全防护措施需得到充分重视，必须提高放样人员的专业素质和安全意识，为施工放样提供更强的保障。

施工放样的准备工作还应包括与相关部门和团队的协调沟通，确保设计、施工、监理等各方在放样前达成一致，特别是涉及现场改动或变更时，及时的信息共享可以有效减少施工过程中出现的误解和冲突。建立良好的沟通机制，有助于在放样过程中快速解决遇到的问题，保持施工进度的顺利推进。

二、施工放样的仪器设备

施工放样中通常使用多种类型的仪器，包括全站仪、经纬仪、水准仪、GPS 接收机、测距仪和电子水准仪。仪器各具特色，能够满足不同施工场景的需求。

全站仪作为一种集成化的测量设备，因其同时具备测角和测距的功能而被广泛应用于施工放样中。全站仪能够通过电子技术和光学测量原理，快速而准确地获取目标点的坐标，高精度和操作便捷性，使得施工人员能够在现场迅速完成放样任务。全站仪适合用于各种地形，尤其是在地形复杂、需要高精度的场合，其性能优势更为明显。全站仪的数据存储和传输功能也方便了测量数据的管理与后期分析。

经纬仪主要用于测量水平角和垂直角，在需要进行角度测量和方向定位的任务中，经纬仪的操作相对简单，适合用于小规模的施工放样，如住宅建筑和小型基础设施项目。在使用经纬仪时，需要进行妥善的调整和校准，以确保测量结果的准确性。虽然现代技术发展迅速，但在某些情况下，经纬仪依然是可靠的选择，特别是在预算有限或现场条件复杂时。

水准仪是用于测量高差的专用仪器，在施工放样中，尤其是在与地形有关的项目中，能够帮助施工人员确定建筑物或构筑物的基础高程，确保各部分的高度符合设计要求。水准仪有多种类型，包括光学水准仪和电子水准仪，其中电子水准仪因其自动化和高精度特性，逐渐成为市场上的主流。水准仪的使用可以有效降低由于高差误差导致的施工问题，提高施工的整体质量。

在现代施工放样中，GPS 接收机通过与卫星信号的连接，能够实时获取准确的地理位置数据，适用于广泛的应用场景，如道路建设、桥梁施工和大规模的土木工程项目。GPS 技术的引入，使得施工人员能够在更大范围内进行放样工作，显著提高了施工效率。在复杂地形或难以进入的区域，GPS 接收机能够提供比传统测量方法更为便捷的解决方案。

测距仪是用于快速测量两点之间距离的设备，具有高效和便捷的特点。在施工放样中，测距仪能够帮助施工人员迅速获取目标点之间的直线距离，为放样工作提供参考数据。现代测距仪往往采用激光技术，其测量精度高且操作简便，适合在各种施工环境中使用，尤其在大型施工项目中，测距仪的应用能够显著减少人工测量所需的时间，加快施工进度。

电子水准仪是水准测量领域的先进设备，具有自动化测量、数据存储与处理等多种功能。相较于传统光学水准仪，电子水准仪的操作更加简单，测量精度更高，能够快速获取高程数据，并将测量结果直接记录在内部存储器中，便于后期的数据管理和分析。电子水准仪的引入，使得高差测量的工作效率大幅提升，特别是在进行大规模基础建设时，能够有效缩短测量时间，提升工程的整体效率。

施工放样中使用的仪器设备不仅需要满足测量精度的要求，还应根据施工环境和项目特点进行合理选择。在选择仪器时，施工团队需要综合考虑项目的规模、复杂性、施工周期及预算等多方面因素，以确保所选仪器能够高效、准确地完成放样任务。对设备的日常维护和校准同样不可忽视，需定期检查仪器的状态，确保其在最佳工作状态下进行测量，防止因设备故障影响施工质量。

三、 施工放样的操作方法

施工放样的操作方法通常包括确定放样点的位置、设置测量基准以及进行实地放样，操作的每一步都需要精确而系统，以确保最终的放样结果满足设计和施工要求。

在确定放样点的位置时，测量人员需要依据施工图纸及现场条件进行详细分析，施工图纸上标明的建筑物角点、轴线及高程等信息是放样的基础。在此基础上，测量人员应进行现场勘查，了解地形地貌、周边环境以及存在的障碍物，制定出合理的放样方案，确保测量的可行性和准确性。

测量基准通常是指在施工现场建立的一个固定的参考点，作为后续所有测量工作的依据。基准点的选择应保证其稳定性和易于识别性，常常选择不易被移动或破坏的地物作为基准点。建立基准后，应使用高精度的测量仪器对其进行准确定位，确保基准点的坐标数据可靠。基准点不仅是放样的起始点，也将对后续的施工提供参考，以防止因基准误差而导致的施工问题。

进行实地放样时，测量人员需要根据已确定的放样方案，使用适当的测量仪器进行实际测量。常用的测量仪器包括全站仪、GPS、水准仪等，测量人员对测量仪器进行校准，确保其处于最佳状态。在现场，根据基准点确定各放样点的坐标，测量人员通过测量仪器精确标定建筑物的角点、轴线和高程等，测量过程中，需要注意观察周围环境的变化，确保所测量的点位符合实际施工要求。在放样过程中，往往需要进行多次测量，以确保测量结果的可靠性和精度，每次测量后，测量人员应将测得的数据与设计要求进行对比，验证放样结果的准确性，如果发现偏差，需要及时进行调整并重新测量。在此过程中，所有数据和计算结果都应详细记录，以便于后续的复核和分析。复核的目的是确认放样点的位置符合设计图纸的要求，确保施工团队在后续工作中可以准确执行。复核通常采用不同的方法进行，如交叉测量法、对照测量法等。测量人员可以对放样点进行多方位的确认，确保测量数据的一致性和准确性。在复核过程中，如发现任何异常，必须立即进行调查和调整，确保最终的放样结果无误。

除了上述操作步骤，放样人员在整个过程中还需保持良好的沟通与协作，与施工团队的其他成员保持密切联系，及时了解放样进展和结果，以更好地进行后续的施工安排。施工现场常常会出现突发情况，如天气变化或环境条件的变化，要求测量人员具备快速反应和调整的能力，以应对可能出现的问题。随着现代测量技术的发展，施工放样的操作方法也在不断进步，现代技术的引入，使得放样工作更加高效、准确，结合无人机测绘和激光扫描技术，能够快速获取现场数据，辅助放样工作，不仅提升了放样的精度，也极大地缩短了作业时间，提高了施工效率。

四、施工放样的误差分析

施工放样的误差分析涉及对各种可能影响测量结果的误差来源进行深入剖析。误差通常可分为系统误差和随机误差两大类，系统误差是指在测量过程中，由仪器特性、环境因素或使用方法的不当导致的偏差，这一误差往往是可预测和可校正的。而随机误差则是由不可预见的因素引起的，通常表现为测量结果的波动，很难通过简单的调整来消除。

在进行误差分析时，需对测量仪器的精度进行评估。每种测量仪器都有其自身的精度等级，使用前应确保仪器经过校准并符合相关标准。全站仪的测量精度受到其内置光学系统和电子系统的影响，若仪器在使用前未进行校准，或者由于长时间使用而导致精度下降，都会直接影响放样结果。测量仪器的选择应考虑到实际施工环境的要求，避免因选择不当而导致的测量误差。

观测条件也会对放样的精度产生显著影响，在测量过程中，天气因素如温度、湿度和风速等均可能导致测量误差，温度的变化会影响光的折射，从而导致测量结果偏差，风速过大可能对仪器的稳定性产生影响，尤其是在进行长距离测量时。为了降低观测条件对测量的影响，测量人员应选择在相对稳定的气候条件下进行放样工作，并尽量避免在恶劣天气下进行测量。

测量人员的经验水平、操作技能及对测量方法的理解程度直接影响测量结果的可靠性，不同测量人员在同一条件下进行放样，可能会由于个人操作习惯的差异而导致测量结果的不同。在开展放样工作之前，要对测量人员进行充分的培训，确保其掌握正确的操作流程和测量技术。培训内容不仅应包括设备的使用技巧，还应涵盖现场勘查和数据记录的注意事项，以确保每位参与者都能按照标准流程进行操作。

在放样结束后，误差分析应包括对测量数据的统计处理。通过对多次测量结果的统计，可以识别出明显的偏差，从而为后续的误差修正提供依据。常用的统计方法包括均值、标准差和误差范围的计算。通过这些统计数据，测量人员可以评估放样结果的总体精度，了解其符合设计要求的程度，也可以识别出极端值，以决定是否需要重新测量。通过将放样数据与设计图纸进行对比，可以直接识别出偏差所在。针对放样点位置的偏差，测量人员需判断其对后续施工造成的影响，如若偏差超出设计容许值，需及时进行复测和调整。针对结构的高程偏差，也应进行详细分析，以确认其对建筑物整体稳定性的影响。

在实际工作中，为减少误差，施工单位应建立严格的质量管理体系，对放样过程中的各个环节进行监督和审核，定期进行仪器校准，确保所有测量设备始终保持在良好的工作状态。施工现场也应配置相应的气象监测设备，以便实时监测气候变化，做出必要的调整。

五、施工放样的质量控制

质量控制的核心在于对测量数据的审核、对放样过程的监督以及对放样结果的检验，每个环节都需要细致而严谨的操作，以确保最终成果的可靠性和准确性。

在测量数据审核阶段，需对所有记录的数据进行详细审查，涉及对数据的完整性、准确性以及合理性进行评估。测量人员应确保所记录的每一项数据都与实际测量相符，必要时通过交叉核对等方法进行复核。使用现代数据处理软件能够对测量数据进行统计分析，以识别异常值和系统误差，不仅提高了审核效率，也能快速定位潜在问题，为后续的修正提供依据。

施工单位需指派专门的质量监督人员，全程跟踪放样工作，确保每个操作环节都符合规范和标准。监督人员应具备专业的知识和丰富的实践经验，能够及时识别放样过程中的不规范行为。在放样初期，监督人员应重点检查测量仪器的校准情况、放样方法的适用性以及现场环境的影响等因素。通过日常监督与现场指导，能够有效降低因操作不当引起的误差，提高放样工作的整体质量。

完成放样后，测量人员需要将放样结果与设计图纸进行严格对比，验证各放样点的位置、高程及方向是否符合设计要求，检验过程中，通常采用不同的测量方法进行复测，以确保放样结果的一致性和准确性。对于存在偏差的放样点，必须及时进行调整和重新测量，以确保施工后期的顺利进行。此时，良好的记录和详细的数据是评估放样结果的重要依据，确保后续决策的科学性和有效性。

在此基础上，要建立完善的质量管理体系。这一体系不仅涵盖放样工作的各个环节，还应包括放样人员的培训、仪器设备的管理及数据处理的规范等。通过系统化的管理流程，可以有效提升放样工作的整体效率和精度。定期进行质量评估与审核，能够及时发现管理中存在的问题并加以改进。持续的质量管理理念将有助于在长期内稳定放样工作的质量。

对于施工现场而言，环境因素的变化可能会对放样质量产生不可忽视的影响，质量控制措施应包括环境监测和调整。在天气条件恶劣的情况下，放样工作应暂停，待条件改善后再进行，一方面可以避免因不利条件导致的测量误差，另一方面也保障了放样人员的安全。在实际施工过程中，应制定应急预案，确保在突发情况出现时，能够迅速采取相应的措施，减少对施工进度和质量的影响。

六、施工放样的信息化应用

现代施工放样过程中，CAD、GIS 和 BIM（Building Information Modeling，建筑信息模型）等软件被广泛使用，极大提升了放样数据的管理与分析效率。信息化技术不仅能够提高放样工作的精确性和效率，还为实时数据共享和远程监控提供了有效支持，从而优化施工管理的各个环节。

在施工放样的初始阶段，CAD 软件能够帮助设计师将建筑设计转化为详细的二维或三维图纸，清晰展示建筑物的结构、位置和尺寸，在 CAD 环境中灵活调整设计方案，便于进行可视化分析和修改。放样人员能够通过导入 CAD 文件，直接获取放样所需的关键数据，减少了人工输入的错误风险，确保放样精度。

GIS 能够将地理信息与放样数据结合，实现对施工现场的全面分析。通过 GIS，放样人员可以清晰了解地形、地貌及周边环境对施工的影响，从而制定出合理的放样方案。在复杂的地形条件下，GIS 技术可以帮助识别潜在的风险区域，为放样工作提供更具针对性的解决方案。GIS 还能够进行空间分析，支持多种数据层的叠加，以便于进行全面的场地评估。

BIM 技术在施工放样中的应用尤为突出，其将建筑项目的所有信息进行整合，形成一个数字化的建筑模型。BIM 不仅提供了建筑物的三维可视化，还涵盖了建筑的各个方面，包括结构、机电设备、施工工艺等。放样人员可以直接从 BIM 模型中提取放样信息，确保放样数据与设计的一致性。通过与项目团队的实时协作，BIM 技术能够使各个专业在同一平台上共享信息，避免信息孤岛，提高放样效率。

信息化技术的应用还使得施工放样数据的实时共享成为可能，在现代施工管理中，放样数据可以通过网络平台上传至云端，相关人员随时随地都可以访问和查看。此种信息共享机制不仅提高了数据传递的效率，也促进了各部门之间的协同工作。当放样人员在现场进行测量时，可以将测量结果实时上传至管理系统，项目经理和其他相关人员能够及时获取最新数据，做出快速反应。施工现场的实时数据可以通过监测设备上传至管理平台，相关人员无须亲临现场即可对放样过程进行监督，远程监控机制不仅节约了人力成本，还能够及时发现并纠正可能出现的问题。当监测数据偏离设定的标准时，管理系统会自动发出警报，提示相关人员进行检查和调整。

信息化技术还为施工放样提供了数据分析和决策支持，在施工过程中，积累了大量的数据，包括测量数据、施工进度、环境因素等，通过数据分析工具，可以对数据进行深度挖掘，从中发现潜在的规律和趋势。管理层可以根据这些分析结果优化施工策略，调整资源配置，提高施工效率，如数据分析可以揭示某些施工阶段的瓶颈，为后续的施工计划调整提供科学依据。

第四节　点位测设的基本方法

一、点位测设的基本原理

点位测设的基本原理旨在通过精准的测量技术确定新点位的确切位置。此过程通常涉及对已知控制点的测量和计算，以推算出新点位的坐标，从而确保施工的准确性与安全性。在平面位置的确定上，常用的方式包括直角坐标系统和极坐标系统，直角坐标系统通过将点位与坐标轴的交点进行比较，形成一个二维平面，其中每一个点的位置都由其在 X 轴和 Y 轴上的坐标值所定义。相比之下，极坐标系统则使用距离和角度来描述点位的关系，适用于需要考虑方向和距离的场合，两种方法各具特点，依据具体的施工需求和现场条件选择合适的测设方法至关重要。高程的测定通常采用水准测量法，能够有效地确定点的相对或绝对高度，在水准测量过程中，使用水准仪和标杆，通过水平光束传递高度信息，确保各个测量点之间的高差能够被准确地计算出来，通过对多个点位的连续测量，可以形成一个完整的高程控制网，为后续的施工提供可靠的高度参考，在高程测量中，确保设备的准确校准和测量环境的稳定性是提高测量精度的关键。在整个点位测设过程中，现代测量技术包括全站仪、GPS 设备和水准仪等，能够提供高精度的测量数据，在点位测设的操作中，需要对测量设备进行校准，确保其在使用过程中的可靠性和准确性，测量人员应对设备的使用方法和技术要求有清晰的理解，以避免在操作过程中产生误差，操作规程的严格执行也必不可少，测量人员需遵循标准化的操作步骤，以确保每一个测量环节都符合规定。点位测设的准确性直接影响到后续施工的质量和效率，任何微小的测量误差都有可能导致工程施工中的位置偏差，进而影响整个工程的结构安全和功能，在测设过程中，反复的校验和核对是必需的环节，在每次测量完成后，进行数据的复核，比较测量值与预设值之间的差异，能够及时发现问题并加以纠正。通过多次测量和对比，可以有效降低误差，提高测设结果的可信度。点位测设还需要考虑到施工现场的环境因素，如天气变化、地形条件以及施工设备的限制等，都可能对测量结果产生影响，因此，在实际操作中，需要灵活调整测量策略和方法，针对复杂的地形，可能需要使用不同的测量技术或结合多种测量设备，以确保获得可靠的点位数据。

二、点位测设的常用方法

在施工测量中点位测设的常用方法各自适用于不同的现场条件和要求，主要方法包括直角坐标法、极坐标法、角度交会法和距离交会法。这些方法能够提供有效的解决方案，以确保点位测设的准确性和效率。

直角坐标法是一种通过测量点的 X 和 Y 坐标来确定其位置的方法，适合在已有明确坐标系统的区域使用，该方法的基本公式为：

$$P(X, Y) \tag{3-1}$$

式中，P 代表待测点，X 和 Y 分别为该点在水平坐标系中的横纵坐标，在应用直角坐标法时，测量人员需选择至少两个已知控制点，并测量待测点相对于控制点的坐标差，通过计算，可以获得待测点的具体位置。此方法的优点在于操作简单且计算直接，适合大多数平坦地形的施工现场。

极坐标法通过测量点与基准点之间的距离和方位角来确定点的位置，适合地形复杂或缺乏固定坐标系统的地区，公式为：

$$P(R, \theta) \tag{3-2}$$

式中，R 为测量点到基准点的距离，θ 为方位角。

测量过程中，测量人员确定一个基准点，接着使用测距仪测量该点到待测点的直线距离 R，并通过经纬仪或全站仪测量方位角 θ。使用极坐标法，可以在缺乏明确坐标系统的情况下，快速定位待测点。

角度交会法和距离交会法则是通过已知点与待测点之间的角度和距离来确定待测点的位置。角度交会法的基本思路是从两个已知点出发，测量它们与待测点之间的夹角，使用三角函数进行计算，其公式为：

$$\theta = \tan^{-1}\left(\frac{y_2 - y_1}{x_2 - x_1}\right) \tag{3-3}$$

式中，$(x_2 - x_1)$ 和 $(y_2 - y_1)$ 分别为两个已知点的坐标，θ 为待测点的方向角。

角度交会法在多个已知点的交会区域内定位待测点，能够提供高精度的定位结果，特别适用于可见性良好的场地。

而距离交会法则是利用已知点与待测点之间的距离，结合已知点间的距离关系进行测算，其基本计算公式为：

$$D = \sqrt{(x_2 - x_1)^2 + (y_2 - y_1)^2} \tag{3-4}$$

式中，D 为已知点间的距离，x 和 y 分别为已知点的坐标。

通过从多个已知点测量至待测点的距离，可以利用几何关系推导出待测点的具体位置。

三、点位测设的误差来源

点位测设过程中存在多种误差来源。仪器误差通常由测量设备本身的精度限制引起，如全站仪或水准仪的光学系统和机械结构存在制造公差，会导致测量结果的偏差；设备的校准状态、测量频率和使用环境影响数据准确性；未及时进行校准的仪器往往会导致累积性误差。

观测误差通常是由测量人员在操作过程中遇到的各种不利条件造成的，不利条件包括光线不足、视线遮挡、物体反射等，这些都会干扰测量结果。读数时的主观判断和精度要求也可能引起误差，当读数指针位于刻度线的中间时，操作者因个人习惯或视角不同而产生误差。测量过程中，如果不注意操作规程，会导致数据记录错误或遗漏，从而影响测设结果的可靠性。

环境误差涉及温度、湿度和大气压力等自然条件对测量结果的影响。温度变化会导致测量仪器的材料膨胀或收缩，影响其几何形状，进而影响测量精度。湿度高时，空气中的水分可能对光线的折射产生影响，特别是在进行激光测量时，环境折射率的变化会引入额外的误差。在测量较长距离时，若未对大气折射现象进行相应的折射率调整，测量结果也会受到影响。

人为误差与测量人员的技术水平和经验密切相关，即使在使用精密仪器的情况下，测量结果的准确性仍然依赖于操作者的专业知识和操作技能。缺乏经验的测量人员在选择测量点、设定基准和读取数据时可能出现失误；测量人员的工作状态也会影响测量结果，疲劳、注意力不集中或情绪波动都会导致操作失误，从而增加误差。

针对误差来源，对于仪器误差，定期进行仪器校准和维护可以显著提高测量的准确性。实施规范化的仪器使用流程，确保所有测量人员了解并遵循这些流程，也是减少误差的有效手段。观测误差的控制则需要重视测量环境的选择，避免在光线不足或视野受限的条件下进行测量。通过优化观测时间和条件，可以减少因外部环境变化带来的干扰。为降低环境误差，应在测量前充分了解现场的气象条件，并根据需要进行必要的环境补偿计算。定期进行环境监测，记录温度、湿度和气压等数据，为后续测量结果提供依据。对人为误差的控制则需加强对测量人员的培训和其技术的提升，确保每位参与测量的人员均具备必要的知识和技能。采用现代测量技术和设备，如实时监控和数据记录系统，可以帮助减少人为操作带来的不确定性。

四、点位测设的数据处理

点位测设的数据处理是将观测获得的原始数据转化为可用于实际施工的点位坐标，该过程不仅涉及简单的数据整理和计算，还包括对观测数据进行系统分析，以确保最终结果的准确性和可靠性。

数据处理的第一步是对原始观测数据进行整理，通常包括将测量结果输入到计算机中，建立合理的数据结构，确保每个数据项的完整性和一致性。在此阶段，需核对数据是否符合预期的格式和范围，以便于后续分析。

在整理完数据后，接下来的步骤是进行误差分析。观测数据中难免存在各种误差，这些误差来自测量设备的精度限制、外部环境因素或人为操作失误等，误差分析的目的是识别误差来源，并通过合理的校正措施减小其对测量结果的影响，涉及使用统计方法来评估测量结果的分布特性，计算标准偏差、均值等参数，从而确定数据的可靠性。通过平差计算，可以综合考虑所有测量数据，消除不一致性，从而获得更为准确的点位坐标。平差计算通常采用最小二乘法，广泛应用于测量工程的数据处理技术，该方法通过最小化观测值与计算值之间的偏差平方和，来优化计算结果。在进行平差计算时，需要合理设置测量方程，确定控制点与待测点之间的关系，并结合测量的误差特性进行调整。

许多专业测量软件可自动执行数据整理、误差分析和平差计算等功能，使用软件不仅能够减少人工计算的错误，还能大幅提升数据处理的速度。用户只需输入原始数据，软件便会自动生成相应的坐标结果，并可提供详细的误差分析报告，帮助测量人员更好地理解数据质量。

在数据处理过程中，还需要进行结果的验证和复核。尽管经过校正和平差处理的数据通常具有较高的准确性，但依然应进行独立的复核，以确保最终的点位坐标符合设计要求。验证过程中可以通过与已知控制点的数据进行对比，检查计算结果的合理性。如果存在较大偏差，需返回数据处理的早期阶段，重新审视观测数据和处理方法，直至得到满意的结果。数据处理后的结果需妥善保存和管理，确保数据的安全性和可追溯性，建议建立系统的数据管理机制，对处理后的数据进行备份，并定期进行数据的更新和维护，这样不仅有助于长期保存工程数据，也为后续的项目提供了可靠的历史资料支持。

五、点位测设的现场实施

在实施过程中，测量人员需要严格遵循测设计划和经过数据处理得到的结果，确保每一个步骤都符合既定标准。测量人员需根据设计图纸和施工要求选择合适的测量基准点，将其作为后续测量的参考。基准点的选择应考虑到周围环境的影响，确保其位置的稳定性和易于识别性。在现场实施时，设备的精确对中和整平意味着在使用全站仪、水准仪等测量设备时，需要确保设备的垂直和水平状态。设备的对中一般通过调整仪器脚架上的调节螺丝来实现，确保仪器光轴与测量点重合；整平过程则要求仪器水平调节，通常通过仪器上的气泡水平仪来检查。在设备设置完成后，测量人员需要进行一次初步的检查，以确认设备已达到最佳工作状态。点位测设测量人员需要根据设计要求对角度和距离进行精确测量。角度测量通常涉及两个方面：水平角度和竖直角度的测量，水平角度的测量可通过全站仪的电子测角功能实现，而竖直角度的测量则需结合水准仪来实现。测量人员应对每个角度进行多次观测，取其平均值，以减少偶然误差带来的影响。距离测量也是关键环节，使用电子测距仪可以快速而准确地获取基准点到目标点之间的距离。

在完成角度和距离的测量后，测量人员需在现场标记点位，确保标记的清晰和准确，以便于后续施工人员的识别，通常采用喷漆、木桩或其他可见材料进行标记，确保在施工过程中不会被破坏或覆盖；还应记录下测量的数据，包括测量时间、天气情况、设备状态等信息，以便于后续的数据核查和分析。

现场实施过程中，对观测条件的控制同样重要。测量人员需评估周围环境，包括地形、天气、光照等因素，以选择最佳的测量时机和方法，尽量避免在强风或大雨天气下进行测量，以减少环境因素对测量结果的影响。光照条件也会影响测量仪器的读数，尤其是在使用光学仪器时，因此应选择阳光充足但无直射光的时段进行测量，以确保读数清晰可辨。

在实施现场测设的整个过程中，测量人员需要保持严谨的工作态度，确保每步都按照操作规程执行。现场测量的数据采集应尽量做到完整，以便于后续的数据分析和处理。在此过程中，必要时可与项目的技术负责人进行沟通，确认测量方案的合理性和实施过程中的任何疑问。完成点位测设后，测量人员需将现场的测量结果及时整理并反馈给相关技术人员，以便对后续施工进行指导。现场测设的过程和结果应进行适当的存档，确保数据的可追溯性和安全性，这不仅为项目的进展提供数据支持，也为后续可能的质量检查和审核提供了依据。

六、点位测设的技术进步

近年来，随着全球定位系统、地理信息系统、三维激光扫描和无人机测绘等技术的迅速发展，传统的测量方法正在被现代技术所取代。GPS 技术的广泛应用，使得点位测设能够在全球范围内实现实时定位，极大地缩短了测量时间并提高了定位精度。通过接收多个卫星信号，GPS 能够提供高精度的三维坐标信息，尤其在大范围施工和复杂地形中，其优势越发明显。

GIS 技术为点位测设提供了强大的数据管理和分析能力，通过将测量数据与地理信息相结合，GIS 能够为测设过程提供更为直观的空间分析，使得施工方能够在设计和实施阶段对环境条件、地形地貌以及其他影响因素进行全面评估。GIS 的空间分析功能使得施工方案的制定更加科学合理，提高了资源的配置效率。

三维激光扫描技术的引入，改变了传统测量的方式。通过使用激光束快速扫描目标区域，可以在短时间内获取高精度的三维点云数据。这一技术特别适用于复杂的地形和建筑物，能够提供全面的地形信息，帮助设计人员更好地理解现场情况。点云数据可以用于后续的建模与分析，为项目开展提供详尽的基础数据支持，确保施工过程的准确性。

无人机测绘作为一种新兴技术，具有快速、高效、低成本等优势。在施工放样过程中，无人机能够在短时间内覆盖广泛的区域，获取高分辨率的图像和数据，特别适合人员难以到达或危险的测量区域，能够有效降低人力成本和安全风险。无人机配合 GPS 和激光扫描技术，可以实现快速而准确的地面点位测设，为施工团队提供实时、可视化的数据支持。

信息化和自动化技术的迅猛发展进一步推动了点位测设的智能化进程，现代测量设备通常配备了数据传输和处理系统，测量人员能够实时将现场数据传输至后台进行处理和分析，数据的自动化处理减少了人工干预的需要，提高了数据的处理速度和准确性。现代测量设备通过软件系统集成，不仅可以自动记录测量结果，还可以进行实时误差分析和校正，使得测设过程中的精度控制变得更加科学，不仅提高了点位测设的效率，也为施工现场的管理和决策提供了更多的数据依据。施工方可以借助新技术，实时监控施工进度和质量，及时发现问题并提高新技术具有的快速反应能力，使得施工过程中的资源利用更加高效，降低了因误测造成的返工和浪费。

第五节　已知坡度直线的测设

一、坡度直线的定义与计算

坡度直线的定义涉及在特定坡度条件下，沿某方向延伸的直线，其坡度通常用百分比形式表达。该坡度值定义为垂直高度变化与水平距离变化的比值，公式为：

$$坡度(\%) = \left(\frac{垂直高度变化}{水平距离变化}\right) \times 100\% \tag{3-5}$$

在道路建设中，坡度直线帮助确定排水系统的布局，确保雨水能有效排出，避免积水对道路和周边环境造成损害；在土方工程中，坡度的计算对于合理设置填土和挖土的边坡至关重要，可以防止坍塌和滑坡等安全隐患。在实际应用中，工程师通常需要结合现场地形和设计要求，计算出合适的坡度直线。为了进行精准计算，需收集必要的地理和环境数据，如土壤类型、降雨量、地形起伏等。数据的准确性直接影响坡度的设计效果，因而在数据收集阶段需特别小心。现场的测量仪器也应经过校准，以确保测量结果的可靠性。在设计过程中，通过计算不同坡度的变化，评估其对项目整体设计的影响，如在某段道路的设计中，若坡度过陡，会引发驾驶安全隐患；反之，坡度过缓则可能影响排水效率。设计人员通常需要在各种设计参数之间进行权衡，以选择最优坡度直线。

在计算坡度时，通常设计图纸上会标注出所需的坡度值，工程师应根据标注进行相应的计算。在坡度计算的过程中，水准仪、全站仪等常用测量工具能够提供必要的高度和距离数据，帮助工程师更准确地获取坡度信息。在坡度的调整与校正方面，工程师需具备灵活应变的能力。在实际施工过程中，会遇到不可预见的地质条件或环境变化，导致原有的坡度设计不再适用，应根据现场实际情况，重新计算坡度，确保其符合工程要求。对于需要大规模调整的项目，可能还需要重新进行设计，以确保最终效果。

在施工过程中，施工队伍应遵循设计坡度的要求实施，避免因施工失误导致的坡度偏差。定期对施工现场进行检查，可以及时发现并纠正问题，以确保坡度直线的准确性和有效性，特别是在进行土方工程时，应密切关注每一段坡度的实施情况，确保施工过程中的每一步都符合设计要求。

在信息化技术不断发展的背景下，坡度直线的计算也逐渐向数字化和智能化转型，现代设计软件能够快速进行坡度计算和分析，可借助工具对复杂坡度进行模拟和可视化处理，提高工作效率，这不仅节省了时间和人力成本，还提高了设计的准确性。

二、坡度直线的测量方法

坡度直线的测量方法涉及多种测量设备的应用，各种设备在不同情况下提供了相应的优势与适用性。水准仪是一种常用的测量工具，其主要功能是测量高程变化。通过设定基准点和测量点，测量人员可以确定两者之间的高差，从而计算坡度的变化，这在坡度测量中至关重要，尤其是在需要高度精确的工程项目中，如道路、铁路和隧道的建设中，水准仪提供了基础的高程数据，帮助工程师确保设计坡度的准确实施。

经纬仪和全站仪则为坡度测量提供了不同的角度，经纬仪通过测量水平和垂直角度来帮助工程师确定坡度直线的位置，通过对已知点的基准角度与目标点的角度比较，能够计算出坡度的实际位置，适合于较为复杂的地形，尤其是在需要进行多角度观测的情况下。全站仪结合了测量角度和距离的功能，能够在单次操作中提供更为全面的数据。全站仪的操作相对简便且数据处理迅速，适用于快速变化的施工现场，能够实时更新测量结果。

GPS 技术则为坡度测量带来了现代化的解决方案，通过卫星定位，GPS可以提供精确的三维坐标，极大地提升了测量的速度和准确性，只需设定测量点，设备便能自动计算出相关坡度数据，GPS 技术特别适合大范围或人员难以到达的区域，能够在复杂地形中保持良好的测量精度，避免了人工测量带来的误差。

在实际测量过程中，选择何种的测量方法通常取决于工程的具体要求、地形条件及所需的精度。在坡度测量前，测量人员需对现场进行全面评估，包括地面情况、天气影响和其他环境因素，根据评估结果，可以决定使用何种设备进行测量。在陡峭或复杂的地形中，可能更倾向于使用全站仪或 GPS 进行快速测量，而在平坦区域，水准仪这种传统方法依然具备较高的实用性。在使用水准仪和经纬仪时，操作人员需具备扎实的技术基础，以确保设备的精确设置和正确使用。在进行测量时，操作人员需注意仪器的校准与稳定，避免因设备故障或操作失误造成数据偏差。现场环境的变化，如风速、温度和湿度等，也可能影响测量结果，因此在测量过程中需尽量保持仪器的稳定性，选择合适的测量时机。为提高测量的整体效率和数据处理能力，越来越多的项目中开始引入信息化技术。利用现代测量软件，工程师可以将测量数据快速上传到系统中进行实时分析与处理，这不仅提高了测量的速度，也降低了人为错误的风险，使得测量过程更加科学和系统化。

三、坡度直线的放样技巧

坡度直线的放样涉及将设计的坡度精确标记于地面，不仅关系到工程的整体质量，还影响到后续施工的效率与安全。为确保放样的准确性，测量人员必须遵循一系列严谨的步骤与技巧。在放样的初始阶段，测量人员需要确定坡度直线的起点和终点，使用全站仪或水准仪等测量工具是非常必要的，通过对起点和终点的精确测量，可以得到两点之间的水平距离和高度差。在标定坡度直线时，选择合适的放样标记物至关重要。常用的标记物包括标桩、油漆或其他可见的标志物。在实际操作中，应根据项目的具体要求选择标记方式，在较为复杂的地形上，标桩的使用能够有效避免误差，而在平坦的场地，则可以直接使用油漆进行标记。在标记的过程中，需严格按照设计要求，将每个标记物的放置位置精确到厘米级别，以确保施工的精确性。

除了标定起止点外，每完成一段放样，测量人员需使用测量设备对已放样的坡度进行复核，确保其与设计数据的一致性，可以通过进行交会测量或者使用已知控制点进行验证。若发现偏差，需及时调整标记位置，以保证整体坡度的准确性。

现场条件的变化,如地形起伏、土壤条件等,都会对放样结果产生影响,测量人员在进行放样时,需随时关注周围环境,对于地形起伏较大的区域,可以考虑采用分段放样的方式,将坡度直线分为多个小段进行处理,采用水准仪或全站仪进行细致的测量,确保每个小段的坡度均符合设计要求。

测量人员需在放样前对原始观测数据进行整理,确保所有数据的清晰与完整。可以使用测量软件对数据进行初步分析,检查数据的合理性,并在放样过程中动态调整。这种信息化的管理方式能够提升测量的效率和精度。为了更好地适应现场条件,测量人员还需具备一定的现场应变能力,如在多变的天气条件下,需及时调整放样计划,避免因环境因素影响放样质量。在雨天或强风天气条件下,应合理安排放样时间,以确保测量设备的稳定性和测量数据的准确性。

施工放样还涉及与其他施工环节的协同配合,在放样完成后,施工人员需根据放样结果进行后续施工,需要与其他环节人员保持良好的沟通与协调,确保施工各环节无缝衔接。

四、坡度直线的误差控制

由于坡度的准确性直接影响到工程的结构安全和功能,因而在实际操作中需重视对各种潜在误差的识别与控制。误差来源广泛,主要包括测量设备的精度、观测条件的变化以及人为操作的失误等。选择高精度的测量设备是基础。现代测量技术的发展使得市场上出现了多种高性能的测量仪器,如全站仪、水准仪和 GPS 系统,通过这些仪器能够获取更加精准的测量数据,显著提高坡度直线测量的精度。在设备选型时,需根据具体的施工环境和测量需求进行合理配置,确保所选仪器的性能能够满足工程要求。单次观测可能受到多种因素的影响,如环境条件或操作失误,因此进行多次重复观测能够有效减少随机误差的影响。在进行多次观测时,建议采用相同的测量设备和测量方法,以确保数据的一致性和可比性,通过取多次测量结果的平均数,可以有效降低测量误差,提高测量精度。在测量结果的校核和调整过程中,对每一组测量数据进行系统分析,可以及时发现异常值并进行适当的调整。

常用的数据处理方法包括统计分析、图形化展示和误差评估，这些方法可以帮助识别潜在的测量误差源，并采取相应的补救措施。若在测量中发现系统性误差，应及时对设备进行校准，确保后续测量的准确性。

测量人员需掌握仪器的使用方法、操作规程以及数据处理技巧，确保在进行现场测量时能够正确应对各种情况。通过定期培训和考核，提升其技术水平与实际操作能力，不仅能降低人为误差，还能增强测量团队的整体协作能力。

风速、温度、湿度等气象条件可能对测量结果产生显著影响，进行坡度直线测量时，应选择合适的天气条件，避免在极端气候下进行测量工作。在不适宜的天气情况下，应合理安排测量时间，以保证测量的稳定性和准确性。对于高温、高湿或强风等环境，测量人员需采取相应的防护措施，确保设备的正常运转和数据的可靠性。

现代信息技术的发展为测量数据的处理和分析提供了强有力的支持，使用专业软件进行数据分析和处理，不仅可以提高工作效率，还可以实现对测量结果的实时监控和动态调整。借助 GIS、BIM 等先进技术，能够有效整合测量数据，进行更为精准的坡度分析和控制。建立完善的质量管理体系也有助于控制误差，在测量项目的各个阶段，均需设立质量监控点，对测量过程和结果进行系统化管理。定期对测量过程进行审核和评估，能够及时发现问题并进行调整，确保施工测量的高标准和高质量。

五、坡度直线在工程中的应用

坡度直线在工程中的应用广泛涵盖道路、铁路、排水系统以及各类土木工程项目，其不仅限于在测量和设计中发挥作用，更深刻影响着工程的整体安全性、功能性及可持续性。在道路工程中，坡度直线被用于设计道路的纵断面，以确保车流顺畅且行驶安全，合理的坡度设计能有效降低车辆在行驶过程中的制动距离，提升驾驶的舒适性。对于山地道路或坡度较大的区域，通过合理的坡度安排可以减少滑坡和泥石流的风险，提高道路的抗灾能力。

在铁路工程方面，坡度过大可能导致列车在上坡或下坡时出现滑行现象，影响列车的牵引力和制动性能。因此，铁路设计师在规划轨道时，会结合坡度直线的计算，确保坡度在安全运行范围内，以维持列车的稳定运行。坡度直线还用于确定铁路桥梁和隧道的设计参数，确保其与周边地形的协调。

在排水系统的设计中，良好的排水设计依赖于适当的坡度，以确保雨水和污水能够顺利流动，防止积水和水灾的发生。坡度直线的合理设置能够提高排水效率，保障城市排水系统的正常运作。在城市建设中，设计师常通过坡度直线来优化雨水管网和污水处理设施的布局，确保其在极端天气条件下依然具备高效的排水能力。

在土木工程领域，坡度直线的准确测设直接影响到建筑物的稳定性和功能性，特别是在大坝、堤防及基础设施建设中，坡度直线设计能够确保结构的水流导向和稳定性，降低因水流冲击而导致的潜在风险。设计师需要仔细评估场地的自然坡度，结合坡度直线的规划，设计出能够适应地形变化和气候条件的工程方案。

在基础建设中，坡度直线能帮助设计人员确定地基的倾斜度，确保建筑物在使用过程中不出现沉降或倾斜现象。在景观工程中，通过合理设计坡度，能够创造出既美观又实用的园林景观，提升整体环境质量。坡度直线不仅影响植被的生长，还能优化土壤水分的保持，提高景观的可持续性，园林设计师常利用坡度直线来设计坡道、步道及水景，确保其在视觉和功能上达到和谐统一。

随着科技的进步，坡度直线的应用也在不断演变。现代工程中，采用先进的测量和设计工具，如 BIM 和 GIS 技术，能够更加精确地计算和展示坡度直线先进技术的结合使得坡度设计更加科学，能够迅速响应现场条件的变化，优化工程方案，提高施工效率。

六、坡度直线测设的技术革新

随着科技的快速进步，坡度直线测设的技术也经历了显著的革新，不仅提高了测设的效率和精度，还扩展了测设在各种复杂环境中的适用性。现代测量技术如三维激光扫描、无人机测绘以及地理信息系统等，为坡度直线的测设提供了前所未有的解决方案。

三维激光扫描技术以其能够快速获取高精度的三维地形数据的特点而备受关注。它通过发射激光束并记录返回信号来构建周围环境的详细模型，从而获取坡度直线所需的高程信息，特别适合于地形复杂的区域，比如山区或城市建筑密集的地方，能够在短时间内完成大范围的测量工作，极大地提高了工作效率。

无人机测绘则为传统测量方法提供了有力的补充，无人机搭载高分辨率的摄像设备和测量传感器，可以在难以接近的区域进行自动化测量。与传统人工测量相比，无人机测绘能够在更短的时间内完成更广范围的地形勘测，并且减少了人工操作的风险。

地理信息系统技术能够将地理数据与空间分析相结合，使得坡度直线的测设与管理更加智能化。通过 GIS 平台，工程师可以对地形、土地利用、排水等信息进行综合分析，从而制定出更科学合理的坡度设计方案。GIS 系统还支持数据的实时更新和共享，便于不同团队之间的协作，提升了工程管理的效率。

在数据处理方面，现代软件工具的应用显著提升了坡度直线测设的数据分析能力，通过专业的软件，测量人员可以对获取的测量数据进行快速分析、校正和可视化展示，不仅加快了数据转化的速度，也提高了数据的准确性。利用高精度的数字高程模型可以直观展示坡度变化情况，帮助设计师更好地理解地形特征，从而做出更合理的设计决策。实时定位系统（RTK-GPS）为坡度直线的测设提供了更高的定位精度，通过实时差分技术，RTK-GPS 能够在厘米级精度下进行测量，特别适合在工程施工中对坡度的实时监控和调整，使得施工现场能够更灵活地应对各种变化，确保坡度设计在实施过程中保持一致。

随着信息化和自动化技术的不断发展，坡度直线测设的智能化趋势日益明显。许多测量设备现在都具备数据存储和传输功能，可以实时将测量结果上传至云端，便于后续的数据处理和分析，技术革新使得现场测量和数据管理变得更加高效，也为后续工程决策提供了更为坚实的数据支持。

第六节　园林工程施工测量

一、园林测量的规划与设计

在整个园林工程中园林测量的规划与设计直接影响到后续施工和园林景观的最终效果，涉及的内容不仅限于对园林总体布局的设计，还包括对地形地貌、植被分布、园林构筑物等多个方面的精确测量与详细规划。采用现代测绘技术手段是提升测量精度的有效途径，如全站仪可以提供高精度的角度和距离测量，而全球定位系统和地理信息系统则能够在更大范围内收集和分析地理信息。

在具体实施中，园林测量的规划阶段需要对园林的功能分区进行详细分析，功能分区的合理性不仅影响植物的生长环境，也关系到游人使用园林空间的舒适度；休闲区与活动区的合理布局应考虑到日照、风向以及植被的遮挡等因素。通过详细的测量与分析，能够形成一个既美观又实用的园林布局（见表3-1）。

表3-1　园林功能分区

功能区	面积（平方米）	主要元素	备注
休闲区	1500	长椅、花坛	适合放松和社交
活动区	800	运动器械、广场	适合举办活动
植物展示区	1000	植物小品、景观石	展示多样化的植物
水体区	600	人工湖、喷泉	提供景观和生态环境
管理区	400	工具房、员工区	便于园艺管理和维护

在实际测量过程中，必须对园林内的道路、水体、照明和灌溉系统进行全面规划，以道路规划为例，宽度、材料、坡度等参数都需经过精确计算，确保交通流畅且安全。道路宽度可以采用以下公式进行计算：

$$W = (D + R) \times N \qquad (3-6)$$

式中，W 为道路宽度，D 为设计车辆宽度，R 为人行道宽度，N 为通行车辆数量的估计。

此公式有助于确定合理的道路宽度，以满足人流和车流的需求。

在水体设计中，应考虑水体的面积和深度，这关系到水体的生态功能和景观效果。水体面积可以用以下公式进行估算：

$$A = \pi \times r^2 \tag{3-7}$$

式中，A 为水体面积，r 为水体的半径。

通过此公式，可以有效地计算出所需的水体面积，进而为后续的水体景观设计奠定基础。

合理的照明不仅能够提升夜间园林的安全性，还能增强园林的美观。照明强度可通过以下公式来进行计算：

$$L = \frac{I \times D}{A} \tag{3-8}$$

式中，L 为照明强度，I 为灯具亮度，D 为灯具之间的距离，A 为照明区域的面积。

通过公式，计算出所需的灯具数量和布局，以实现最佳的照明效果。

灌溉系统的设计也应依据园林植物的生长需求进行规划，不同植物对水分的需求各异，因此，灌溉系统的布局应结合植物种类、土壤特性及气候条件进行综合考虑。土壤水分计算公式如下：

$$W = V \times \rho \times \theta \tag{3-9}$$

式中，W 为所需水分，V 为土壤体积，ρ 为土壤密度，θ 为土壤含水量。

通过公式，能够合理计算并配置灌溉量，从而确保植物的健康生长。

二、园林景观元素的定位技术

园林景观元素的定位技术在园林施工测量中占据着核心地位，其目标是确保各类景观元素的准确安置，以实现设计意图和美学效果的统一。在此过程中，涉及树木、灌木、花卉、园林小品、亭台楼阁等元素的精确定位，全站仪和全球定位系统作为主要工具，能够提供高精度的空间数据，为定位提供科学依据，这不仅提高了测量的效率，也为后续的园林施工提供了可靠的基础。在定位过程中，首先需要根据园林的整体设计方案，对各元素的位置进行规划，应充分考虑园林的视觉效果、空间关系和功能布局。元素的布局不仅要遵循一定的美学原则，还要兼顾植物的生长特性和生境要求。树木的种植间距需要根据其生长特点进行合理安排，避免因密植造成的竞争压力，使用以下公式进行初步估算：

$$D = 2 \times r \tag{3-10}$$

式中，D 为树木之间的种植距离，r 为树木的冠幅半径。

通过合理计算，可以为树木提供足够的生长空间，促进其健康发展。

为了确保园林景观的和谐统一，在定位时还需考虑到不同元素之间的相互关系，灌木应与花卉搭配（见表3-2），形成层次感与对比色彩，增强景观的视觉吸引力。

表3-2　园林景观元素规划表

景观元素	类型	位置坐标（X, Y）	规格/尺寸	生长特性
树木1	常绿树种	(100, 150)	高度：3m	喜阳光，耐干旱
灌木1	花灌木	(120, 160)	高度：1.5m	喜阴，耐湿
花卉1	多年生花卉	(130, 150)	直径：0.5m	喜阳光，适合肥沃土壤
亭台楼阁	建筑小品	(150, 180)	面积：30m²	作为观景台，需排水

在进行园林元素的定位时，除了准确的坐标外，还需考虑生长环境的变化及其对植物生长的影响。园林植物的生长受到土壤条件、气候因素以及光照强度等多重因素的影响，可运用土壤适应性评估公式进行估算：

$$S = \frac{pH + OC + M_0}{3} \tag{3-11}$$

式中，S 表示土壤适应性指数，pH 表示土壤酸碱度，OC 表示有机碳含量，M_0 表示土壤水分。

通过评估土壤适应性，可以为植物的选型和布局提供依据，确保其在特定环境下能够健康生长。

在设计过程中，考虑到季节变化对园林景观的影响，元素的布局也需兼顾四季特征，如在春季花卉盛开时，应优先选择在视觉中心位置布置盛开的花卉，吸引游人注意；而在秋冬季节，则可选择树木的果实或色彩变化为视觉焦点，延长景观的吸引力（见表3-3）。

表3-3　季节性变化最佳观赏时机

季节	主要观赏元素	观赏建议
春	花卉盛开	重点展示鲜艳花卉
夏	绿树成荫	强调树木的遮阴效果
秋	果实和秋色	观赏秋季色彩变化
冬	常绿植物	展示常绿植物的韵味

在定位园林景观元素时，元素的安置需与周围的建筑、道路和自然环境相协调，以实现整体美观性和功能性的统一，如亭台楼阁的选址应避开高压线、噪声源等不利因素，同时要考虑视野的开阔性，以便游客可以更好地欣赏园林景观。在实际操作中，园林景观元素的定位不仅依赖于技术手段的精准，还需要设计者的艺术感知与经验积累。科学的定位技术与合理的设计理念结合，能够有效提升园林景观的整体效果，实现自然与人工的和谐共生。

三、园林地形的测量与建模

园林设计和施工过程中园林地形的测量与建模旨在通过精确的数据采集和建模技术，提供全面的地形信息，为园林的规划和实施打下坚实的基础。地形的测量通常依赖于现代测量工具，包括全站仪、全球定位系统和三维激光扫描仪等，通过这些工具能够高效、精准地获取地形数据，从而实现对地貌特征的细致描述。在测量过程中，需要设定基准点。基准点应具备稳定性，并能够在后续测量中作为参考。基准点的选择与布局应考虑到周围环境，以确保测量数据的准确性。在完成基准点的布设后，使用全站仪进行详细的地面测量。全站仪可以同时测量水平角、垂直角和斜距，使得测量人员能够迅速而准确地记录地形点位。数据采集后，可以通过软件将其转换为数字化格式，以便进行进一步分析。通过对收集到的测量数据进行处理，可以生成数

字地形模型或数字高程模型,这在园林设计中具有重要意义。利用以下公式可以计算某一测量点的高程变化:

$$\Delta H = H_{end} - H_{start} \tag{3-12}$$

式中,ΔH 为高程变化,H_{end} 和 H_{start} 分别为结束点和起始点的高程。

该公式有助于了解地形的起伏情况,为设计方案提供必要的高程信息。

数据处理后生成的三维模型不仅能够清晰展示园林区域的地形特征,还能通过可视化技术帮助设计师更直观地理解空间关系。基于三维模型,可以进行场地分析,评估阳光照射、风向影响以及水流路径等自然因素,这些都对植物选择和园林构筑物的安置具有指导意义。通过分析地形的坡度,可以确定雨水的排放路径,对于设计合理的排水系统至关重要。坡度可以通过以下公式进行计算:

$$S = \frac{\Delta H}{\Delta D} \times 100\% \tag{3-13}$$

式中,S 为坡度,ΔH 为高程差,ΔD 为水平距离。

合理的坡度设计不仅能有效引导雨水流动,还能防止土壤侵蚀,促进植物的健康生长。

为进一步提升地形建模的精度,三维激光扫描技术的引入提供了高分辨率的地形数据。激光扫描仪通过发射激光束并测量返回信号的时间,能够快速获取大量的点云数据,可用于生成高度详细的三维地形模型,使设计者能够更全面地分析地形特征(见表3-4)。

表3-4 园林地形特征分析表

地形特征	坡度(%)	高度范围(米)	特征描述
平坦地带	0	1~15	适合植物生长
小坡地	5~10	16~25	需关注水流控制
陡坡地	>10	26~35	适合石材景观或防护措施
低洼地带	<5	5~10	适合水体或湿地植物

在园林地形建模的后续阶段,可以利用三维模型进行多种设计方案的模拟和优化,设计者可以测试不同植被配置和园林构筑物的布局对整体景观的

影响，通过对比分析找到最佳设计方案。此过程涉及对多种设计参数的评估，如视觉通透性、功能性和美观性，设计者可以使用视觉分析工具，评估在不同视角下的景观效果，确保设计不仅满足功能要求，还能给游客带来愉悦的视觉体验。园林地形的测量与建模不仅为园林设计提供了科学的依据，也为后续施工提供了重要的数据支持，通过精确的地形分析与建模，能够确保园林项目的顺利实施，最大限度地发挥园林设计的潜力，创造出既美观又实用的园林空间。

四、园林植物配置的测量要求

园林植物配置不仅是对植物种植点的简单测量，而是结合植物的特性与园林整体设计，进行全面的考量与精确的定位，选择合适的植物种类是关键。不同植物的形态、大小及生长习性各异，因此在测量时需充分了解其特性，如某些树种需要较大的生长空间，而低矮的灌木则适合在有限的区域内生长。植物的光照需求、土壤类型、抗风能力等因素，也在测量中起着不可忽视的作用。

在实际操作中，植物种植点的定位通常涉及多个步骤，需根据园林的设计意图，明确每种植物的理想位置，结合园林设计师的构思，制定出合理的种植方案。植物的间距和排列方式必须经过精确计算，以确保植物在生长过程中不会相互遮挡、影响生长。这不仅影响植物的健康，也关系到园林的整体美观。在设置高大的树木时，需考虑其对周围植物的阴影影响，而在低矮的花卉周围，则应确保它们能够接受足够的阳光。现代技术的发展为这一过程提供了更为精确的手段，利用 GPS、激光测距仪等高科技设备，可以大大提高测量的准确性，可以精确地记录每一株植物的具体位置，确保其在设计图纸上的完美还原。精细化的测量方式，能够有效避免因人为失误导致的种植错误，从而提升整个园林的质量与效果。

在植物配置的测量过程中，园林设计师还需充分考虑到植物的生长环境，不同植物对生长条件的要求各异，比如某些品种偏爱湿润的土壤，而另一些则更适应干燥环境。在测量时，不仅要关注种植点的地理位置，还要对土壤的水分、营养成分进行分析，以确保所选植物能够适应其生长环境。为了实现目标，通常需要对整个园林区域进行全面的土壤调查，甚至对不同土壤进行样本分析，确保植物在种植后能够得到良好的生长条件。在进行植物配置时，需考虑植物的成熟高度和生长速度，快速生长的植物可能在短期内占据空间，而生长较慢的品种则需要更长时间来达到其理想状态。设计师在测量时，应充分考虑植物的生长周期，将其纳入整体设计，以避免因生长不均而影响园林的视觉效果。

植物配置的测量不仅仅是对植物单体的定位，也需关注植物与周围环境的协调关系，通过合理的配置，能够形成丰富的层次感和多样的景观效果。设计师需充分发挥植物的色彩、形状及纹理等特性，创造出具有动感和活力的园林景观，通过合理的配置，能够将不同植物之间的差异化特性融入整体设计，使得每一处景观都充满生机。

在完成植物种植后，仍需定期对植物进行观察与管理，以确保其健康生长。通过对植物生长状态的持续监测，可以及时调整维护策略，促进植物的良好发育。园林植物配置的测量不仅仅是施工阶段的任务，更是后期管理的重要依据，科学合理的测量为植物的长期健康生长奠定了基础，有助于提升整个园林的生态价值与景观效果。

五、园林施工中的测量监控

园林施工中的测量监控涵盖了对地形、植被、构筑物及其他景观元素的全面监测与检查。现代园林施工项目规模庞大、涉及的专业技术复杂，故需运用先进的测量技术，以确保各项工作的精准执行。全站仪、GPS、无人机测绘等设备的应用，使得施工过程中的测量监控更加高效和准确，全站仪能够实现对施工现场的实时定位与数据采集，通过精确的测量，能够在施工的各个阶段及时掌握现场的变化，从而有效防范因位置偏差引发的设计偏离。无人机测绘技术的引入，极大地提升了测量的便捷性和准确性。无人机能够在短时间内获取大范围区域的三维数据，提供详细的地形图及植被分布信息，这不仅节省了人力物力，还降低了因人工测量可能带来的误差。通过高科技手段，施工团队能够实时掌握施工现场的动态变化，有效调整施工方案，确保项目始终在设计要求的轨道上进行。

在施工进度的跟踪方面，通过定期的测量和记录，可以将实际施工进度与计划进度进行对比，及时发现进度滞后的问题，并进行合理的资源调配和时间调整。动态监控不仅能够保证施工按照既定的时间表进行，而且有助于在进度落后时采取必要的补救措施，避免因延误而导致的经济损失或工程质量下降。施工过程中常会遇到各种不可预见的因素，如气候变化、土壤条件的变化等，这些都可能对园林施工造成影响，通过持续的测量监控，可以及时发现这些潜在的问题，并迅速采取相应的调整措施。当发现某区域的土壤湿度过高，可能会影响植物的生长时，施工团队可以立即调整种植方案，选择更适合的植物种类或调整种植时间，以确保园林的生态效果不受影响。

通过对构筑物及其他景观元素的监测，可以及时发现结构上的问题或隐患，确保施工安全。对于某些大型园林项目，施工过程中需要对重型设备的摆放、土方的开挖等进行精确测量，以避免意外事故的发生。这种安全监控不仅保护了施工人员的生命安全，也确保了工程的顺利进行。与此相关的，施工质量的检验也离不开测量监控。每个施工阶段完成后，进行测量检查能够确认施工是否符合设计要求，及时发现并纠正施工中的偏差。在植物的种植环节，通过测量植物的种植深度、间距等参数，可以确保植物按照设计图纸的要求进行种植，避免因操作失误造成的后期维护难题。

六、园林测量数据的集成与管理

园林测量数据的集成与管理涵盖了对在各个阶段收集到的多种数据进行系统化处理和分析，以便为园林项目的设计、实施和后期维护提供科学依据。园林测量涉及的数据信息繁多，包括地形数据、植物配置数据、构筑物的空间位置以及相关的地理信息，数据的有效整合可以为项目管理提供支持，提升整体施工效率。数据的集成通常依赖于地理信息系统，GIS能够处理不同来源、不同格式的数据，将其整合到一个统一的平台上，不仅使数据的存储更加有序，还提高了数据的查询和分析效率。通过GIS，可以对特定区域内的地形高程、土壤类型、植被分布等信息进行空间分析，帮助设计师更直观地理解地块的特性，从而在植被配置时做出更符合生态要求的决策。

在具体的操作中，GIS 系统能够支持多层次的数据管理，设计人员可以通过可视化界面对数据进行实时查询和分析，这不仅简化了数据处理流程，还使得信息的共享更加高效。在园林施工中，各个团队，无论是设计、施工还是维护部门都可以通过 GIS 平台共享数据，获取到最新的园林信息，从而实现更好地协同工作。数据的透明化和共享化为园林项目的顺利实施提供了有力支持，减少了信息孤岛的现象。

数据集成后，分析和管理阶段同样至关重要。园林项目的复杂性往往体现在多种因素的相互影响上，植被的选择不仅与土壤类型有关，还与光照条件、水源分布等因素密切相关。通过对集成数据的深入分析，可以揭示相互关系，从而优化园林设计方案；可以利用数据模型，预测某一特定植物在特定环境条件下的生长表现，进而为植物的选种和配置提供依据。

园林项目完成后，定期的养护和监测不可或缺，通过对历史数据的分析，维护团队可以准确判断植物的生长状态、土壤的养分水平和水分条件。这些信息对于制定合理的养护方案至关重要。在某个季节中，若发现某一植物生长不良，通过分析其生长数据、环境数据及气候数据，可以迅速查明原因，调整养护措施，确保植物健康生长。

园林测量数据的集成与管理还涉及数据的安全性和可靠性，在大数据时代，如何有效保护收集到的测量数据，避免信息泄露和数据损坏，成为管理者必须考虑的问题。通过建立完善的数据管理制度，制定严格的访问权限和数据备份机制，可以在很大程度上保障数据的安全性，这不仅保护了项目的知识产权，也为园林管理提供了稳定的数据信息基础。

第七节　竣工测量

一、竣工测量的目的与意义

竣工测量，通常被称为完工测量，其核心目的是验证实际施工成果与设计图纸之间的符合程度，这不仅是对整个施工过程的一次全面检验，也为工程的竣工验收提供了必要的精确数据和详尽的图纸。通过竣工测量，可以确保所有施工内容都按照设计要求和规范标准完成，从而对工程质量进行有效的把控，确保其能够安全使用。

竣工测量的意义远不止于简单的检验，还为工程的后续运营和维护奠定了坚实的基础。每一个建筑或基础设施在投入使用后，都需要定期地维护和管理，而这些工作都离不开精准的测量数据，通过对建筑物的具体位置、尺寸、高程以及与周边环境的关系进行细致的量测，能够为日后的维修和改造提供准确的参考数据，确保维护工作的高效性和针对性。

在工程结算和产权登记方面，完成后，工程的结算通常依赖于竣工测量所提供的准确数据，以确保各项费用的合理核算，这不仅涉及施工方与业主之间的财务清算，也关乎工程的合法产权归属。经过竣工测量确认的工程数据和图纸，能够为产权登记提供重要依据，确保工程的合法性和合规性，维护相关方的合法权益。

通过对各个施工环节的量测和分析，可以发现施工过程中存在的问题或不足之处，对于提升后续工程的施工质量具有积极的指导作用。若在竣工测量中发现某些与设计不符的情况，能够及时提出整改意见，促使施工单位在未来项目中加强管理和控制，避免类似问题的再次发生，这不仅提升了施工单位的管理水平，也为整个行业的发展提供了宝贵的经验和教训。

在环境保护和可持续发展日益受到重视的今天，竣工测量同样需要关注工程对周边环境的影响。通过测量与评估，可以分析建筑物对生态环境的影响，确保施工活动符合环保要求，这不仅是对施工单位的约束，也是在保障社会公众利益方面的一种责任。在这方面，竣工测量不仅是对工程本身的检查，更是一种对生态环境的负责任态度。

结合现代技术，高科技设备如激光扫描仪、无人机测绘等的使用，极大提升了测量的精度与效率，先进工具能够在短时间内获取大量数据，提供更为详细和精准的测量结果，进一步推动了竣工测量的科学化与智能化。通过将这些数据整合到管理系统中，不仅能够实现实时监控，还能够为工程管理提供数据支持，提升决策的科学性。

二、竣工测量的准备工作

竣工测量的准备工作为测量活动的顺利开展奠定了坚实的基础，涵盖多个方面的细致安排。通过详细的交底，可以确保所有参与测量的人员明确各自的任务和测量要求，这不仅有助于提高工作效率，还能减少因信息不对称而导致的错误。结合实际案例和测量规范，要增强测量人员的技术素养和工作意识，以确保他们能够在后续的测量工作中准确地执行任务。

确保测量工具的精确性和可靠性，能够有效避免因设备故障或误差造成的测量不准确。在此过程中，需对各类测量设备，包括全站仪、水平仪、GPS设备等，进行全面检查确保其功能正常；进行必要的校准，以保证测量数据的准确性。设备的状态不仅影响测量结果，也直接关系到后续数据分析和应用的有效性，必须确保所有设备在最佳状态下投入使用。

对施工图纸与现场实际情况进行仔细核对，通过将设计图纸与现场实际情况进行比对，可以及时发现并解决潜在的差异与问题，如在某些情况下，由于施工过程中的变更或意外因素，现场的实际状况可能与设计图纸存在不符之处，细致核对有助于在测量之前消除误差源，确保后续测量工作的准确性与有效性。

一个完善的测量计划应包括测量的方法、步骤、时间安排及人员分工等各个方面。通过系统化的规划，可以合理安排资源，确保每个测量环节都能有序进行，明确测量的优先顺序和具体的时间节点，能够有效提高工作效率，避免不必要的时间浪费；人员分工的清晰化，有助于提高团队协作的效果，使各个成员在各自的岗位上发挥最大作用，提升整个测量过程的流畅性。

测量人员在进行现场作业时，必须确保环境的安全保障。通过对现场潜在风险的评估与分析，可以及时采取相应的安全防护措施，如在进行高空测量或复杂地形作业时，需确保相关的安全设施到位，并为测量人员提供必要的安全装备，以防止事故的发生。安全是保障测量工作顺利进行的重要前提，只有在确保安全的环境下，测量工作才能顺利开展，才能确保人员的生命安全与工程的顺利实施。

准备工作还应包括与相关部门的协调与沟通，竣工测量过程中通常需要与施工单位、设计单位及监理单位保持紧密联系，确保各方信息共享和配合顺畅。在测量前，安排一次综合性的协调会议，明确各方在测量过程中的职责与分工，有助于增强各部门之间的合作意识，提升整体工作效率。跨部门的协作不仅有助于信息的传递与沟通，也为后续的测量工作打下良好的基础。

三、竣工测量的实施步骤

竣工测量的实施步骤是整个测量工作有序进行的基础，涉及系统化的操作和技术应用。该过程始于对控制网的复测，以确保测量基准的准确性和可靠性。控制网的复测不仅为后续测量提供了稳定的基准点，也是保证测量数据精度的首要步骤。通过对已有控制点的重新测量，能够确认其位置与高程的准确性，从而为整个测量工作的开展提供一个坚实的基础。

在完成控制网的复测后，接下来是对工程的各个组成部分进行详细的测量，包括建筑物的位置、尺寸和高程，以及与之相关的道路、管线、绿化等附属设施。对于建筑物而言，测量其位置和尺寸能够确保其符合设计要求，避免因施工误差导致的后续问题。附属设施与主建筑密切相关，必须确保测量的全面性，以便后续能够进行有效的验收和使用。

在具体的测量过程中，采用多种测量方法和技术，如使用全站仪能够获得高精度的二维和三维数据；GPS 定位则适合于大范围区域的测量，能够迅速获取地面点的位置和高程信息；水准测量用于确认不同点之间的高差，确保建筑物和附属设施在设计的高度范围内。

随着测量工作的进行，实时记录每一个测量数据能够及时发现潜在问题，避免在后续数据处理中产生错误。如果在测量过程中发现某个建筑物的高度与设计不符，能够立即进行复测，确保最终数据的准确性。数据的实时处理和分析，有助于在测量的每一个阶段对进度进行监控，从而为项目的顺利进行提供必要的支持。

在实施测量步骤的同时，必须确保测量团队的专业素养和协调能力，每个测量人员在测量前需明确其职责，并了解所用技术的操作方法和注意事项。

在测量过程中，团队成员之间的有效沟通与协作是保障测量顺利进行的必要条件，通过定期的进度会议，可以及时分享测量中的发现和问题，促进信息的共享与协调，从而提高整个团队的工作效率。

在测量过程中，外界环境可能会对测量结果产生影响，如天气变化、地形障碍等。团队应提前评估这些潜在的干扰因素，并制定应对措施，确保测量的顺利进行。对于较为复杂的测量场地，团队应适时调整测量方案，以应对不确定性，这能够有效降低测量误差。

在竣工测量的实施过程中，在测量工作结束后，需对所有测量数据进行系统整理，并生成相应的测量报告。这不仅为竣工验收提供了依据，也为后续的维护和管理提供了参考。通过将测量数据进行数字化存储，可以确保信息的长期保存，便于后续的查询和使用。

四、竣工测量的数据记录

竣工测量的数据记录不仅涉及对测量数据的细致记录，包括各个测量点的坐标、距离、角度和高程等，还需包括与测量相关的条件、时间、参与人员等辅助信息，全面的记录能够提供完整的测量档案，为后续的数据分析和项目评估提供可靠依据。

在数据记录的过程中，采用统一的格式和标准不仅有助于提高数据的管理效率，也为后期的查询和应用提供便利，在记录测量数据时，可以设定固定的字段，如点编号、坐标（X、Y、Z）、测量时间和天气条件等，确保每一条数据都能清晰、规范地展示。统一的格式能够帮助团队成员在进行数据交流和共享时，减少误解和错误，提高整体工作效率。随着信息技术的发展，电子化的数据记录方式逐渐成为主流，使用专业的测量软件或 GIS 系统进行数据录入，不仅可以提高记录的效率，还能够确保数据的准确性。电子记录方式允许实时数据输入，减少了人工记录中可能出现的错误，同时也方便了后续的数据处理和分析。许多现代测量工具都具有数据传输功能，可以将测量结果直接传输到计算机或移动设备上，实现数据的即时处理和存储，测量人员可以在现场快速生成测量报告，为后续的审核和验收提供及时的信息支持。若记录的数据存在偏差或遗漏，会直接影响后续的工程验收和产权登记。在数据记录过程中，应设立有效的审核机制，以确保数据的真实性和可靠性，记录完成后，可以由不同的团队成员进行交叉核对，以确保每一条数据都经过仔细审查，定期进行数据备份与存档，确保重要信息不被丢失，这也应成为数据记录的常规操作之一。

在实际的测量工作中，不同的测量环境可能会对数据的准确性产生影响，如天气变化、光照条件等，对于测量过程中所面临的各种环境因素，记录下来的数据能够为后续分析提供背景信息，帮助评估数据的可靠性。若在强风或雨天进行测量，则需在记录中注明，以便后续的分析中能够考虑到外部因素的影响。全面记录的方式能够有效提升数据的实用性，使得工程后续的维护和管理工作更加科学和合理。数据记录的过程还应考虑到数据安全性的问题。由于测量数据往往涉及工程的核心信息，保护数据的安全性和隐私是十分必要的。在数据录入和存储的过程中，采取加密和访问控制等措施，能够有效防止数据被未授权人员访问或篡改，这不仅保障了测量数据的安全性，也为项目参与方的合法权益提供了保护。竣工测量的数据记录不仅是为当前项目服务，也为未来的类似工程积累了宝贵的经验和数据，通过对历史测量数据的整理与分析，可以总结出更有效的测量方法与策略，提升团队的专业水平。这种积累不仅有助于提高后续项目的效率，还能在行业内部形成良好的数据共享和交流氛围，推动整体工程管理水平的提升。

五、竣工测量的成果审核

竣工测量的成果审核旨在对测量成果进行全面的质量检查和评估，该过程不仅涵盖对测量数据的准确性、完整性和一致性等多个方面的检查，还需确保测量成果能够满足工程设计要求和行业标准。通过系统的审核流程，能够有效识别潜在问题，确保测量结果的可靠性，为后续的工程竣工验收提供坚实的依据。在审核过程中，数据的准确性关系到每一个测量点的真实反映，直接影响工程的质量与安全，审核人员通常会对测量结果进行比对，结合控制网的复测数据，确保所有测量点的位置、高程等信息符合设计要求，采用误差分析方法，通过对测量数据的统计分析，能够识别出潜在的误差来源，评估其对最终结果的影响程度。在这一过程中，细致的误差分析不仅可以确定测量的可信度，也可以为后续改进提供切实依据。

审核人员需检查记录的数据是否完整，包括所有必要的测量点及相关信息。任何数据的遗漏都可能导致工程在验收时出现问题，确保数据的完整性至关重要。审核过程中，可以利用检查清单的方式，逐项核对测量数据，确保每一项信息都被充分记录，还需关注记录中附加的信息，如测量条件、参与人员、测量时间等，对评估数据的有效性和准确性具有重要意义。

在一致性方面，审核人员需确认测量成果在不同阶段和不同方法下是否保持一致，通过对不同测量结果的比对分析，可以识别出潜在的矛盾和不一致之处。若在不同时间、不同天气条件下进行的测量结果存在较大差异，则需对其进行深入分析，找出原因并加以纠正，这不仅提高了测量数据的可靠性，也为后续的工程应用提供了重要保障。

成果审核通常由专业的测量人员或第三方机构进行，有助于确保审核的客观性和权威性，第三方机构往往具备丰富的经验和专业的技术背景，能够提供更为全面和深入的分析，引入第三方审核还能够增强项目参与方对测量成果的信任，提升工程质量管理的透明度。在实施审核时，采用多种方法和工具相结合的方式，如现场复核、比对分析等，可以更全面地评估测量成果的质量。

在实际操作中，审核人员可以选择对一些关键测量点进行现场复测，以验证测量数据的真实可靠性，通过实地对照，可以及时发现数据记录中的不一致之处，从而进行必要的纠正。现场复核还为审核人员提供了一个直观的视角，帮助其更好地理解和评估测量成果。在完成审核后，需对测量成果进行详细的记录，形成正式的审核报告，该报告应包含审核的过程、发现的问题、采取的纠正措施以及最终的审核结论，这不仅为后续的竣工验收提供依据，也为项目管理提供了重要的参考资料。审核报告的形成也是一个良好的信息传递过程，能够使所有相关方及时了解测量成果的质量情况，为后续工作提供指导。

在现代工程管理中，科技的应用不断推进测量成果审核的效率与准确性，利用先进的测量软件和数据分析工具，审核人员可以快速处理和分析大量数据，从而提升审核的效率，数字化的审核记录也有助于后续的数据管理与查询，确保信息的长期保存和可追溯性。

六、竣工测量的后续应用

竣工测量的后续应用主要体现在多个阶段，包括工程验收、运营维护及改造扩建等方面。竣工测量成果为工程验收提供了必要的数据支持，使验收人员能够依据实际测量结果对工程质量进行验证，从而确保工程符合设计和行业规范的要求。测量数据不仅提供了每个构件的具体位置、高度、尺寸等信息，还能够揭示出施工过程中可能存在的偏差和问题。通过与设计图纸的对比，验收人员能够清晰地识别出任何不符之处，从而为工程的合格与否提供明确依据。

在运营维护阶段，竣工测量成果则为设施的管理和维护工作提供了基础数据，准确的测量结果使得维护团队能够有效监测设施的运行状况，包括设备的定位、设施的高程变化、地基沉降等。通过对基础数据的定期分析，可以及时发现潜在的安全隐患，制定相应的维护计划，这不仅提升了维护工作的科学性，也确保了设施在使用过程中的安全与稳定，降低了突发事故的风险。

在许多情况下，随着使用需求的变化，工程可能需要进行改造或扩建，竣工测量所提供的精确数据，可以帮助设计和施工人员全面掌握现有设施的条件，从而制定合理的改造方案。在进行扩建设计时，测量结果能够为新结构的布局和设计提供依据，确保其与现有设施无缝连接，避免因不匹配导致的施工问题。借助准确的测量数据，改造过程中所需的材料量和工时也能够得到更为科学的估算，从而提高施工的经济性与效率。

在城市基础设施管理中，对于道路、桥梁、水管等公共设施，准确的测量数据能够为日常维护与管理提供支撑。在道路养护中，通过对道路平整度和沉降情况的监测，可以及时发现并修复隐患，确保交通安全。而在城市的供水和排水系统中，竣工测量成果能够帮助管理者清晰定位各类管线，便于后续的检修与改造。

随着科技的进步，竣工测量成果的应用也在不断拓展，现代测量技术如GIS、BIM 等的广泛应用，使得测量成果不仅可以用于工程的传统维护，还能够通过数据可视化技术，为管理决策提供支持。将测量数据与 GIS 结合，能够实现对城市基础设施的动态管理与监控，为城市的可持续发展提供有力支持。在环保和可持续发展日益受到重视的背景下，竣工测量的后续应用也有助于提升工程的生态友好性，通过对已有工程数据的分析，可以评估其在使用过程中的能耗和资源利用情况，为后续的绿色改造提供依据。数据驱动的管理方式，不仅能够降低维护成本，还能推动资源的合理利用，符合当前社会对可持续发展的要求。

第四章　测绘工程项目的合同管理

第一节　测绘工程项目招标投标与合同管理

一、招标投标的流程与规范

在招标准备阶段，项目的技术要求和标准化的施工流程是核心部分，任何细节的模糊或不明确都可能会导致后期实施中的问题，因此招标文件的编制不仅需要严格遵循法律法规，还应充分考虑项目的实际需求和市场行情。在编制过程中，通常需要参考类似项目的经验数据，以确保项目预算的合理性和工期安排的可行性。对于工程量的估算，尤其是测绘类项目，因其地形、气候等不可控因素较多，过于粗略的估算容易导致后期成本的上升和工程进度的滞后，因此，合理预留风险应对机制也是招标文件中的一个关键组成部分。发布招标公告的过程中，在保证信息公开透明的同时也应充分考虑市场的多样性和投标方的多元背景，不同的企业在测绘领域有着各自的技术优势与专业特点，公告中所列的资格条件应既能筛选出符合项目需求的企业，又不能过于严苛，以至于限制了潜在的优秀投标方的参与。

在资格预审阶段，对投标方资质的审查不仅局限于常规的业绩、资质证书等表面信息，还需要深入了解投标方的项目管理能力、技术团队的构成与经验，甚至必要时还应实地考察以确保投标方的真实实力，尤其对于那些在测绘领域有特殊技术要求的项目，投标方是否具备相应的先进设备和技术能力将直接关系到后期工程的质量与效率。在投标文件的提交过程中，投标方的报价是评标的依据，但绝非唯一因素。低报价虽然具有吸引力，但若与项目需求和行业平均水平差距过大，招标方应提高警惕，防止因过低报价导致后续施工中的偷工减料或合同变更。与此同时，投标方提供的施工方案、质量控制措施等文件更应得到充分重视。一个详尽且可操作性强的施工方案不仅能体现投标方对项目的理解和重视程度，还能为后续的合同执行提供坚实的基础。

在开标环节，公证人员的监督是确保过程公开、公正的重要保障，而开标结果也应及时向所有投标方公示，以增强整个流程的透明度。评标阶段，评标小组通常会根据预先设定的评分标准，从技术能力、报价合理性、施工周期等多个维度对投标方进行全面的综合评价。对于测绘项目而言，技术方案的可行性往往比价格更为重要，尤其是在复杂地形或特殊测绘条件下，投标方的技术能力将直接决定项目的最终成果。在此过程中，只有具备丰富经验和专业知识的评标人员才能准确识别各个投标方案的优劣，确保中标方的选择符合项目的实际需求。

当确定中标方后，中标通知书的发放则标志着招标投标流程进入实质性的合作阶段，中标方需严格按照通知书中的各项要求，特别是合同签订的时间限制，及时与招标方完成合同的最终确认。在合同签订环节，双方需对合同条款进行仔细审阅和充分协商，确保双方权责的明晰划分，并针对可能出现的项目变更、延误等问题事先制定好相应的解决机制。测绘项目的合同中通常会加入针对测量精度、数据交付标准等的具体条款，这不仅关系到后期工程的质量评估，还会直接影响项目的验收和结算。在整个合同执行过程中，招标方还应保持与中标方的密切沟通，及时了解项目进展，并根据实际情况对项目实施过程中的突发问题做出合理调整，以确保项目的顺利完成。

二、合同文件的编制与审核

在项目实施过程中，合同文件不仅是规范合同双方权利义务的法律基础，更是项目管理、风险控制的核心工具。合同文件编制过程中需要综合考虑项目的技术要求、法律合规性、财务合理性和商业条件的平衡，确保项目各环节都能在既定规则下有序进行。合同目的和范围的明确至关紧要，这涉及项目的具体实施内容、预期成果、时间安排、质量标准及验收方式等信息的细致描述，在合同文本中这些内容不仅要具备全面性，还需具备操作的可行性，以避免在后期执行时产生解释上的分歧或履约困难。在明确项目内容的基础上，工程量的估算和工期的安排也应有据可依，考虑到测绘等技术性较强的工程项目的复杂性，需根据地形、气候等外部不确定因素对合同内容进行调整和预留合理的应对措施。在价格条款的设计中，工程总价、分项工程的定价、材料费、人工费等构成部分应清楚列明，避免因报价的模糊导致后续的争议。支付条件的安排则通常会与项目进度相挂钩，设计合理的支付节点有助于保持资金流动的顺畅，同时也能够有效约束承包方按时保质完成项目的各阶段工作。支付条款中往往还会设置保留金，在项目完工后的一定期限内，如无质量问题或索赔事项，保留金才予以释放。工期条款除了明确整体项目的完工时间外，还应列出关键节点的进度安排。对于测绘类项目，地形测绘、数据处理、成果提交等各阶段的工期安排都应清晰明确，避免因工期压缩导致质量下降。工期延误条款也需要合理设定，明确由于不可抗力或双方同意的特殊情况导致的工期顺延机制。对于施工中未能按期完成的情况，违约责任条款中应设置具体的处罚措施，确保履约方具备足够的履行压力。质量标准方面，合同文件应根据项目的特点，对具体的测量精度、成果交付形式及验收标准进行详细规定，并在合同附件中列明相关技术规范和标准文件。

合同文本的撰写不仅是将这些条款具体化的过程，也是对合同的整体结构进行合理布局的环节。合同正文部分通常按法律和商业惯例进行编排，涵盖合同主体、项目描述、权利义务、争议解决等多方面内容。对于争议解决机制，常见的做法包括在合同中引入调解、仲裁条款，明确在发生争议时的处理流程及双方选择的管辖机构，以减少项目执行中因争议产生的延误或损失。规定在项目实施过程中如发生技术方案、施工条件、工期等方面的变更，双方应通过协商达成一致并签订补充协议，以合法有效的方式应对不可预见的变化。

合同文件的审核人员不仅需要具备法律专业知识，还需对项目管理、工程技术等有深刻理解。审核人员在审查合同时，不仅会关注条款的合法性，还会详细核查合同内容是否与项目需求及实际操作相符。特别是在风险管控方面，审核人员通常会对违约条款、索赔条款、不可抗力条款等进行严格审查，以确保合同对可能出现的风险有足够的应对措施。审核还包括对合同附件的核对，如技术规范、图纸、报价单等，这是合同的有机组成部分，需与合同正文保持一致性，附件不完整或不准确可能导致合同履行过程中产生争议或偏差，因此在审核时需进行全面核对。

在合同编制与审核的过程中，合同文件的可执行性和灵活性是相互关联的两个方面。可执行性要求合同条款具备操作性，即在实际项目实施中，各方均能按照合同约定完成各项义务；而灵活性则意味着在面对变化时，合同能够提供适当的应对方式，如通过变更管理条款来处理技术要求、工期调整等变更问题，通过争议解决机制应对合同履行过程中产生的纠纷。灵活性并不意味着合同可以随意变更，而是指在合法合规的框架内，合同具备适应实际情况变化的能力。

三、合同条款的法律效力

合同条款的法律效力不仅是合同双方关系的核心保障，更是确保合同履行过程中各方权益得以落实的重要基础，法律效力的确立源于合同条款与现行法律法规的契合度。合同内容必须在合法框架内进行设置，任何违反法律的条款都将失去效力，通过法律赋予合同约束力，合同条款一旦生效，便对签约双方产生强制性约束，不论是工程的进度、质量，还是合同内约定的其他责任与义务，都需严格遵照条款执行，否则违约方将承担相应的法律责任与赔偿义务。

在合同的执行过程中，争议的产生往往是难以避免的，而合同条款的法律效力在此时起到了调节和化解纠纷的作用，合同中所设立的争议解决条款应当为双方提供完整的争议解决流程，避免纠纷升级为长期的法律诉讼。常见的争议解决方式包括协商、调解、仲裁及诉讼等形式。该条款的存在，使得合同双方在遇到问题时，可以通过既定的法律途径进行处理，保障项目的继续推进，减少因争议带来的进度拖延或经济损失。在很多国际工程或大型项目中，双方通常会选择中立的第三方仲裁机构来解决纠纷，这既能减少诉讼费用，也能在较短时间内达成有效裁定，从而维护合同的稳定性和可执行性。任何一份合同条款的设定，都需要充分考虑双方的利益平衡，若条款明显偏向某一方，且损害另一方的合法权益，那么即便合同条款已经签订，法律也认定该部分条款无效。在此情况下，合同履行中产生的争议无法通过合同条款本身解决，甚至引发合同无效的裁定。

在合同的设计阶段，公正性与合理性是保证合同条款有效性的重要考量。在涉及项目工程类的合同中，工期、质量、价格等核心条款的设定不仅关乎双方的经济利益，更影响到后续工程的质量及进度，而条款的有效性应当建立在合理的商业惯例和技术标准之上，避免通过不公平的条款损害任何一方的合法权益。

合同条款的法律效力在某些特殊情况下会对合同双方之外的第三方产生影响，合同中涉及的知识产权条款、保密条款、环境责任条款等，会直接或间接触及合同双方之外的其他利益主体，合同的法律效力延展至第三方，因此需确保条款的设定不侵犯第三方的合法权益，否则该条款可能面临第三方的法律挑战。以知识产权为例，若合同中涉及对第三方技术的授权或使用，合同的条款中必须明确授权范围、使用期限及相关的法律责任。若合同对第三方权利的认定不清晰，或者未经第三方授权使用了其专利技术等，合同条款的有效性将受到质疑，甚至面临合同无效或承担侵权责任的风险。

不可抗力条款是确保合同灵活性和法律效力相平衡的一个典型机制，在项目执行过程中，对因不可预见的自然灾害、政治风险、战争等客观因素导致合同无法如期履行的情况，法律通常赋予合同双方合理的免责权利，这既保障了合同双方在面对突发事件时不至于完全失去履约能力，又确保合同的整体法律框架得以维持，使项目能够在风险解除后继续执行。不可抗力条款应当根据具体项目的特殊性进行定制，如在国际项目中，需考虑国际的政治局势、进口设备的供货问题等因素，确保条款内容的具体性与适用性。

合同条款的法律效力还体现在项目执行过程中对履约责任的保障上，一旦某一方未能按照合同约定履行义务，法律效力赋予了合同另一方追索损失的权利。违约责任条款通常会明确规定违约赔偿的计算方式、索赔程序以及违约方应承担的法律后果。通过此机制，合同的履约行为得到有效的法律保护，合同双方在签订合同时也会更加审慎、周密地考虑合同中的各项条款，确保项目能够顺利推进。对于测绘、工程类项目而言，违约涉及重大经济损失，因此违约条款的合理设定能够有效保障项目的顺利完成，减少因违约问题导致的风险。

四、合同谈判的策略与技巧

合同谈判涉及复杂的工程、技术项目时，谈判的结果不仅决定了双方合作的基本框架，也直接影响项目的成本控制、进度安排以及最终的成果质量。谈判的成功与否，往往取决于谈判策略的制定与技巧的应用，在实际谈判中，无论是甲方还是乙方，都需对项目整体预算、资源配置、时间要求、质量标准等进行深入的分析与评估，进而设定合理的谈判范围，并据此提出具体的条款建议。谈判的一方若能准确掌握项目需求和自身优势，便能在协商过程中拥有较大的主动权，并在不触及对方底线的前提下争取最大利益。

在制定具体的谈判策略时，谈判方需要全面考虑项目的复杂性和双方的利益诉求。对于大型测绘工程类项目，谈判策略不仅仅局限于价格和工期的争议，还需兼顾技术要求、数据交付方式、验收标准以及不可抗力因素等多方面的细节，这要求谈判方具有充分的准备，对项目的技术细节、潜在风险和行业惯例了然于胸。

谈判往往是一个不断博弈的动态过程，双方的需求、态度和立场可能随时发生变化，谈判者必须具备适应性，能够根据对方的反应灵活调整自己的立场和策略，以确保谈判顺利进行。良好的沟通不仅能传达自己的立场，还能消除对方的顾虑和误解。在谈判桌上，清晰而精准的表达尤为重要，模糊的语言或不确定的表述不仅会削弱己方的立场，还会为未来的合同执行埋下隐患。谈判时应避免使用含糊的措辞，确保每一项条款的意图明确，表述无歧义。沟通不仅仅是表达，还包含有效的倾听，通过倾听对方的陈述，谈判者可以更好地理解对方的需求和底线，并据此调整谈判策略。倾听的过程不仅是信息收集的机会，也是增进彼此信任的途径，当对方感受到其需求得到重视时，谈判的对抗性往往会减弱，合作意愿则可能随之增强。

语言技巧直接影响谈判者的影响力和说服力，简洁明了的语言表达不仅可以让对方准确理解己方立场，还能提高谈判的效率。谈判者在语言表述上应当尽量避免使用过于强硬或带有情绪化的言辞，这可能会激化矛盾，使得原本可以通过妥协解决的问题变得复杂化。在合适的场合使用强势的语气展现出对己方立场的坚定态度，同时也应保持足够的灵活性，为可能的协商留出空间。

行为技巧体现在外在表现和沟通方式上，谈判者的言行举止应保持得体和专业，显示出对谈判的重视和尊重，自信但不失礼貌的态度有助于增强对方的信任感，同时也能展现出己方的专业性。肢体语言也是谈判中的潜在工具，良好的姿态、眼神交流和适时的微笑都能够减轻谈判桌上的紧张氛围，增强彼此的沟通效果。

心理技巧则是合同谈判中的深层次策略，可以通过洞察对方心理，预判对方的反应，进而制定应对措施。在谈判过程中，心理战术的运用常常决定了局面的走向。理解对方的动机、需求以及担忧，能够使谈判者在交涉中占据主动。通过观察对方在谈判中表现出的焦虑或迟疑，谈判者可以判断对方的真实需求，从而在合适的时机提出调整建议，促成对己方有利的协议。通过掌握对方的情绪波动，谈判者也能避免在不利情况下过早让步，以保持谈判中的优势地位。合同条款的合法性与可执行性在合同谈判中必须引起足够的重视，即使谈判结果达成一致，如果条款本身存在法律瑕疵或缺乏执行性，合同的实际履行仍会面临诸多障碍。确保合同条款合法有效是谈判双方的责任，在谈判过程中，双方不仅要关注条款内容是否符合法律规定，还应考虑条款在实际操作中的可行性。

五、合同签订的程序与要点

合同签订作为项目合同管理的最终步骤，不仅是招标投标过程的法律确认，也是确保项目顺利实施的核心环节。签订程序的规范与条款内容的准确性直接关系到合同的可执行性与各方利益的保障，通常情况下，合同的签订流程可划分为多个阶段，包括合同草案的准备、条款的协商讨论、合同文本的签署以及合同的备案和公证等法律手续，每个步骤都要严格遵循法律规定，以确保合同具有法律效力并在履约过程中得以有效执行。

合同草案的准备决定了双方合作的基础，草案的内容必须全面涵盖双方此前达成的共识，包括但不限于工程范围、报价结构、工期安排、验收标准、付款条件、违约责任等核心条款。合同草案的编制需要精确无误，任何模糊或遗漏的部分都会为合同履行带来后续争议或执行困难，尤其在技术复杂的工程项目中，技术规范、施工标准等文件应作为附件进行详尽描述，以确保各方对合同执行标准的一致认知，在编制草案时，任何会影响合同执行的潜在问题都应通过合同条款加以预防。双方需要对草案中的各项条款进行详细的审核与商讨，力求达成共识，条款的合法性、合理性与可执行性是双方关注的重点。法律合规性确保合同不会因违反相关法律而被宣告无效，合理性则保证条款在实际操作中不会对某一方造成不公平的负担，而可执行性则关系到合同条款在项目实施中的实际操作性与履行效力，如在测绘工程类合同中，双方需对数据精度要求、成果提交方式等具体条款进行充分讨论，确保这些要求不仅符合行业标准，还能在实际工作中顺利完成。合同中涉及的付款条款、变更管理条款等也需经过审慎协商，以确保在后续履约过程中能够灵活应对项目实施中的各种变化。在讨论阶段，双方律师或法律顾问的专业意见不仅可以确保合同条款的合法性，还能对潜在的风险进行预警和防范。

在完成条款的讨论并达成一致后，双方需要对合同文本进行签字或盖章以表示认可。正式签署合同标志着合同自此生效，合同双方均需承担相应的法律责任与义务。在签署过程中，合同文本的形式与内容必须符合法律要求，任何细微的形式错误，如签署位置、印章使用不当或日期错误，都可能影响合同的法律效力。在涉及跨境或不同法律体系的合同中，还需特别关注各地法律对合同形式的要求。

合同文本通常需经过备案或公证程序，以进一步确认合同的法律效力，尤其是在大规模或政府项目中，合同的备案不仅是一种法律程序，更是一种法律保障措施，确保合同在未来履行中能够得到有效监督与执行。

尽管合同签署后已生效，但在实际履行过程中，项目情况可能发生变化，导致合同条款需做出适当调整。变更程序通常包括变更原因的书面通知、双方的协商与确认、变更协议的签署等一系列步骤，这不仅保障了合同变更的合法性，还确保变更后的条款同样具备法律效力。在此过程中，双方需严格遵守合同中规定的变更程序，任何未按程序进行的变更都可能导致法律风险，未经对方书面同意而单方面变更合同内容，将导致变更条款无效，甚至引发合同争议或诉讼。与此同时，合同的解除条款也应引起足够的重视。在合同无法履行或双方出现不可调和的分歧时，解除合同是合法终止双方合作关系的方式。合同解除需符合合同约定的条件，并按程序操作，以确保合同解除的合法性与双方权益的保障。

六、合同管理的信息化工具

随着信息技术在各行业中的广泛应用，用于合同管理的信息化工具不仅显著提升了合同处理的效率，还为合同的全生命周期管理提供了精准、智能的支持，从合同的起草、审批到执行、变更和归档，各个环节都可以通过信息化工具实现自动化和流程化管理，避免传统纸质合同管理中的烦琐和低效。通过集成信息化工具，项目管理者能够实时跟踪合同的进展、预测潜在的风险并及时采取应对措施，从而有效减少合同执行过程中因信息滞后或误解造成的纠纷，特别是在大型复杂项目中，合同数量众多、条款复杂，信息化工具能够通过强大的数据处理和分析能力，将合同管理从以往的静态文档管理转变为动态、实时的管理方式，显著提升管理效率。

常见的合同管理信息化工具包括合同管理系统、电子文档管理系统以及综合项目管理软件。合同管理系统专注于对合同生命周期的全程跟踪和管理，具备合同起草、版本控制、审批流程、签署记录等功能，该系统通过自动化的审批流程减少人为干预，确保合同条款在各个环节都经过严格的审查与核准。合同管理系统通常具有变更跟踪功能，一旦合同在履行过程中发生变更，该系统能够自动生成变更记录，并根据预设规则进行审批与更新，确保所有变更信息都得到有效管理和控制。

电子文档管理系统则侧重于合同文档的安全存储与快速检索，通过电子化存档，项目团队可以方便地在任意时间、地点访问合同文档，而不必担心纸质合同遗失或损毁的问题。为了保障数据的安全性，电子文档管理系统通常配备访问权限控制和加密存储功能，确保只有经过授权的人员能够访问或修改合同文件。电子文档管理系统还具备强大的版本控制功能，能够记录合同的每一次修改和更新，确保历史版本随时可供查询，有助于解决因版本混淆或误操作引发的纠纷。

综合项目管理软件则提供了更加全面的合同管理集成功能。在现代项目管理中，合同管理往往与其他项目管理活动紧密相关，特别是在工程、采购和供应链管理领域，合同的执行情况直接影响到项目的进度、质量与成本控制。通过将合同管理模块与项目进度管理、成本控制、资源分配等模块集成，综合项目管理软件能够实现合同与项目的无缝衔接，项目团队可以通过软件实时跟踪合同执行的每一个阶段，并根据项目进展动态调整合同内容或条款。合同管理模块与项目计划、预算控制模块的数据共享还能够帮助管理者及时发现项目中的潜在风险，如合同超支、工期延误等，提前采取应对措施，避免重大损失。

企业或项目团队在选择实际应用合同管理信息化工具时，不仅要考虑其基本功能，还需评估其与现有管理系统的兼容性以及操作的简便性。对于大型跨国公司或具有多个并行项目的企业来说，合同管理工具应具备多语言支持、多项目并行处理及跨地域协作的能力，过于复杂的系统可能会导致用户的学习成本和操作时间增加，反而削弱了信息化带来的效率提升。在部署信息化工具之前，应进行充分的需求分析与评估，确保所选工具能够与企业的管理流程、技术架构及发展战略相适应。不同项目的合同管理需求差异较大，信息化工具的配置应充分考虑项目规模、合同复杂程度、合同类型以及涉及的法律和监管环境。对于工程类项目，使用合同管理工具时应特别关注技术规范、工期计划和付款条件等内容的精准跟踪。而对于法律服务类项目，使用合同管理工具时则应更加注重对合同条款的合法合规性及潜在法律风险的评估。通过合理的工具配置，项目管理者可以在最短的时间内获取最相关的合同信息，从而加速决策流程、提高合同履行的效率。

第二节　FIDIC 合同条件

一、FIDIC 合同的基本原则

FIDIC（Fédération Internationale Des Ingénieurs Conseils，国际咨询工程师联合会）合同条件作为全球范围内工程合同管理的重要参考，其基本原则贯穿了合同的制定与执行全过程。该合同体系以公平性、合理性、透明性和灵活性为核心理念，旨在确保工程项目在多方利益平衡的前提下顺利进行。通过原则的贯穿，FIDIC 合同框架能够有效约束合同双方的行为，规范项目运作，减少因合同不完善或执行不当引发的纠纷。

公平性要求合同条款设计时应充分考虑到各方的权利和义务，避免一方在合同中占据不合理的优势，这意味着无论是业主、承包商还是分包商，所有相关方的利益都应得到充分保障。在合同的履行过程中，公平性还体现在合同管理和执行的过程中，任何一方都不能通过合同漏洞或不合理的条款设置来损害对方的合法权益，不仅限于经济利益的分配，还涵盖了工程质量、工期、安全等多方面的内容，确保各方能够在相互尊重和合作的基础上完成工程项目。公平性还确保合同中的风险分担机制合理、科学，无论是施工过程中的不可预见事件，还是合同履行中的违约行为，双方都应按照公平原则进行处理，从而减少因合同履行不当造成的经济和法律风险。合理性原则则是对合同条款设计和执行的进一步约束，任何合同条款的设置都应符合工程项目的实际需求，既不能给业主带来过高的成本负担，也不能对承包商提出无法完成的技术或工期要求。合理性确保合同能够在预定的条件下顺利履行，不会因为条款设计的不合理而增加项目实施的复杂性或难度。在此原则下，合同各方能够通过合理的规划和安排，确保能够最大限度地降低合同条款的不确定性，避免不必要的纠纷。合理性还体现在价格条款、支付方式、质量标准等具体合同内容的设计上。

透明性的核心在于确保合同各方对合同条款的理解是清晰和一致的。透明性要求合同条款必须明确、准确，避免使用含糊不清的语言或容易引发歧义的表述，通过条款设计，所有合同参与方能够在项目实施的每个阶段明确自己的责任、义务和权利，从而减少因理解偏差引发的争议。透明性还体现在合同的执行过程中，例如在变更管理、工程量签证、索赔处理等环节，合同各方能够及时获得相关信息，确保各方对合同执行进展的把握是一致的。特别是在国际工程项目中，不同法律、文化背景的合同参与方常常会因为语言或文化差异导致对合同条款理解上的分歧，而 FIDIC 合同的透明性原则则通过严格的条款设计和语言规范，确保这种分歧能够降到最低。

灵活性要求合同条款能够根据项目实施过程中出现的实际情况进行适当的调整，而不是僵化地执行。在长期、大型工程项目中，不可预见的变化是常见现象，为了适应项目进展中的变化，FIDIC 合同允许双方根据实际情况进行合同变更和索赔处理。通过变更管理条款和索赔机制，合同各方能够根据项目的进展对合同内容进行适当调整，以应对如工程量变化、施工条件调整或市场因素波动等情况。合同的灵活性还体现在工期延长、不可抗力事件处理以及工程款项调整等方面，这使得合同管理更加符合现实需求，而不是一成不变。

二、FIDIC 合同的条款解读

FIDIC 合同条款不仅涵盖了工程的具体实施要求，还对合同双方的权利与义务做了详细而明确的规定。在 FIDIC 合同中，最基本且至关重要的条款包括工程范围、工期、质量标准、价格和支付条件、变更和索赔、违约责任及争议解决等条款，这些条款共同构成了合同的核心内容。

工程范围条款通常是对承包商具体任务和职责的明确定义，既包含施工内容，也涉及施工所需的材料、设备及人力资源配置等。通过对条款的解读，合同双方能够清晰地了解工作边界，避免出现责任不清或工作范围模糊的情况。工程范围条款不仅规定了承包商的义务，也常常涵盖业主应提供的支持和资源，以保证工程的顺利实施。

工期条款则明确了工程的起止时间，并规定了承包商需要在规定的期限内完成项目。通过明确的时间安排，工期条款还可防止施工过程中的拖延或无端的延误，从而提高项目效率。如果在实际操作中发生了影响工期的不可控因素，如不可抗力事件，工期条款中通常还规定了相应的工期延展机制，确保工程能够有序推进而不至于受到外部因素的过大影响。

质量标准条款对工程成果的质量要求进行了严格界定，通常以行业标准、设计规范或合同中约定的技术规格为依据。承包商在工程实施中需严格遵守质量标准，以确保项目竣工时达到合同要求的验收条件，通过对质量验收的详细规定，进一步明确了承包商所需履行的责任，如果质量未达标，业主可以依据该条款进行拒收或要求整改，以保障项目的最终质量水平符合预期。

价格条款和支付条件条款则是对工程费用及资金流动的具体规定，价格条款明确了合同的总价及分项工程的价格组成，包括材料费、人工费、设备租赁等各项费用的明细，使得合同双方在资金方面的预期一致；支付条件条款则通过规定支付的进度、时间节点、付款方式等内容，确保工程款项的支付符合项目进度，并避免因资金链断裂影响工程的正常运转。合同中通常设定阶段性支付与完工付款相结合的方式，使业主能够根据施工进度支付款项，既保证了资金的合理调配，也有效降低了业主的支付风险。

变更和索赔条款专门为工程实施过程中出现的各种变动提供了法律依据与程序指引，在实际项目执行中，工程范围、设计或施工条件的变化是不可避免的。变更条款为此类情况提供了解决方案，明确了在合同履行过程中，如何依法依规对工程内容、费用、工期等进行调整；索赔条款则为承包商或业主提供了当工程受到不利影响或因对方违约导致额外成本时，如何提出索赔的规范程序。这些条款既维护了合同各方的合法权益，又为不可预见的工程变动提供了法律保障，增强了合同的灵活性和可操作性。

违约责任条款是对合同各方在违背合同约定时所需承担的法律责任与赔偿义务的具体规定，该条款通常明确指出违约的种类及严重程度，如工程延期、质量不达标、支付延误等，并规定了相应的罚款或补偿措施。通过这些条款，合同双方能够清楚认识到违约行为的后果，进一步约束自身行为，确保合同的顺利履行和项目的正常推进。争议解决条款规定了当合同双方在项目执行过程中发生争议时的处理方式。

争议解决方式通常包括协商、调解、仲裁及诉讼等多种途径。在多数国际工程合同中，仲裁作为一种较为灵活且具备跨国法律效力的争议解决方式，受到了广泛采用。争议解决条款为合同双方提供了清晰的争议处理流程，确保在发生争议时合同双方能够依照合法程序解决纠纷，避免因争议拖延工程进度或产生更多损失。

三、FIDIC 合同的风险分配

在 FIDIC 合同体系中，风险分配决定了项目实施过程中各种潜在风险如何在业主和承包商之间进行分配。合理的风险分配不仅能够提高合同的公平性，还能有效降低双方因风险承担不对等而产生的额外损失。FIDIC 合同通过对不同类型的风险进行系统化划分，确保风险的承担方具备应对该风险的能力与资源，同时避免一方因承担过多不应当的风险而使项目陷入困境。

业主承担的风险大多与项目外部因素相关，属于业主能够更好控制或影响的风险，其中包括政治风险、法律风险和市场波动带来的风险。政治风险涉及因政策变化、政府行为或不稳定的政治环境可能对项目造成的影响，诸如政府征地行为、环境保护政策变化或外汇管制等，超出了承包商的可控范围，因此由业主承担较为合理。法律风险则涉及当地法律法规的变化或法律合规性问题，业主作为对当地法律环境相对更熟悉的一方，通常会被要求在合同中承担法律变动的相关责任。市场风险则反映在原材料价格波动、通货膨胀等对项目成本产生影响的因素上，这些市场风险难以由承包商预见或控制，因此合同通常规定由业主承担，确保承包商能够专注于工程施工本身，而不会因外部市场变动影响其履约能力。

相对而言，承包商承担的风险主要集中在工程实施过程中直接与其业务能力和管理技能相关的领域。施工风险是承包商面对的首要风险，涵盖施工过程中的意外事故、施工计划延误或因施工条件复杂造成的难度增加等问题，这一风险直接与承包商的技术能力、施工管理水平以及对现场的应对能力相关，因此将施工风险归于承包商责任是符合实际的安排。技术风险指的是与工程设计、设备选择及施工技术的适用性有关的潜在问题。承包商作为项目的技术实施方，负有确保其所使用的技术方案能够满足项目需求的责任，因此技术风险自然由承包商承担。管理风险源于其在项目管理过程中可能出现的内部协调不力、资源分配不当或管理失误等问题，有效的项目管理是承包商成功履行合同的关键，因此管理风险的承担方无疑应是承包商自身。

除此之外，FIDIC 合同还设计了第三类风险，即不可控的外部风险或不可抗力事件，通常包括自然灾害、战争、罢工、极端天气等这些不受任何一方控制的风险。在面对此类风险时，FIDIC 合同通常采用共同分担或通过保险等方式进行风险转移。不可抗力条款明确了当发生不可抗力事件时，承包商可以申请工期延展或补偿部分成本，而业主则需要根据实际情况分担部分经济损失。第三方风险通常由合同双方通过合理的条款和责任划分共同承担，如材料供应商的违约、外包分包商的失职等风险，往往超出了承包商的直接控制，但对项目产生的影响较大，合同会明确如何应对这些第三方风险，通常通过设定合理的责任划分机制来确保双方利益不受过多损害。

在 FIDIC 合同的风险分配体系下，合理分担风险的条件是双方对项目涉及的各类风险有充分的认识与评估，这意味着在合同签订之前，合同各方应对项目的外部环境、施工难度、技术要求以及市场条件等多方面进行详细的分析，并通过风险评估工具确定每一类风险的可能性及影响程度。之后，根据分析结果，合同双方需对各类风险进行明确分配，使承担风险的一方具备足够的能力和资源来应对该风险。FIDIC 合同强调，风险的分配应与双方的控制能力、专业知识及承受能力相匹配，避免不合理的风险分配导致合同双方权益失衡或项目执行受阻。FIDIC 合同还在风险管理措施方面提供了详细的条款，明确了双方在面对风险时应如何采取预防性措施以及应急处理方式。针对出现的市场价格波动，合同可以规定价格调整机制；针对自然灾害，合同则可以规定应急预案和相应的保险条款，以确保在不可抗力事件发生时，双方都有明确的应对措施。

四、FIDIC 合同的变更与索赔

合同在实际执行过程中，工程范围、技术要求或环境条件的变化是常见的现象，而这些变化常常会对项目的工期、成本和资源调配产生重大影响，FIDIC 合同为不可避免的调整提供了系统化的变更机制，以确保工程进展不因这些变化而陷入困境。索赔机制则为当事人提供了一条合法途径，使得在合同执行过程中由于违约或不可抗力等而遭受损失的一方能够获得应有的补偿。通过合理的变更与索赔管理，合同各方可以在复杂的工程项目中维持公平、透明且高效的合作关系。

变更机制允许在项目实际执行中随着设计、施工条件或外部环境的变化而对合同内容做出必要的调整，工程变更可以涵盖范围广泛的调整，包括施工方法、材料选择、技术参数的修改，甚至可能涉及工程量的大幅度增加或减少，这些通常是项目顺利推进所不可或缺的，因为工程初期的计划通常不可能涵盖所有潜在的变化。FIDIC 合同对此类变更进行了严格规定：一般情况下，任何工程变更必须经过业主的书面批准。承包商不能擅自变更合同规定的施工内容，而是必须依照合同条款，向业主提出变更请求，并说明变更的原因、内容及其对工程成本和工期的影响。经过业主评估与批准后，变更的具体条款将被正式纳入合同。通过这种程序化的管理，FIDIC 合同既保障了项目灵活应对变化的能力，又确保了任何调整都经过了充分的协商与审批，避免了擅自更改合同条款所带来的不必要风险和纠纷。

FIDIC 合同中的索赔机制则为合同当事人在工程执行过程中因不可预见或不可控因素导致损失时提供了明确的补偿路径，索赔通常由一方提出，理由包括对方的违约、施工现场条件与预期不符、不可抗力事件（如自然灾害）、政策变动导致的延误或费用增加等。无论提出索赔的原因是什么，FIDIC 合同都要求索赔方在索赔发生后立即采取行动，承包商或业主在提出索赔时，必须在规定时间内提交索赔通知，并附上详细的事实依据和计算方法，包括施工日志、合同文件、技术数据和第三方报告等。FIDIC 合同明确规定了索赔的时效性，未能在规定期限内提出索赔可能导致索赔权利的丧失。因此，合同各方需在工程进行中时刻保持对施工情况的实时监控，以确保在发现损失或延误迹象时能够及时启动索赔程序。

索赔的处理过程需要合同双方遵循合同条款中的详细规定。索赔方提交索赔文件后，另一方通常有规定的期限对索赔内容进行审查和评估。在 FIDIC 合同体系下，业主通常需对承包商提出的索赔做出及时且合理的回应，业主需结合合同条款、项目实际情况及相关证据，来判断索赔要求是否合理，并做出明确的书面答复。如果业主未能在规定时间内作出回应，索赔方的主张可能会被视为默认接受，因此及时且明确的回应对合同双方而言都至关重要。变更与索赔管理的核心在于如何处理项目的不确定性并确保合同双方的利益得到平衡。在 FIDIC 合同中，变更与索赔机制为合同双方在面对工程实施过程中不可避免的调整与冲突时提供了合理的解决途径，既保证了合同的灵活性，使得承包商能够根据实际需要调整工程施工方法，也保障了合同的公平性，确保双方在因违约或不可抗力等造成损失时，能够依法获得应有的赔偿或延展工期。

五、FIDIC 合同的争议解决机制

FIDIC 合同的争议解决机制构建了一个系统而有效的框架，以应对在合同执行过程中出现的各种争议，争议的性质和复杂程度通常决定了解决方式的选择，因此该机制提供了多种途径，以满足不同情形的需求。合同双方应优先考虑协商方式，通过友好的交流与沟通，双方可以直接对争议的根源进行探讨，寻求互惠互利的解决方案这种方式不仅能够节省时间与成本，还能够维护双方的合作关系，避免因争议激化而导致的信任损失。

若协商未能达成一致，调解作为下一步选项提供了第三方的中立视角，帮助双方在不失和谐的情况下解决问题。调解通常由经验丰富的专业人士或

机构进行，调解者能够运用他们的专业知识与经验，引导双方找到共同点，从而促进协议的达成。调解过程通常是非正式的，强调灵活性与自主性，允许各方在法律框架内根据实际情况进行调整。虽然调解的结果并不具备法律强制力，但成功的调解能够有效避免复杂的法律程序，并为后续的合作打下良好基础。

在调解未果的情况下，合同双方可选择仲裁或诉讼作为更为正式的解决方式。仲裁通常被认为是一种更为灵活且高效的选择，由独立的仲裁机构根据合同条款和相关法律对争议进行裁决。仲裁程序一般较为简化，相较于诉讼而言，通常具有更快的处理速度和更低的成本，仲裁结果具有法律约束力，双方必须遵守仲裁裁决，从而为争议的最终解决提供了保障。仲裁的过程通常相对私密，适合希望保护商业秘密或敏感信息的各方。

如果通过仲裁未能解决争议，或者一方当事人对仲裁结果不满，诉讼便成为最终的争议解决途径，通过法院进行的诉讼涉及更为正式的法律程序，通常需要较长的时间和较高的成本，法院的判决具有强制执行力，能够通过法律手段强制实施。虽然诉讼提供了法律保障，但其过程中常常伴随着更多的法律复杂性和不确定性，导致合同关系的进一步恶化。

FIDIC 合同中对争议解决机制的详细规定旨在促进双方在面对分歧时能够采取及时而有效的应对措施，整个机制的设计不仅强调了合同条款的遵守，还鼓励双方在合同执行过程中保持良好的沟通与信任。在选择争议解决方式时，合同双方需充分考虑争议解决的成本、时间及可能带来的影响，努力选择高效且经济的方式，以降低对项目整体进度和成本的影响。通过合理运用争议解决机制，合同各方可以更有效地管理风险，保障项目的顺利推进和完成，最大限度地维护自身权益。

六、FIDIC 合同在测绘工程中的应用

FIDIC 合同在测绘工程中的应用已经成为国际工程领域的一种标准做法，尤其是在涉及复杂技术和高精度要求的项目中，由于测绘工程的特殊性，FIDIC 合同的设计和条款需要根据实际情况进行灵活调整，以满足项目实施的

多样化需求。测绘工程涉及众多专业领域，如地形测量、地籍测量、遥感技术等，对技术标准、数据处理及结果精度提出了更高的要求。FIDIC 合同中关于工程范围和技术标准的明确规定，能够有效确保承包方在实施过程中严格按照约定的技术规范和质量标准进行工作，从而保障工程成果的可靠性。

在风险管理方面，测绘工程面临的风险种类繁多，包括自然因素（如气候变化、地形复杂性）、技术因素（如设备故障、数据处理错误）以及政策因素（如法律法规的变更）。在合同中，需对这些潜在风险进行充分识别与评估，并根据各方的责任和能力合理分配，通过在 FIDIC 合同中细致设定风险分配条款，能够有效减轻承包方在不可预见情况下的负担，同时保障业主的合法权益。合同应涵盖应对不可抗力情况的条款，以确保在出现突发事件时，合同双方能够依据约定进行妥善处理。

在项目实施过程中，由于外部环境变化或需求调整，工程范围、工期和预算等方面可能需要进行适当的调整，FIDIC 合同为变更和索赔提供了清晰的流程与要求，确保任何变更都需经过双方同意，并按照既定程序进行文档化，以便维护合同的透明性和公正性。承包方需及时提出变更申请，并提供充足的依据和合理的计算，确保所有变更均得到妥善评估和合理补偿。

项目实施过程中不可避免地会遇到各类意外情况，如技术进步带来的新方法应用、政策法规的变化等，这些均对原合同产生影响。为了有效应对挑战，FIDIC 合同需具备一定的灵活性，允许双方根据实际情况进行必要的调整和补充。在合同中设置变更管理条款，明确在发生不可预见情况时的处理机制，确保合同能够迅速适应项目的动态变化，维护双方的合作关系与项目进度。

第三节　合同执行与变更管理

一、合同执行的监控与跟踪

合同执行的监控与跟踪在项目管理中是确保合同条款得以有效实施的核心环节，通过系统的监控与跟踪，能够及时识别和解决执行过程中可能出现的问题，从而保障项目按照既定目标和要求顺利进行。这一内容涉及多个维度，包括对工程进度、质量标准、成本控制及合同履行情况等方面的持续监督与评估。

监控的目标在于确保项目的每一个阶段都能按照合同的约定执行，并在发现偏差时及时采取纠正措施，以降低潜在风险。工程进度的监控要求对各个阶段的工作完成情况进行细致的检查，确保项目在预定的时间节点内推进。监控进度的方法通常包括制定详细的项目时间表、里程碑节点以及进度报告机制，通过定期审核进度报告，可以评估工作是否按计划进行，并及时发现延误的原因，确保所有参与方对进度变化保持透明。

在合同中通常会规定具体的质量标准和验收标准，监控时需对施工过程进行定期的质量检查和评估。质量监控的方法包括现场检查、第三方检测和质量审核等，以确保所有工作成果都符合合同要求，这不仅关乎工程的安全性和可靠性，还直接影响到项目的后续使用和维护。因此，实施严格的质量监控程序，能够有效降低因质量问题导致的返工风险。

成本控制的监控则涉及对工程预算和实际支出之间的差异进行实时跟踪，要求建立详细的成本预算明细，并对各项费用进行逐项审核，以便及时识别成本超支的情况。实施有效的成本控制需要建立一套完善的费用报告和审批机制，确保每一笔支出都能够追踪到相应的合同条款和预算依据，在发现异常支出时，相关方应立即进行分析，找出造成超支的根本原因，并及时采取调整措施，以防止财务风险的扩大。

为了实现目标，需要建立完善的监控体系。这一体系应包含明确的目标、具体的计划、科学的方法和工具以及及时的报告和反馈机制。监控目标应聚焦于提高项目执行的效率和合规性，确保各方权利和义务的履行。监控计划则需要详细列出各项监控活动的时间安排和实施步骤，以便于管理层进行资源调配和人员安排。在监控方法与工具的选择上，应优先考虑采用现代化的信息技术手段。比如，利用项目管理软件可以实时更新进度，生成质量和成本分析报告，从而实现信息的透明化与可视化。定期组织项目进展会议，邀请所有相关方参与，能够加强沟通与协作，及时解决潜在问题，形成集体决策的合力。及时的报告机制能确保将监控结果及时传达给决策层及相关方，以便其做出相应的决策与调整。反馈机制则要求根据监控结果对项目管理措施进行持续改进，以提高未来项目的管理水平，这有助于在长期内提升组织的项目管理能力和执行效率。

二、合同变更的申请与审批

合同变更不仅涉及对原有合同条款的修改或补充，还关系到项目的整体执行效果和双方的权益，规范的申请与审批流程对于维护合同的有效性和公正性至关重要。

合同变更的申请通常由合同的一方提出，申请方在提交变更请求时，需要详细阐述变更的理由，包括变更发生的背景和具体情况，如果由于设计变更、环境条件变化或政策法规调整等导致合同内容需要修改，申请方应提供相关证据和信息，确保申请的合理性。变更的内容应当具体明确，避免模糊不清的表述，这样可以减少后续实施中的歧义。对于变更的影响，申请方需进行全面评估，考虑变更将对项目进度、质量、成本等方面造成的潜在影响，以便给出准确的预测，预期效果的描述应当具体可行，能够为审批方提供清晰的实施依据。

在变更申请提交后，审批过程通常由合同的另一方或双方共同进行，审批方在审查变更申请时，需要对提出的变更进行全面的评估，此过程不仅关注变更申请的具体内容，还需考虑变更对合同其他条款的潜在影响，包括对项目整体进度、预算和资源分配的影响，以及变更可能对合同双方权益造成的影响。审批方在审核时，应当具备全面的项目理解和敏锐的判断力，以确保变更的合理性和必要性。

为了规范合同变更的申请与审批，建议建立完善的变更管理流程，包括明确的申请程序、合理的审批权限、客观的审批标准以及规范的记录和文档管理。申请程序应详细说明提交申请的具体步骤，包括申请表格的填写、支持文件的附加及提交的时间要求等，这有助于确保申请过程的高效与顺畅。在审批权限的分配上，需依据项目规模和复杂性进行合理配置，通常情况下，较小的变更可以由项目经理或相关职能部门进行审批，而较大或影响深远的变更则应由更高级别的管理层进行审议。应确保审批标准公正客观，能够平衡合同双方的利益。在评估变更的合理性时，应考虑合同的初衷与目的，确保变更不违反合同的根本精神。所有变更申请及其审批结果应当及时记录，形成完整的文档体系，以备将来的查阅和审核，这不仅为合同的透明度提供了保障，也为可能出现的争议解决提供了依据。有效的文档管理能够确保所有变更都有迹可循，为后续项目的评估和总结提供宝贵的数据支持。在实际操作中，项目管理团队应定期对变更管理流程进行评估和优化，以适应项目发展的新需求和变化。通过建立反馈机制，收集各方对变更管理流程的意见和建议，不断改进申请与审批的效率和有效性，进一步提升项目的整体管理水平。

三、合同变更的法律影响

变更不仅涉及合同条款的修改或补充，还对合同的法律效力、履行、违约责任以及争议解决机制等多个方面产生深远影响，深入理解这些法律影响，有助于在合同执行过程中做出更加明智的决策，避免潜在的法律风险。

变更后的合同条款常常会重新定义合同双方的权利和义务，导致履行方式的调整，原定的工程进度可能因设计的变更而延长，影响到承包商的履约能力和业主的项目计划。合同条款的重新界定需明确变更的具体内容、原因及其对履行的影响，以确保双方都能清楚理解新的履行要求。变更后的条款改变了违约责任的认定标准，若因一方的故意行为导致合同条款的调整，违约责任的追究和赔偿机制可能会随之变化。对于承包商而言，若新条款增加了其责任，会面临更大的法律风险，而业主也需审慎考虑变更对其权益的潜在影响。在合同变更时，需确保新条款的公平性，以便于在发生违约时，双方能够公正地承担责任。

变更后的合同条款可能会重新规定争议的解决方式和程序，原合同可能约定通过仲裁解决争议，但在变更后，双方可能会选择其他方式，如调解或诉讼，这将直接影响争议解决的效率和效果。为确保争议处理的公正性和效率，变更后的条款应明确规定争议解决的步骤及责任，以便于在争议发生时能够迅速应对。

合同的法律适用可能因变更而有所不同，如适用的法律法规或管辖法院可能需要重新确认，变更条款的法律解释亦可能引发争议，因此在制定变更时应当考虑法律的明确性和可执行性，以减少未来因条款解释不同而产生的法律纠纷。合理的法律框架不仅能保障合同的合法性，还能为合同的有效执行提供必要的支持。

妥善处理合同变更的法律影响，通常需要在合同中对变更的条件、程序和法律后果进行明确规定，应当设定清晰的变更程序，包括变更申请的提交、审批流程、变更记录的保存等环节，确保变更过程的透明与合规。合同中应详细列出变更的法律后果，以便各方明确责任，减少因不明确条款引发的法律争议。

在实施变更过程中，各方需严格遵守相关法律法规，确保变更的合法性与有效性，法律合规不仅是变更成功的保障，也是保护各方权益的重要手段，相关的法律咨询和专家意见能确保变更操作的合规性和合理性。变更的管理中不仅应注重合同条款的修订，更应重视在实施过程中与对方的沟通与协商，良好的沟通能够减少误解，增进信任，确保合同的顺利执行。通过建立反馈机制，定期评估变更的实施效果和法律影响，能够为未来合同管理提供宝贵的经验和数据支持，促进项目的成功完成。

四、合同变更的记录与文档管理

合同变更的记录与文档管理是确保合同变更过程规范、高效的重要环节，涉及对变更信息的全面收集、整理、存储与使用，有效的记录和文档管理不仅能够提升合同变更的透明度和可追溯性，还能在后续的合同履行中提供必要的支持。

合同变更记录应包括详细的变更原因、具体内容、实施时间、责任方及其他相关信息，以确保所有变更均有据可依。此类信息的全面准确记录是减少后续争议和法律风险的重要保障。为实现高效的变更记录与文档管理，需建立系统化的管理体系，该体系应包括制定统一的变更记录标准与格式，以便于各方在进行记录时保持一致性和规范性，这有助于简化变更信息的录入与处理，提高管理效率。

建立完善的变更文档存储与保管制度至关重要，这涉及如何分类、编号和存储文档，以保证变更记录的安全与完整。有效的存储方式能够确保在需要时快速获取相关信息，从而支持后续的决策与执行。文档管理体系还需考虑变更信息的查询与使用机制，确保相关方能够便捷地获取所需信息，因此，需要建立文档检索工具与系统，帮助各方快速定位特定的变更记录，提升整体工作效率。

建立信息共享与传递的渠道也是必不可少的，这意味着应将变更信息及时、准确地传递给所有相关方，包括项目团队、管理层以及其他利益相关者，以确保各方对变更内容的理解一致，从而减少沟通上的误差和潜在的冲突。

在进行合同变更记录与文档管理时，信息安全与保密性问题需被重视，由于合同变更涉及敏感的商业信息和法律条款，确保信息不被非法获取或泄露是保障各方权益的基本要求，必须采取适当的技术措施和管理制度，如数据加密、访问权限控制及定期的安全审计，以确保变更信息的安全性。确保文档的电子存储和纸质存储的双重备份，也能够防止因意外损失导致的重大风险。

随着信息技术的不断发展，利用现代化的信息管理工具来辅助合同变更记录与文档管理已成为一种趋势，合同管理软件、项目管理平台和文档管理系统等工具的应用，不仅提高了信息处理的效率，还能够实现变更记录的自动化管理，能够为变更的申请、审核、实施和存档提供便捷的技术支持，减少人为操作带来的失误。各相关方应接受关于变更管理流程的培训，以增强对记录与文档管理重要性的认识，定期组织培训和分享会，促使团队成员相互交流经验，提升整体管理水平。合同变更的记录与文档管理不仅是一个操作性强的过程，也需要结合项目的实际情况进行动态调整，随着项目的推进，相关的管理需求和风险也会发生变化。灵活应对这些变化，及时更新管理体系，能够为项目的成功执行提供保障。

五、合同变更的沟通与协调

合同变更的沟通与协调在项目管理中是确保变更顺利实施的基石，有效的沟通不仅涉及变更信息的传递，还包括对变更内容的解释和理解，以确保所有相关方在信息获取上没有偏差，因此，必须建立完善的沟通机制，以确保变更信息能够及时、准确地被传递给所有利益相关者，包括合同双方、项目团队、供应商、分包商等。在沟通机制的构建中，应明确沟通的渠道与责任人，采用多种沟通方式，包括面对面的会议、电子邮件、在线协作平台等，以适应不同情况下的需求。信息传递过程中，要特别注重信息的完整性和准确性，避免因信息缺失或误解导致的后续问题。沟通的频率也应适应项目进展的需要，重要的变更应及时召开会议进行讨论，确保所有相关方都能及时了解变更的背景、内容及影响。

变更的协调机制确保所有相关方就变更内容和实施步骤达成一致，需要各方共同参与，讨论如何将变更有效整合到当前的工作流程中。通过定期召开协调会议，及时解决实施过程中的问题与矛盾，各方可以在协商中达成共识，确保项目按计划推进。协调过程中，各方应遵循公正性原则，确保每个参与者的意见都得到充分重视与回应，以便更好地达成共识。

在进行沟通与协调时，需考虑有效性与效率的原则。有效的沟通不仅要保证信息的准确传达，还需确保信息接收方的理解，采用反馈机制，要求各方确认其对变更信息的理解程度，及时纠正可能存在的误解，简明扼要的沟通方式能够减少信息传递过程中的噪声，提高整体沟通的效率。协调的策略涉及如何合理安排各方的工作与责任。在变更实施过程中，相关方应明确各自的角色与任务，制订具体的实施计划，并在实施过程中保持灵活性，及时应对变化所带来的挑战。制定相应的跟踪机制，以确保变更在实施过程中得以有效落实，及时评估变更的影响，调整策略以满足项目进展的需要。

在沟通与协调的过程中，还需考虑文化差异与语言障碍等因素，尤其是在国际项目中，不同背景的参与者可能在沟通风格、表达方式上存在差异，建立多元文化的沟通环境，利用翻译工具和中介人来减少误解，可以为项目的顺利推进创造有利条件。

六、合同变更的成本与时间管理

合同变更的成本与时间管理直接关系到项目的经济效益和执行效率，合同变更通常会引发成本的增加和工期的延长，建立有效的管理体系，对变更所导致的各项成本和时间变化进行严格监控和控制，显得尤为重要。

在进行成本管理时，需要对变更引起的各种费用进行全面评估和核算，包括直接成本如材料、劳动力及设备租赁费用的增加，间接成本如管理费用、时间延误带来的损失等。针对变更的成本影响，应通过详细的预算和报告，记录所有与变更相关的支出，并及时更新项目预算，以反映实际成本情况。针对已经确定的变更，管理团队应主动与承包商及相关方进行沟通，确保对变更成本的合理性达成共识，并通过合同条款明确成本补偿的机制，保障各方的合法权益。在成本控制方面，应制定相应的控制措施，以减少因变更带来的不必要支出，通过优化资源配置、调整施工方法等手段实现成本控制，还需针对成本超支情况，设定预警机制，确保及时采取应对措施，从而有效防止项目整体成本的失控。定期的财务审计和分析也可以帮助识别潜在的成本问题，使得管理层能够及时作出反应，调整战略。

时间管理变更导致工期的延长和进度的调整，需要针对变更情况进行详细的时间预测与计划调整。应对变更的性质进行分析，明确其对原定工期的影响程度，利用项目管理软件或其他工具更新进度计划，反映出新的完成日期。进度计划中应详细列出因变更所需的额外时间，并对各个任务进行合理安排，以确保施工活动能够在变更后仍然高效进行。在时间补偿问题上，应根据合同条款与相关法规，协商确定因变更引起的工期延长是否应给予补偿，以及补偿的具体方式，这需要各方共同参与，确保达成的补偿协议公平合理，通过文档记录所有相关沟通和协商的过程，以备未来可能的争议解决。

为了规范变更的成本与时间管理，成本控制体系中应包括标准化的成本核算流程和审核机制，确保所有费用支出都在控制范围内，并能够追溯。时间管理体系则应围绕有效的进度计划和变更流程构建，制定清晰的管理标准和责任分配，确保每个相关方都了解自己的任务和时间要求。针对成本和时间管理的监控与评估机制，通过定期的项目进度与财务报告，及时发现并解决潜在问题，保持项目的正常运行，通过建立关键绩效指标（Key Performance Indicator，KPI）来评估项目的执行效果，从而为后续决策提供数据支持。

第四节　合同风险管理

一、合同风险的分类与特征

合同风险管理在项目管理中占据着核心地位，涉及对合同执行过程中潜在风险的全面识别、评估、预防和控制，合同风险的分类有助于深入理解其来源和性质，从而制定有效的管理策略。根据不同的标准，合同风险可以被划分为多种类型，每种类型均具有特定的特征和影响因素。

信用风险主要指合同相对方无法履行合同义务的风险，通常包括对方支付能力的下降、履约意愿的变化等。信用风险的发生导致合同的一方遭受经济损失，尤其在长期合同中，若对方出现财务危机或破产，导致项目资金链的断裂，可能对整个项目的实施产生严重影响。在签署合同前，进行充分的尽职调查，以评估对方的信用状况至关重要。

市场风险涉及与市场条件变化相关的风险，如原材料价格的波动、汇率变动及经济周期的影响。市场风险的特征是其高度的不确定性和波动性，任何外部经济因素的变化都对合同的履行和项目的盈利能力产生直接影响，若某原材料价格大幅上涨，将直接影响到项目的成本，导致预算超支。项目管理团队应密切关注市场动态，采用对冲策略或其他风险转移手段，以减少市场风险带来的损失。

操作风险主要源自项目执行过程中的失误或不规范操作，包括人为错误、系统故障和流程不当等。在复杂的项目管理中，操作风险尤为显著，往往会对项目的进度和质量产生直接影响。为了降低操作风险，企业需加强内部控制，实施标准化流程，进行定期的培训与演练，以提升团队的操作能力和意识，从而减少失误的发生率。

法律和合规风险是指与法律法规的变化或合同条款的不合规性相关的风险，其特征在于可能导致法律责任和经济损失。若项目未能遵循相关法律法规，面临罚款、诉讼或合同的无效，在合同签订和执行过程中，企业应保持对法律法规的敏感性，确保合同条款的合规性，并适时进行法律咨询，以避免潜在的法律风险。

技术风险与项目采用的技术或方法密切相关，其特征在于技术的失败或过时可能导致项目的延误或失败。随着科技的快速发展，原本领先的技术可能在短时间内被新技术替代，从而影响项目的竞争力和实施效果，项目管理团队需定期评估所用技术的适用性，并保持对新技术的关注，及时调整项目方案，以确保技术的先进性和可靠性。

环境风险则涉及自然环境变化或社会环境变动，例如自然灾害、气候变化或社会动荡等，风险的特征在于其不可预测性和潜在的破坏性，往往无法通过传统的风险管理手段进行有效控制。为了应对环境风险，项目管理者需在项目规划阶段进行全面的环境评估，制定应急预案，以便在突发情况下迅速响应，最大限度地降低损失。

二、合同风险的评估方法

合同风险评估是一个系统性的过程，旨在识别和分析潜在的合同风险，以确定其发生的可能性及其对项目的影响程度，从而为风险管理提供依据。有效的风险评估不仅有助于项目管理团队提前识别潜在问题，还能在风险发生时制定相应的应对策略。

合同风险评估通常采用定性与定量相结合的方法，评估中应充分发挥两种评估方式的优势。定性评估方法主要依赖于专家的经验和团队讨论，适用于难以量化的风险领域，如法律合规风险、技术风险和操作风险。通过会议讨论、问卷调查和小组访谈等形式，评估团队能够对风险的性质、可能性及影响进行描述性分析。在此过程中，专家的专业知识和丰富经验起着至关重要的作用，深入的团队讨论可以揭示潜在的风险因素和隐患。定性评估的结果往往以风险等级、风险矩阵或描述性报告的形式呈现，使得团队能够直观地理解各类风险的相对重要性和优先级。在合同风险评估中，定量评估方法则是利用数学模型和统计分析工具对风险进行量化计算，常见的定量评估方法包括概率分析、敏感性分析和决策树分析。概率分析通过计算各类风险发生的概率，结合风险的潜在影响，评估整体风险水平。敏感性分析则侧重于识别项目中关键变量对最终结果的影响，通过对关键变量进行变化测试，评估其对风险暴露的敏感性，从而帮助管理团队理解哪些因素最为关键。决策树分析通过构建不同决策路径，评估在多种决策情境下出现的风险及其后果，为项目团队提供决策支持和可视化的风险管理框架。

进行合同风险评估时，需综合考虑风险的类型、特征及项目的具体环境。不同类型的风险在评估时应采用不同的方法。法律风险的评估可能需要借助法律顾问的专业意见，而技术风险的评估则需依赖于工程师或技术专家的分析。在评估过程中，项目团队需收集和整理与项目相关的历史数据、市场信息及外部环境因素，以确保评估结果的科学性和可靠性。合同风险评估是一个动态的过程，随着项目的推进和外部环境的变化，风险的性质、可能性及影响也会发生变化，项目管理团队需在项目生命周期内，尤其是在关键节点和阶段性评审时，重新评估合同风险，以便及时发现新风险或调整风险管理策略，动态的评估机制有助于提升项目的适应能力和应变能力，从而增强项目的成功率。

三、合同风险的预防措施

合同风险的预防措施旨在降低潜在风险的发生概率以及其可能带来的负面影响，预防措施应依据全面的风险评估结果，结合项目特性与合同要求，系统地设计和实施。具体的预防策略包括风险规避、风险转移、风险减轻和风险接受。风险规避是采取措施以避免潜在风险的直接发生，通常涉及对项目计划或合同条款的调整。在项目初期选择信誉良好的供应商和承包商，可以有效降低由于供应链中断或材料延误带来的风险。选择经过验证的技术方案或标准化的工作流程，也能够减少技术实施中的不确定性。通过细致的前期调研与分析，识别并选择那些具有稳定性能和良好口碑的服务提供者，可以显著降低项目的风险敞口。

风险转移是通过合同条款、保险等方式，将风险的责任转嫁给第三方。在许多项目中，工程保险是常见的风险转移手段，通过保险公司承担自然灾害、意外事故等不可控因素造成的损失，企业能够有效减轻财务压力。合同中可以加入免责条款，规定在特定情况下某方不承担责任，从而将风险合理分配到能承担风险的一方。此外，风险转移还可以通过战略合作伙伴关系来实现，如与具有强大履约能力的公司进行联合承包，共同承担潜在风险。

风险减轻则是通过增加投入或改善管理措施，降低风险发生后带来的影响。在施工现场进行定期的安全培训，增强员工的安全意识和技能，可以减少因人为失误导致的事故。设备的定期维护和检查也至关重要，不仅能延长设备的使用寿命，还能防止因设备故障而引起的工期延误和额外费用。在项目管理过程中，通过完善的质量控制体系和风险管理流程，及时识别和处理潜在问题，有助于降低风险对项目整体进度和预算的影响。

风险接受是指在充分评估风险后，决定不采取额外预防措施的策略，通常适用于风险相对较低或防范成本过高的情形。项目管理团队需在充分了解风险后，判断其对项目的影响，并根据成本效益分析决定是否接受风险，关键在于确保所有相关方都对此有清晰的共识，并在合同中明确风险责任，以防止日后因风险发生而引起的争议。

在实施这些预防措施时，持续的监控与评估是必不可少的，项目团队应定期检查和更新风险管理策略，以应对项目环境的变化和新风险的出现。通过构建有效的风险沟通机制，确保信息在各方之间的及时传递，从而增强团队对潜在风险的认知能力和应变能力。对于重大风险，团队应制定详细的应急预案，确保在风险发生时能够迅速、有效地采取应对措施，减少损失。

四、合同风险的应对计划

合同风险的应对计划是为应对潜在风险而制定的系统性行动方案，其主要目的是在风险发生时，能迅速而有效地控制其影响，确保项目能够恢复正常运行。应对计划的制定基于全面的风险评估和预防措施，重点考虑风险的发生概率及其可能带来的后果，以便制定出既具针对性又具可操作性的应对策略。

风险预警是通过对风险因素的持续监测和分析，帮助项目团队提前识别潜在风险的信号，通过建立风险监控指标体系，定期评估项目进展情况与外部环境变化，及时发现异常情况，如市场价格波动、供应链中断或技术难题等。有效的风险预警不仅能提高信息的透明度，也能提升团队对潜在问题的敏感性，从而为后续的应急响应提供充足的时间和准备。项目团队应设定明确的预警阈值，并建立内部沟通机制，以确保相关信息能够快速而准确地被传递到决策层。

在风险发生时，应急响应机制是针对突发事件的直接反应，旨在控制事态发展并减轻影响，包括事故处理、人员疏散、资源调配等多个环节。在制定应急响应方案时，项目团队需要预先明确各类风险的具体应对措施，分配相应的责任人和资源。通过模拟演练和定期培训，团队成员可以熟悉应急响应流程，提高应急处置的能力和效率。若遇到自然灾害，团队应提前设定撤离计划，确保所有员工的安全，并做好物资储备，以便在紧急情况下迅速行动。

恢复计划是应对措施的延续，主要针对风险事件后的恢复和重建工作。恢复计划的核心在于制定具体的步骤，以快速恢复项目的正常运行。损失评估是恢复计划的首要任务，项目团队需尽快评估事件造成的损失，包括财务损失、时间延误和资源损耗等。基于损失评估的结果，团队将进行资源重组，必要时调整人力和物资的配置，以确保项目能继续推进。进度调整也是恢复计划的重要内容，需在评估后制定新的进度安排，确保项目在可接受的范围内重新规划时间表，以尽量减少对最终交付的影响。

在制定应对计划的过程中，需综合考虑不同风险的特性和项目的实际需求，以确保应对计划的适应性和有效性。各类风险可能具有不同的影响模式和应对策略，应对计划应具备一定的灵活性和针对性，以适应复杂多变的环境。应对计划的实施成本和资源需求也需要经过仔细评估，确保在实际执行中可行。项目团队需考虑资源的可用性、预算的合理性以及时间的紧迫性，从而制定出切实可行的应对措施。为了确保应对计划的有效实施，项目团队需定期回顾和更新应对策略，根据项目进展和外部环境变化，调整应对措施。动态管理方式有助于持续优化应对流程，提高团队的应变能力，因此，应在项目团队内部建立定期的沟通机制，确保所有成员对应对计划的内容和目标有明确的理解，促进协作与配合，从而提高应对风险的整体效率。

五、合同风险的监控体系

合同风险的监控体系是确保合同风险管理措施得以有效实施的核心组成部分，其设计和建立必须基于前期的风险评估和应对计划，同时应充分考虑项目的独特特征及合同的具体要求。该监控体系的基本框架通常包括风险监控的目标、方法、工具以及系统化的报告与反馈机制。风险监控的首要目标在于确保所有风险管理措施的有效执行，同时能够及时识别和应对新出现的风险，需要明确监控的重点领域，如资金流动、供应链稳定性、项目进度以及法律合规等。监控目标应具体、可量化，以便在实际操作中能够有效评估监控的成果。

在监控的方法和工具选择上，应考虑风险的不同类型和项目的特殊需求。定期检查和现场巡视是常用的方法，能有效捕捉项目执行过程中出现的实时问题，需要设定清晰的时间节点，确保监控活动能够及时开展。数据分析工具也在风险监控中发挥着越来越重要的作用，通过对项目相关数据的深入分析，可以识别潜在的风险趋势并做出相应调整。风险预警系统的引入，则能够在风险发生前通过设定的预警指标，提前发出警告，帮助团队快速响应。

报告和反馈机制能够为项目团队及所有相关方提供实时的风险状况和变化信息，需要明确报告的频率、内容和格式，确保信息传递的清晰和高效。通常情况下，报告应包括风险的性质、影响程度、当前状态及应对措施的执行情况等，确保信息的全面性和透明度。通过定期的反馈会议，项目团队可以集思广益，讨论监控过程中发现的问题，及时调整风险管理策略。

在实施风险监控的过程中，需确保监控的持续性和全面性，避免因疏忽而导致重要风险被遗漏。监控活动的执行者应经过专业培训，具备识别和分析风险的能力，项目管理团队需定期对监控过程进行审查，评估监控体系的有效性，包括监控工具的适应性、报告的准确性及反馈机制的及时性。随着项目进展和外部环境的变化，风险的性质和程度也会随之变化，因此需要根据实际情况不断优化监控流程和方法，不仅包括对监控指标的更新，还应在必要时对监控团队的组成进行调整，以确保项目在不同的阶段都能得到有效的风险监控支持。有效的风险监控体系还需要鼓励团队成员之间的沟通与协作，创建一个开放的环境，使所有相关方都能在监控过程中自由表达对风险的看法和建议。通过促进信息共享，能够在团队中形成强大的风险意识，共同提升对合同风险的管理能力。建立健全的合同风险监控体系，能够帮助项目团队有效应对不确定性，确保项目按照既定目标顺利推进。通过持续的监控与评估，项目团队将能够在风险管理中保持敏捷性和灵活性，从而最大限度地减少潜在风险带来的负面影响，确保项目的成功交付。

六、合同风险管理的信息化解决方案

合同风险管理的信息化是通过信息技术手段提升风险管理的效率和精准度，这不仅能够提高项目团队在风险识别、评估、监控和应对方面的能力，还能够实现数据的集中管理与共享，形成有效的决策支持体系。常见的信息化工具包括风险管理软件、项目管理软件及决策支持系统等。

风险管理软件的核心功能在于支持项目团队进行全面的风险识别、分类、评估及监控，该软件通过统一的平台集中存储风险信息，使团队成员能够随时访问和更新风险数据，进而实现信息的共享与有效传递。通过风险管理软件，项目团队可以轻松创建和维护风险清单，评估每个风险的可能性及其潜在影响，并根据风险等级制定相应的应对措施。软件还能够生成实时报告，帮助项目管理者迅速了解当前风险状况，及时调整管理策略。

项目管理软件则涉及更广泛的功能，涵盖项目的计划、执行、监控与控制，不仅支持资源管理、进度管理和质量管理，还能够有效整合成本管理模块，确保各项管理活动的协同进行。通过项目管理软件，项目团队能够实时追踪项目进度，识别潜在的风险因素，并在问题发生前采取预防措施。有效的资源调配和进度控制对于降低项目风险、提高项目成功率至关重要，信息化工具在此过程中的支持作用不可或缺。

决策支持系统专注于提供数据分析和模拟预测功能，以帮助项目团队进行科学决策，通过收集和分析项目相关数据，能够识别出潜在的风险趋势和模式，并提供基于数据的决策建议。利用决策支持系统，项目团队能够更准确地预测风险发生的可能性，合理规划资源配置，优化项目实施方案，不仅提升了决策的科学性，也在很大程度上减少了由于信息不足或判断失误所带来的风险。

在实施信息化解决方案时，不同类型的项目可能面临不同的风险类型，选择适合的风险管理软件和项目管理工具显得尤为重要，确保信息化解决方案的兼容性和可扩展性也是实施过程中的一个关键考虑因素。项目在实施过程中可能会出现需求变化或规模扩张，能够灵活调整和扩展的信息化系统将有助于持续有效地支持项目的进展。信息化解决方案的实施过程中还需特别关注数据安全和隐私保护。随着数字化程度的提高，风险信息的安全性和保密性变得愈加重要，采用加密技术、访问控制及数据备份等措施，能够有效保护风险信息不被非法访问或篡改。制定清晰的数据使用政策，可以确保所有团队成员了解并遵循相关安全规定，进一步降低数据泄露的风险。

第五章 测绘工程项目组织与施工设计

第一节 测绘工程项目的组织结构设计

一、组织结构的类型与选择

在测绘工程项目中，选择合适的组织结构不仅能够促进资源的有效配置和沟通协调，还能够提高团队的执行力和响应能力，项目的特点、规模、复杂度以及业主和承包商的管理需求在选择组织结构时都需综合考虑。常见的组织结构类型包括直线型、职能型、矩阵型和项目型，每种结构都有其独特的优缺点和适用场景。

直线型组织结构以其命令统一、权责明确的特点，在规模较小、结构简单的项目中表现出色，将决策权集中于项目的高层管理人员，沟通路径清晰，适合于需要快速决策和执行的项目。直线型结构在应对复杂任务时灵活性不足，资源利用效率较低，因此在技术要求较高的测绘项目中可能显得力不从心。

职能型组织结构以职能部门为基础，强调专业分工和技术支持，适合于技术要求高、专业性强的项目。在此结构下，各职能部门如测量、数据处理、质量控制等相互独立，但通过高效的沟通和协调共同推动项目进展。职能型组织结构的优势在于能够聚集专业人才，提升技术水平，适合于需要深入技术分析和持续优化的测绘工程。因部门之间的协调难度，可能导致信息传递的延迟和项目执行的低效。

矩阵型组织结构结合了直线型和职能型组织结构的特点，通过设立跨职能部门的项目组，实现多部门协作和资源整合，适应性强，能够有效应对项目需求的变化，适合于技术复杂、跨学科协作需求强的测绘项目。在矩阵型结构下，团队成员可同时参与多个项目，提高了人员的灵活性和资源的共享率。

项目型组织结构则以项目为中心，所有资源和人员直接服务于项目目标，适用于大型复杂项目或多项目管理，能够快速集结所需资源，集中解决问题，确保项目按期交付。项目型组织结构的优势在于其明确的目标导向和快速响应能力，适合于动态变化的项目环境。长期依赖于项目型组织可能导致资源闲置和重复建设，因此在项目完成后需要有效的人员和资源管理策略，以避免浪费。

在选择适当的组织结构时，需考虑项目的特点和实际需求。对于大型跨国测绘项目，由于涉及多个利益相关者和复杂的技术要求，矩阵型或项目型组织结构可能更为合适，灵活性和适应性成为选择的关键，组织结构应能够根据项目实施过程中的变化进行调整，以应对不可预见的挑战和新需求。对于规模较小的项目，直线型结构的高效性和简洁性更为显著，而在技术含量较高的项目中，职能型结构的专业优势则不可忽视。

二、组织结构的设计原则

组织结构的设计原则指导着如何有效地配置资源、明确职责，并最终推动项目目标的实现，不仅反映了组织的基本运作机制，还为优化管理流程、提升效率提供了理论依据。

目标导向原则要求组织结构的设计始终围绕项目的核心目标展开，强调了组织各个层级必须理解并接受项目目标，以确保每个环节都能朝着同一方向努力，从而避免资源的浪费和时间的延误。

分工协作原则则强调在组织内部各个职能部门之间需要有明确的分工，

同时也要加强协作与协调，以减少重复工作，提升工作效率，使各部门能够在各自的专业领域内发挥最大作用。通过建立有效的沟通机制和协作平台，不同部门能够及时共享信息、解决问题，从而提高整体工作效率。

统一指挥原则强调在组织内部必须建立明确的指挥体系与决策机制，以避免多头指挥导致的混乱局面。指挥系统的明确能够确保每个成员在执行任务时都有清晰的指引和决策依据，从而减少因指挥不当而引起的失误。清晰的指挥结构能够提升团队的凝聚力和执行力，使组织在面对挑战时反应迅速、行动一致。

权责对应原则确保组织内部的权力与责任是相匹配的，每位成员在其职责范围内应当能够行使相应的权力，同时承担相应的责任，这不仅有助于提升员工的积极性和责任感，还有助于在出现问题时明确责任归属，便于后续的处理与追责。确保权责对应能够增强组织的透明度和公信力，从而提升团队的整体效率。

灵活性原则则要求组织结构能够根据项目实施过程中的变化和挑战及时进行调整与优化。在快速变化的外部环境中，适应性强的组织结构能够帮助项目团队迅速响应市场需求、技术变革及其他不可预见的情况。适应性强不仅体现在组织架构的调整上，还包括管理流程、资源配置等各个方面，这样能确保组织在复杂多变的环境中保持竞争力。

有效性原则要求设计的组织结构必须能够提高项目管理的效率和效果，确保组织的合理性和有效性。有效的组织结构能够清晰界定各职能部门的角色与职责，从而减少不必要的摩擦与冲突，提升整体运作效率，通过对组织结构的评估与优化，确保其能够适应项目需求的变化，以实现项目的最佳管理效果。

三、组织结构的职能分配

组织结构的职能分配是有效管理的核心，决定了各部门和岗位在项目实施过程中的角色与责任。合理的职能分配不仅能够提高工作效率，还能确保项目目标的顺利实现。在进行职能分配时，应充分考虑项目的性质、规模和复杂度，结合组织结构的特点，设定清晰的职责和权限。测绘工程项目通常涉及多个专业领域，因此，设置多个专门部门如项目管理部、技术部、质量部、安全部和财务部是十分必要的。

项目管理部负责整体的策划与协调，确保各部门之间的信息流通与资源配置的高效性。该部门需制定项目的时间表、预算，并确保各项活动按照既定计划顺利推进。在具体实施过程中，项目管理部还需根据项目进展情况及时调整资源分配，以应对可能出现的挑战和变化。

技术部则承担着项目的技术支持和方案制定的重任，该部门需要聚集专业技术人员，负责研究和制定测绘方法、技术路线以及设备选型，确保技术方案符合项目要求。技术部还需与其他部门紧密合作，确保技术方案的可行性和实用性。

质量部的主要职责是保障项目的质量控制与质量保证，其应建立完整的质量管理体系，制定相关标准和流程，定期进行检查和评估，以确保所有测绘工作达到规定的质量要求。通过有效的质量管理，可以及时发现和纠正问题，从而降低后续阶段的风险。

安全部负责项目实施过程中的安全监督与管理，确保施工现场符合安全标准，减少事故发生的可能性。该部门需制定安全管理规章制度，组织安全培训，并定期开展安全检查，保障员工的生命安全和项目的顺利进行。

财务部则负责项目的成本控制与财务管理，需要对项目的预算进行细致分析，确保所有费用支出都在控制范围内，财务部还需与其他部门协作，及时掌握项目资金流动情况，确保资金的合理使用和有效配置。

在进行职能分配时，应对各个部门和岗位的职责进行细化，确保每一位成员清楚自身的工作目标与任务，这样不仅提高了工作效率，还增强了团队的凝聚力。合理的职能分配应避免出现职能重叠现象，以减少资源浪费和工作冲突。各部门之间的职责划分应相辅相成，形成合力，共同为项目目标的实现服务。在实际工作中，还需根据项目进展和环境变化，及时评估和调整各部门的职能与职责，确保其始终符合项目的实际需求，通过灵活的职能分配和高效的组织协调，可以有效提升测绘工程项目的执行效率和质量，实现更好的管理效果。

四、组织结构的沟通机制

组织结构的沟通机制是促进信息流通、增强协作效率的基础，直接影响到组织的决策质量与执行力。在设计高效的沟通机制时，需要全面考虑组织的特点与需求，以确保信息能够及时、准确地传递给所有相关人员。

建立明确的沟通渠道与规则是沟通机制的首要任务，不仅包括书面和口头沟通的形式，还涉及对沟通频率的规范。定期召开项目进展会议、发布工作报告以及创建信息共享平台都是有效的信息交流方式。组织能够在不同层级和不同部门之间建立起透明的信息流动体系，使得每个成员都能够及时获取最新的信息，从而做出相应的调整和决策。在沟通机制中，横向沟通涉及同一管理层级之间的互动，比如部门间的合作与协调，要求不同部门在项目中保持密切联系，以便快速解决问题与资源冲突，而纵向沟通则指的是上下级之间的信息传递，包括决策指令的传达与执行情况的反馈。通过建立有效的纵向沟通机制，管理层能够及时掌握基层的信息与意见，从而在必要时对策略进行调整。

有效的沟通不仅依赖于流程和渠道的设计，还与沟通的方式和技巧密切相关，提高员工沟通技巧、强化倾听与反馈的能力，可以显著提升沟通的质量与效率。利用现代信息技术和通信工具，诸如即时通信软件和项目管理平台，可以进一步优化信息传递的速度与准确性，能够实时更新信息，确保所有团队成员都处于同一信息基线上，避免因信息滞后而导致的误解和延误。

为了确保沟通的及时性，组织还应设定合理的反馈机制，通过定期收集各部门和团队对沟通效果的意见，可以识别沟通中的问题与不足，从而不断调整和改进沟通策略。双向反馈机制有助于提高组织的适应性，使其能够迅速响应外部环境和内部变化。

为了支持高效沟通机制的实施，组织还应关注文化建设，营造开放、透明的沟通氛围，使员工感到安全与受尊重，能够鼓励他们积极表达意见和建议。通过创建鼓励创新与开放对话的企业文化，组织能够激发员工的参与感与归属感，从而在团队内形成良好的沟通习惯。

在实施沟通机制的过程中，还需定期进行评估，以确保其持续有效。通过量化评估沟通效果，如对信息传递的准确性、及时性及参与度进行分析，可以识别出需要改进的领域，结合员工反馈，不断优化沟通策略与工具，使其更符合实际需求。

五、组织结构的决策流程

组织结构的决策流程是组织内部进行决策的核心框架，其设计直接影响到决策的效率和效果，进而影响到组织的整体运作。合理的决策流程不仅确保了决策的科学性与合理性，还能有效降低风险，提高执行的成功率。在设计决策流程时，需综合考虑决策的层级、信息流动、参与者角色以及决策后的跟踪和反馈机制。

明确决策的权限和责任是决策流程设计的基础，需清晰界定不同层级管理者的决策权限，确保各类决策在相应的管理层级中进行。通过制定详细的决策权限表，可以明确哪些决策属于高层管理者，哪些决策可以由中层或基层管理者做出，这样不仅能提高决策的效率，也有助于防止责任推诿和决策失误，确保每位决策者都能在其职责范围内充分发挥作用。

有效的决策程序应涵盖问题的识别与分析、方案的制定与评估、决策的执行与监控等多个环节。问题的识别与分析需要充分依赖数据和信息，通过调研、问卷或数据分析等方式，确保所识别的问题是真实且具备解决必要性的。方案的制定应结合专业知识和经验，鼓励跨部门协作，确保所提出的方案既符合技术要求，又能满足管理需要。在方案评估阶段，需制定评估标准，对各个方案进行系统分析和对比，以确保选出的方案具备可行性和有效性。通过鼓励组织内部的各级人员参与决策，可以更好地集思广益，汇聚不同层面的见解和建议，设立决策咨询委员会、开展决策讨论会、征集员工意见等方式都是促进民主决策的有效手段。尤其在面对复杂问题时，广泛的参与可以帮助决策者更全面地理解问题，考虑到更多的可能性和后果。建立反馈机制、定期评估决策效果，也能确保决策过程的动态调整和持续优化。决策流程中的信息流动确保相关信息能够被及时、准确地传递给决策者，能够显著提高决策的有效性。信息流动的顺畅与否直接影响到决策的基础，若信息不全或滞后，将可能导致错误的决策，设计一个高效的信息管理系统，利用现代信息技术手段，实现信息的实时更新和共享，是提升决策流程效率的重要举措。在决策执行阶段，需对决策结果进行监控和评估，以确保决策的顺利实施，建立相应的监控机制，定期检查执行情况，及时发现问题并进行调整，可以有效降低执行过程中的风险。鼓励反馈和改进，确保所有相关人员能及时报告实施中的困难和建议，有助于提高组织的适应能力与应变能力。

六、组织结构的优化策略

组织结构的优化是提升组织效率与效果的核心环节，涵盖多个方面，包括组织结构的调整、组织文化的塑造、组织能力的建设以及组织变革的管理。有效的优化不仅能够适应项目需求的变化，还能增强组织的整体竞争力和响应能力。

在进行组织结构调整时，需要依据项目特点和需求，进行系统的评估与优化，包括合并或拆分部门、调整管理层级、优化岗位设置等。通过合并相似职能的部门，可以消除冗余，提高协同效率。而在复杂的项目中，拆分部门可能有助于形成更加专注的工作小组，从而提升特定领域的专业能力。在调整管理层级时，降低管理层级有助于缩短决策链条，加快响应速度。岗位设置的优化应根据实际工作需求和人员能力进行，确保每个岗位都能有效发挥其作用，提高整体工作效率。

通过培养共同的价值观和行为准则，可以增强团队的协作精神，提升员工的归属感。组织文化教育可以通过内部培训、研讨会等方式开展，强化员工对组织使命和价值观的理解与认同，建立组织文化标识，如口号、标志等，能够在日常工作中不断提醒员工组织的目标与价值。在此基础上，定期举办组织文化活动，如团队建设活动、庆祝典礼等，有助于增强团队的凝聚力，营造积极向上的工作氛围。

在组织能力建设方面，提升员工的专业技能和综合素质是核心目标。通过系统的专业培训，组织可以不断更新员工的知识体系，提高其适应市场变化的能力。此外，绩效管理作为一种有效的激励手段，可以通过明确的绩效指标和评估机制，激励员工的积极性和创造力。建立激励机制，既可以通过经济奖励，也可以通过非物质的认可与发展机会来增强员工的动力与忠诚度。通过持续的能力建设，组织不仅能够提高整体实力，还能在竞争中保持优势。

管理组织变革时，需要特别关注变革的引导与控制，确保变革过程的平稳与有效。在制定变革计划时，明确变革的目标和步骤，确保每一项措施都有据可依。目标明确，加强变革沟通，能够减少员工在变革过程中的抵触情绪，使他们更好地理解变革的必要性和益处。通过定期的会议、信息发布和反馈渠道，可以确保组织内信息的透明流通。组织应建立变革支持系统，提供必要的资源与支持，帮助员工适应变革，降低变革带来的不适感，确保变革目标的顺利实现。

第二节　测绘工程项目施工计划编制

一、施工计划的目标设定

施工计划的目标设定是确保项目施工顺利进行的基础性工作，涉及多个方面的综合考量，要求从项目整体目标出发，结合施工阶段的具体要求，全面涵盖施工质量、施工进度、成本控制、安全管理等领域。在设定施工计划目标时，遵循 SMART 原则尤为重要，要确保目标具体、可测量、可实现、相关性强且具备时限性。

在施工质量的目标设定中，需要明确工程的精度要求和技术标准，这不仅关乎工程的合格与否，还直接影响后续的使用性能和安全性。对于不同类型的工程项目，质量标准可能有所不同，因此需参考行业标准、客户要求以及国家规范，确保制定的质量目标具有现实性和适用性。验收标准的设定也是重要环节，需明确具体的验收测试方法和通过标准，以便在施工过程中进行有效监督与控制。

在施工进度目标设定方面，应考虑项目的总体进度计划以及各施工阶段的特点，明确关键节点不仅是进度控制的参考点，也是资源调配和人员安排的依据。总工期的控制也需在施工计划中得到充分体现，以保证项目按照既定时间框架推进，在此过程中，使用甘特图、网络图等工具可帮助可视化进度，便于管理人员进行实时监控和调整。

设定成本控制目标时则需综合考虑施工成本的预算、实际支出和优化策略。通过科学的预算编制，确保各项成本的合理性与合规性，降低因预算不足或超支而导致的风险。在施工过程中，需定期对成本进行跟踪与分析，识别可能的成本超支因素并及时采取措施，确保各项支出在可控范围内。优化成本控制还包括寻找合适的供应商、材料采购时机等，尽可能提高资源利用效率，降低不必要的开支。

施工现场的安全风险控制是保障施工顺利进行的基础，需要建立健全安全管理体系，包括安全事故的预防机制、安全培训方案和应急预案等。定期开展安全培训，提升员工的安全意识与应急处理能力，确保所有参与施工的人员都能熟悉并遵循安全操作规程。施工现场应设立安全监督机制，确保安全管理措施得以落实，从而降低事故发生率。

在施工计划的目标设定过程中，还需考虑项目的实际情况与外部环境的影响，自然条件、市场变化和政策法规等因素都可能对施工进度和质量产生直接影响，恶劣的天气条件可能导致施工延误，而市场上材料价格的波动则可能影响成本预算。项目管理者需具备前瞻性的判断能力，及时调整施工计划，以应对可能的外部变化。施工计划的目标设定还应与项目团队的能力和资源相匹配，以确保目标的可实现性。在设定目标时，需对团队成员的专业技能、工作经验及资源配置进行评估，确保制定的目标既具挑战性又能够在现有条件下达成。通过合理的目标设定，施工计划不仅能够指引项目的实施方向，还能为团队的协作提供明确的依据，促进整体项目的顺利推进。

二、施工计划的时间管理

施工计划的时间管理涵盖了施工计划的制定、进度的监控和工期的调整等多个方面，不仅能提高时间管理的效率，也能最大限度地减少潜在的延误风险。

在施工计划的制定阶段，需基于项目的整体进度要求及各施工阶段的特点，明确每个施工环节的开始和结束时间。详细的施工进度计划应包括各个工序的具体安排、资源配置及人员调配，形成一个系统而清晰的时间框架。通过明确的时间节点，施工团队能够清楚地理解每个环节的要求，确保各项工作有序推进。

为辅助施工进度的安排与监控，可以采用诸如关键路径法（Critical Path Method，CPM）、甘特图及项目管理软件等科学工具。关键路径法通过识别项目中影响总工期的关键环节，使得管理人员能够在这些重要任务上集中资源和精力，避免因某环节的延误而导致整个项目进度受阻。甘特图则通过直观的图示方式展现施工进度的安排和实时进展，使得项目团队可以快速了解各项工作的完成状态以及未来工作计划，从而实现高效的时间管理。在施工过程中，建立有效的进度监控机制包括定期的进度检查、进度报告及进度评审等，这样能够确保施工进度的透明化和可控性。通过定期检查，项目管理者可以及时发现施工进度中的偏差，并进行必要的调整和优化，若某个阶段的进度滞后，管理层可立即采取措施，比如增加人力或优化资源配置，确保后续施工不受影响。

施工时间管理中还需考虑各种导致延误的因素，包括设计变更、材料供应延迟以及不可抗力事件等。通过前期的风险评估，识别出潜在的延误因素并准备相应的应急措施，能够有效减轻这些因素对施工进度的影响。若预测到某一关键材料的供应出现延误，项目团队可以提前寻找备用供应商或调整施工计划，以降低风险。施工时间管理中还应重视团队的沟通与协调，在时间管理过程中，施工团队与设计、采购及质量管理部门的紧密协作，能够确保信息的及时传递和问题的快速解决。定期召开协调会议，确保各部门之间的信息畅通，使得所有相关人员都能准确了解施工进度及潜在风险，从而增强整体团队的协作能力。对于施工计划的时间管理而言，利用项目管理软件进行实时数据监控，能够为管理者提供最新的施工进度、资源使用情况及成本控制信息。数据驱动的方法能够使得管理者在决策时具备更强的依据，提高决策的科学性与及时性。

三、施工计划的资源配置

施工计划的资源配置是施工项目顺利进行的核心要素，涵盖人力、物资、设备和资金等多种资源的有效管理与调配，资源配置的合理性与优化程度直接影响施工进度、成本控制及项目整体效率。在进行资源配置时，需以施工阶段的具体需求和进度安排为基础，确保各类资源能够在合适的时间和地点被有效利用。

资源需求分析是通过详细的需求分析，明确各个施工环节所需的资源量及其使用时间，这不仅涉及到人力资源的配置，包括工人、技术人员和管理人员，还包括物资和设备的具体需求，在基础施工阶段，可能需要大量的混凝土、钢筋以及相应的施工设备，而在装饰阶段，则需要不同类型的材料和工具。通过对不同施工环节的资源需求进行全面评估，能够为后续的资源供应计划提供准确的数据支持。在明确了资源需求之后，制定资源供应计划及分配方案成为重点，供应计划不仅需考虑资源的采购，还需考虑运输、存储等环节，确保资源在施工过程中的及时到位。有效的供应链管理对于施工进度的顺利推进至关重要，合理安排采购时间与物流运输，能够最大限度地减少施工现场的等待时间，提高施工效率。资源的存储也需合理安排，确保项目在不同阶段所需资源的可用性，避免因物资短缺导致的施工延误。在资源配置的过程中，优化与节约同样是核心目标，通过提高资源的使用效率和减少资源的浪费，能够有效降低施工成本，提高项目的经济效益，通过合理安排施工工序，确保设备在高峰期的最大利用率，避免闲置。采用现代化管理手段，如信息化管理系统，能够实时监控资源的使用情况，分析资源利用率，从而及时调整资源配置，减少不必要的支出。通过监控施工进度与资源使用情况，能够及时识别潜在问题并做出调整。若发现某资源使用率低于预期，可以考虑重新分配资源或调整施工计划，以便更好地匹配项目进展与资源供给。定期的资源评审与反馈机制，能够为项目管理者提供准确的决策依据，确保资源配置的动态调整，适应不断变化的施工环境。施工过程中可能遇到的突发情况，如设计变更、天气影响或其他不可预见的因素会导致资源需求的变化，因此预设应对策略显得尤为重要，提前与供应商建立良好的合作关系，确保在资源需求突增时能够迅速响应，同时设立合理的安全库存，以应对突发的物资需求。

四、施工计划的风险评估

施工计划的风险评估涉及对施工过程中潜在风险因素的系统识别、分析和评价，评估工作不仅有助于提高施工的安全性和可靠性，还能为项目的顺利实施提供有力保障。通过全面的风险评估，可以有效应对技术风险、市场风险、法律风险、财务风险和自然风险等多方面的挑战。在进行风险评估时，需对施工环境和项目特点进行深入分析，识别出影响施工过程的各类风险因素。技术风险通常涉及到施工技术的复杂性、设备的可靠性以及施工工艺的适用性；市场风险则可能源于原材料价格波动、劳动力市场变化及行业竞争加剧等因素；法律风险涉及合同条款的合规性、环境保护法规的遵循等；财务风险则与资金链的稳定性及财务管理的有效性密切相关；自然风险包括天气变化、地质条件及其他不可预测的自然因素，这些都会对施工进度和质量造成直接影响。

为系统地评估识别出的风险因素，可采用科学的分析方法和工具，如风险矩阵、概率分布及决策树分析等。风险矩阵可以帮助项目团队对各类风险进行分类和优先级排序，通过分析风险的发生概率与影响程度，确定最需要关注的风险；概率分布则能够提供风险发生的可能性和后果的量化信息，辅助项目管理者制定更为精准的应对策略；决策树则提供了一种可视化的方式，帮助团队理清不同决策路径下的风险情况，便于选择最佳的应对方案。

在风险评估的过程中，施工环境的变化、项目进展的不同阶段可能引入新的风险，因此建立完善的风险监控和预警机制至关重要。通过设立定期的风险评审和监控机制，项目团队能够及时发现施工过程中出现的新风险，并做出相应的调整；定期召开风险评估会议，汇总施工现场的反馈信息，更新风险数据库，确保风险信息的实时性和有效性。

施工计划的风险评估还需与具体的风险应对策略相结合，制定有效的风险应对措施，以减少潜在风险对施工的影响和损失。应对措施可分为风险规避、风险转移、风险减轻和风险接受。风险规避措施可能涉及修改施工方案或工艺，以避开高风险因素；风险转移则可通过保险、合同条款等方式，将风险的责任转移给第三方；风险减轻措施则包括加强施工现场的安全管理、提供必要的培训和设备维护，以降低事故发生的概率；而在面对不可避免的风险时，则选择风险接受，建立应急预案以应对潜在影响。在评估完成后，需将风险评估结果纳入到整体施工计划，确保所有团队成员了解当前的风险状况，并清楚各自的责任和应对措施，通过教育与培训，增强全员的风险意识，培养团队在面对风险时的应对能力和快速反应能力。

五、施工计划的进度控制

施工计划的进度控制是确保施工项目按既定时间框架顺利推进的核心环节，涉及对施工进度的全面监控、定期检查、及时调整和持续优化，有效的进度控制不仅能够提升资源使用效率，还能在施工过程中应对不可预见的挑战，从而降低项目延误和成本超支的风险。进度控制的实施需基于详细的施工进度计划，应结合实际施工情况，定期对项目的进展和进度偏差进行实时监测与分析。在构建进度监控机制时，定期的进度检查与评审显得尤为重要，通常包括对施工现场的定期巡视、与施工团队的面对面沟通以及收集各类进度报告，应详尽记录各施工环节的实际进度、存在的问题以及解决方案，从而为后续的决策提供数据支持。在此基础上，进度评审会议可以为项目管理层提供一个讨论和分析进度偏差的平台，通过团队协作，形成对当前施工进展的全面认知，并及时调整施工策略。

在施工过程中，各类延误因素可能会对项目进度造成影响，包括设计变更、材料供应延迟以及不可抗力事件等。因此，提前识别这些潜在风险并制定相应的应对策略至关重要，针对设计变更，建立清晰的变更管理流程，以确保设计调整不会对施工进度造成重大干扰；对于材料供应延迟，应提前建立供应链管理机制，选择多家合格的供应商以降低依赖风险，同时保持与供应商的密切沟通，确保材料按时到位；对于不可抗力事件，项目团队应预先准备应急预案，包括调整施工计划的灵活性和提升人员的调度能力，以快速应对突发状况。

进度控制不仅仅是监控与调整，更包括对团队成员的培训和激励。通过对施工团队进行定期的培训，增强其进度控制工具的使用能力，使每位成员都能清楚了解自己的任务及其对整体进度的影响。建立激励机制，鼓励团队成员在施工中提出改进意见，积极参与到进度控制的全过程，形成全员共同关注施工进度的氛围。施工计划的进度控制应以目标导向为核心，确保施工进度与整体项目目标相一致。在实施过程中，通过定期的效果评估和反馈，确保进度控制措施的有效性，并根据评估结果不断优化进度控制策略。进度控制的目标不仅是确保施工按期完成，更是提升整个项目管理的水平，实现项目的高效、低成本、优质完成。

六、施工计划的审核与调整

施工计划的审核与调整是确保施工项目科学性、灵活性和适应性的关键环节，涵盖了施工计划的制定、执行、监控及优化的全过程，核心在于系统和全面地评估施工计划，以确保在目标设定、时间管理、资源配置、风险评估和进度控制等方面都能有效支持项目的整体目标和要求。

在施工计划审核阶段，需要深入分析施工计划的每一个组成部分，目标设定必须与项目的长期愿景相一致，确保目标具有明确的可测量性和可实现性。在时间管理方面，审核团队应确认施工进度安排的合理性，确保每个阶段的工期与任务相匹配，并评估各个环节的时间预留是否足够，以应对可能出现的意外情况。在资源配置的审核中，应关注人力、物资、设备和资金等资源的合理分配，确保资源能够高效使用，以满足施工需求。施工计划的风险评估部分需要经过严谨的审查，以识别可能的风险点及其潜在影响，确保制定出切实可行的风险应对策略。审核中还需关注施工计划的合规性，这包括符合相关法律法规、行业技术标准以及合同条款等。合规性审查不仅能降低法律风险，还能确保施工活动的顺利开展，项目管理者应汇总所有相关方的意见，确保多方参与并共同对施工计划进行评估，从而提高审核的全面性和透明度。

施工计划的调整指需依据施工计划执行情况及外部环境的变化对施工计划进行相应的修改与优化，施工进度的偏差需被及时识别并加以分析，判断偏差的原因并评估其对整体项目进展的影响。资源的供应情况也需定期评估，确认资源的可用性和分配的有效性。在面对风险变化时，调整策略和应对措施确保施工计划在变化的环境中依然能保持其有效性和适应性。

为确保施工计划的审核与调整过程顺利进行，项目团队应建立定期会议机制，鼓励所有相关方就施工计划的进展和调整进行深入讨论，团队成员应能够畅所欲言，提出对施工计划的看法和建议，从而实现集体智慧的有效整合，信息共享平台的建立也有助于各方及时获取最新的施工进度和调整信息，减少信息不对称带来的困扰。在实施审核与调整时，需特别注意施工计划的持续性和稳定性，频繁和大幅度的调整不仅可能造成资源浪费，还可能影响团队士气，导致项目进展的不确定性，任何调整都应在充分评估后进行，以确保调整是基于实际需求，而非冲动决策，通过定期回顾施工计划的实施效果，可以确保计划在整体执行过程中保持一致性，并逐步优化其内容，以适应不断变化的项目环境。

第三节 测绘工程施工方法的选择

一、施工方法的技术评估

施工方法技术评估的核心在于对不同施工技术方案进行全面的分析与比较，以便为项目的成功实施选择最优的施工方式。技术评估不仅关注施工方法的可行性，还涉及效率、精度及适用性等多维度的考量，以满足项目的特定要求并实现最佳施工效果。在施工精度和质量方面，评估时应考虑多个因素，设备的技术指标、测量工具的精度，以及数据处理和分析的准确性都应被纳入评估范围。在高精度测绘项目中，常采用全站仪和全球定位系统等先进设备，全站仪能够实现高精度的三维测量，适用于需要高精度数据的地形勘测；对于较大规模的地形测绘，航空摄影测量或卫星遥感技术能够提供更广泛的数据覆盖和有效的空间分析。不同的测量技术具有各自的优缺点，选择时应综合考虑测量精度与成本效益。高效的施工方法能够在保证质量的前提下，缩短工期并降低成本，同时需要对施工流程进行优化，包括作业顺序的合理安排、作业方法的标准化和施工设备的现代化等。

从表5-1可以看出，无人机测绘在工期上具有明显优势，同时生产效率也较高，适合于大范围区域的快速测量。而使用全站仪进行测绘时虽然工期较短，但成本相对较高，适用于小范围、高精度的测量项目。综合考虑效率与成本，选择最适合的施工方法将对项目的整体效益产生深远影响。

表5-1 不同施工方法在效率上的比较

施工方法	工期（天）	生产效率（单位/小时）	成本（元/单位）
全站仪测绘	10	20	150
航空摄影测量	15	30	200
无人机测绘	8	25	180

在不同地理环境和气候条件下，施工方法的选择对工程进展有直接影响。在复杂的地形条件下，无人机技术的引入能够克服传统测量方法在视野和地形限制方面的不足，实现高效的测绘作业。在城市环境中，因空间限制，车载或背包式移动测量系统显得更为合适，其具有灵活性和适应性，能够在狭小空间中进行有效测量。针对不同的气候条件，如雨季、干旱或极寒天气，施工方法的选择也应有所调整。在雨季施工时，需关注设备的防水性能及施工材料的耐湿性；而在寒冷环境中，应评估材料的抗冻性能及施工过程的安全性，这些因素不仅影响施工进度，也直接关系到工程质量和安全。

在技术评估的过程中，公式可以帮助进行量化分析，可以通过以下公式来计算施工效率：

$$施工效率 = \frac{完成单位数}{工期} \qquad (5-1)$$

通过该公式，可以对不同施工方案的效率进行定量比较，进而选择最适合项目需求的施工方法。要综合考虑施工精度、效率与适用性等多方面因素，因此，技术评估在施工方法选择中发挥着不可或缺的作用，其可以确保项目的顺利实施并为最终交付奠定基础。

二、施工方法的经济分析

施工方法经济分析的目标在于全面评估不同施工方案的成本效益，为决策提供数据支持。该分析不仅关注直接和间接成本的核算，还涉及投资回报、经济效益及潜在风险的评估。

在进行经济分析时，施工过程中的成本通常包括材料费、人工费和设备使用费等，与项目实施直接相关，通常可以准确估算。材料费包括混凝土、钢材等建筑材料的采购费用；人工费涉及工人的薪资支出；设备使用费则是指施工过程中所需机械设备的租赁或折旧费用。相较于直接成本，间接成本更为复杂，包括管理费、运输费、税费等。管理费通常涉及项目管理人员的薪酬和行政开支；运输费则是材料和设备在施工现场之间的转运费用。成本的综合考虑，有助于形成对不同施工方案的总成本分析。

在对不同方案的总成本进行评估后，投资回报分析关注施工完成后项目的市场价值及其运营收益。某建筑项目在竣工后的市场价值评估，可以通过市场调研和参考类似项目的价格来进行。运营收益则取决于项目的功能及其商业潜力，尤其在房地产开发中，租金收益和物业增值是主要的收益来源。附加价值，如环保效益或社会效益，也应在投资回报分析中考虑，其不仅直接影响投资回报率，还可能影响到项目的长期可持续性。

为了进一步分析施工方法的经济效益，常用的指标包括净现值（Net Present Value，NPV）、内部收益率（Internal Rate of Return，IRR）和投资回收期（Payback Period）。净现值是通过将未来现金流量折现到当前时点来计算项目的经济价值；内部收益率则是使净现值为零的折现率，是衡量投资收益的重要指标；投资回收期则关注项目回收初始投资的时间，对于评估项目的流动性至关重要。市场风险来自经济环境的变化，如市场需求波动、原材料价格上涨等，这些均对施工成本和项目收益产生直接影响。技术风险则与施工方法的技术可行性相关，如新技术的应用可能带来不确定性。而法律风险则涉及合规性和合同的合法性，任何法律诉讼或合规问题都对项目造成财务压力。识别和评估风险并建立风险管理策略，如购买保险、合同条款的完善，以及项目预算的灵活性，可以有效降低经济风险的影响。在经济分析中使用的综合的成本—收益分析模型应包含所有相关的成本和收益数据，通过数据输入，利用计算工具进行系统分析。

$$投资回报率 = \frac{净收益}{总投资} \times 100\% \qquad (5-2)$$

式中，净收益为项目收益减去总成本，计算得出的投资回报率将为决策者提供重要的参考依据。

三、施工方法的环境影响

施工方法的环境影响评估是确保建筑活动在实施过程中对周围环境影响最小化的必要步骤，评估的核心在于识别施工活动可能导致的生态破坏、环境污染和资源消耗等问题，进而制定有效的环境保护措施，以促进可持续发展。在对施工方法对自然环境影响的分析中，需关注植被的破坏、地形的改变及对野生动物栖息地的影响。施工活动常常需要清理土地，移除植被，导致土壤侵蚀和水土流失。尤其在山地或丘陵地带，失去植被覆盖后，水流会加速，从而导致地表土壤的流失和生态系统的破坏。在施工过程中，可能对野生动物的栖息地造成干扰，使得一些动物无法在原有环境中生存。因此，在项目实施前，对施工区域内的生态状况进行详细的调查是十分必要的。根据评估结果，可以采取生态恢复措施，如在施工后种植本地植物，修复生态环境，以恢复自然生态系统的平衡。

在环境影响评估中，还需对施工方法对大气、水体及土壤等环境介质的影响进行详细分析，施工过程中产生的废气、废水和固体废物是主要的污染源，施工机械和运输车辆在运行时会释放废气，造成空气污染，选择低排放的施工设备和推行绿色施工技术能够有效降低对空气质量的影响。施工产生的废水需经过处理后才能排放，以避免对周围水体造成污染。对于固体废物，建立分类和回收系统，实施资源化利用措施，可以最大限度地减少对土壤的污染。在施工过程中，土壤会受到压实、污染或化学物质的影响，造成土壤质量下降，因此，在施工前应进行土壤取样与分析，以了解其本底状况，并制定相应的土壤保护措施。在施工期间，应尽量减少对土壤的扰动，采用覆盖物或护坡技术保护土壤结构。

施工过程中对能源、原材料及水资源的需求往往较高，通过引入节能施工技术，如采用高效能设备和可再生能源，能够显著降低施工过程中的能源消耗。对于原材料的使用，推广循环经济理念，鼓励使用可回收材料和环保建材，这样不仅能减少资源消耗，还能降低废物产生。水资源的利用同样需要优化，建立雨水收集与利用系统，可以有效减少施工用水和对周边水体的依赖。

施工方法的环境影响评估可以采用多种指标进行量化分析，以确保环境影响得到充分考虑。通过构建环境影响矩阵，将不同施工方法与其潜在影响进行对比，能够清晰地识别出各方案的优劣，某些施工方法在减少资源消耗方面表现优异，而另一些方法则在降低污染物排放上具有优势。选择最佳施工方案的过程中，权衡各项指标，将为项目的可持续发展奠定基础。

为进一步加强环境影响评估的实用性，设定的具体环境保护目标和标准中不仅应包括减少污染和保护生态，还应涵盖施工对社区的影响。通过与当地社区和利益相关者进行沟通，了解其关切和需求，制定符合社会可接受性的环境管理计划，这将有助于提高项目的社会认可度。在评估过程中，了解国家及地方关于施工环境保护的法律法规，并在项目实施过程中严格遵守，可以有效降低法律风险。施工企业应定期进行环境影响监测，收集数据和进行反馈，以便在施工过程中不断优化管理和技术手段，确保将环境影响控制在可接受范围内。

四、施工方法的创新应用

施工方法的创新应用涵盖了新技术、新材料、新工艺和新设备的广泛开发与实施，不仅能显著提升施工效率、精度和质量，还能推动整个行业向更加智能化和可持续的方向发展。

在测绘工程领域，遥感技术、地理信息系统、无人机测绘及三维激光扫描等先进技术正在快速发展，成为施工方法创新的核心。

遥感技术通过卫星或航空平台获取地面信息，可以进行大范围、高效率的地形测绘。GIS 作为信息系统，可以将空间数据与属性数据进行集成，支持复杂的数据分析和决策制定，不仅使得施工过程中的数据获取更加精确和迅速，还能在后期分析中提供丰富的信息支持，助力项目的科学管理。无人机测绘的兴起为传统测绘方法带来了颠覆性的变化，无人机在高空飞行中能够快速获取高分辨率的影像和数据，大大缩短了测绘时间。无人机在复杂地形和危险环境中的应用，降低了人工作业的风险，提升了安全性。三维激光扫描技术则通过快速获取三维空间数据，为施工提供精准的模型，使得施工设计更加科学合理，避免了因设计缺陷带来的返工和资源浪费。

新材料方面采用新型轻质材料，能够有效减轻施工设备的重量，提高设备的便携性和灵活性，如碳纤维、复合材料等材料，不仅强度高、耐用性强，还降低了施工过程中运输和操作的难度。新材料的使用能够显著提高施工的安全性和效率，尤其是在高空作业或狭小空间施工时，轻质材料的优势更为明显。

在施工工艺方面，持续的技术创新使得许多传统工艺得以改进，采用预制构件和模块化施工时，能够在工厂中预先制作构件，在现场快速组装，这样不仅提高了施工速度，还减少了现场作业的复杂性，降低了因天气等不确定因素带来的影响。此外，采用新型施工工艺，如喷射混凝土和快速硬化技术，能在较短的时间内完成高强度结构的建设，加快了工程进度。

新设备的引入为施工方法的创新应用提供了更强的技术保障，高精度测量仪器，如全站仪和高精度 GPS 设备，使得测绘数据的获取更加准确，减少了因测量误差导致的施工问题。自动化施工设备的使用，例如混凝土泵、施工机器人等，极大地提高了施工的自动化程度，降低了对人工的依赖，减少了操作中的人为错误。智能施工机器人能够在危险环境下执行任务，提高了施工的安全性和效率。

除了技术和材料的创新，施工方法的创新应用方面还应关注可持续发展，采用节能、环保的施工方案，不仅有助于减少施工过程中的碳排放，还能保护周围环境。采用太阳能供电的设备和技术，能够降低对传统能源的依赖，减少施工对环境的负面影响。绿色施工理念的推广，使得施工方法的创新不仅限于技术层面，也涵盖了对生态环境的责任。在施工方法的创新应用过程中，通过不断收集施工过程中的数据和经验，及时调整和优化施工方法，以应对新的挑战和需求，这需要各个参与方的密切合作，包括设计师、工程师、施工人员和管理团队，确保创新应用的顺利实施。

五、施工方法的标准化流程

施工方法的标准化流程可以通过对施工各个环节的规范化、标准化和优化，确保施工活动能够高效、有序地进行。标准化流程不仅提高了施工的可靠性和一致性，还促进了资源的合理利用和管理效率的提升。

建立施工流程的标准作业程序（Standard Operating Procedure，SOP）是实施标准化流程的基础，其涵盖了施工准备、施工实施、质量控制、安全管理和竣工验收等各个环节。在施工准备阶段，制定详细的操作指南，明确各项任务的责任人和完成时限，有助于确保每个环节都能按计划进行。通过流程图的形式可视化施工步骤，使得所有参与人员能够清晰地理解施工流程，减少因信息不对称导致的错误。

在施工实施阶段，标准化的操作程序可确保施工人员按照规定的步骤和标准进行作业，降低施工过程中的风险和失误。在混凝土浇筑过程中，标准化程序要求在浇筑前进行充分的材料检验，确保所用水泥、砂石等材料符合相关规范，浇筑过程中则需遵循统一的技术要求，包括浇筑的厚度、时间间隔和养护方法。严格的操作规范可以有效防止因施工不当造成的质量问题。

质量控制环节，通过设立质量检查点和标准化的检验流程，能够在施工过程中及时发现并纠正问题，施工单位可以在每个施工阶段设定质量评估标准，定期对施工进度和质量进行审核，确保所有施工活动都在可控范围内。通过建立有效的反馈机制，施工人员能够根据检查结果不断优化施工方法和流程，提高整体施工质量。

施工方法的标准化也涉及施工技术、设备和材料的规范化，包括在施工过程中采用统一的技术标准和设备要求，以确保各项施工活动的稳定性和可靠性。通过选择符合国家或行业标准的施工设备和材料，能够降低施工过程中由于设备故障或材料问题引发的风险。在桥梁施工中，采用标准化的钢筋连接技术，可以确保结构的整体性和安全性。在施工管理层面，项目管理、进度控制、成本管理和资源配置等环节的标准化，能够提高施工管理的效率和效果。通过建立统一的项目管理平台，各参与方可以实时获取项目进展信息，协同推进各项工作。进度控制方面，通过制定明确的进度计划和里程碑，可以有效监控施工进度，及时发现并解决潜在问题。成本管理中则需通过标准化的预算和审计流程，确保项目资金的合理使用，减少资源浪费。资源配置的标准化也为施工效率的提升提供了有力保障，通过合理规划和调配施工资源，包括人力、物力和财力，可以确保施工过程的顺畅进行。实施资源管理标准，明确各类资源的使用规范，有助于提高施工资源的利用效率，降低项目整体成本。

六、施工方法的安全性考量

施工方法的安全性考量涉及对施工方法的安全性评估、安全风险控制和安全事故预防，全面的安全性考量不仅能够降低施工现场的事故风险，还能提高施工人员的安全意识和操作能力，确保施工活动顺利进行。

进行安全性考量时，首要任务是评估施工方法的固有安全风险。这包括对设备操作安全、作业环境安全以及人员操作安全的全面分析。设备操作安全方面，需对所有施工机械进行定期维护和检查，确保其在最佳状态下运行。通过培训使操作人员掌握设备的使用规范和操作流程，减少因操作不当引发的安全事故。作业环境的安全评估则需要评估现场的地形、气候条件和周围环境，识别潜在的危险因素，例如高处作业、重物搬运等。通过设立安全围栏、警示标志和安全通道，可以有效减少事故的发生。人员操作安全也同样重要，所有施工人员需接受系统的安全培训，明确自身的安全责任和注意事项。

安全风险控制是确保施工安全的核心环节，通过对施工现场进行定期安全检查，可以及时发现隐患并采取整改措施。在施工过程中，应设置专门的安全管理岗位，负责监督和检查施工现场的安全状况，确保所有安全措施的落实。实施风险评估和管理制度，对施工过程中的各类风险进行量化和评估，制定相应的控制策略，以降低风险发生的概率。在高风险作业中，特别需要制定详细的安全操作规程，并进行现场演练，提高施工人员的应急处置能力。在施工设备的安全设计方面，选用符合安全标准的机械设备，并采取必要的安全防护措施，如设置安全保护装置和紧急停机按钮等。在施工工艺的安全性设计中则应考虑各个环节的安全因素，例如在高处作业时采用安全带和安全网，确保作业人员的安全。施工现场的安全性设计也应包括合理的场地布局，确保通行顺畅，紧急出口明显，避免人员在施工中出现拥挤和混乱。

安全事故预防方面，通过建立安全责任制，明确各个岗位的安全职责，使每位施工人员都能意识到自身在安全管理中的重要性。同时，定期开展安全检查和评估，确保各项安全措施得到有效执行。安全文化建设则应渗透到施工团队的日常工作中，培养团队成员的安全意识，鼓励员工主动发现并报告安全隐患，形成良好的安全氛围。在安全性考量的过程中，事故的发生往往是由多个因素共同作用造成的，需要从源头上进行预防。通过对历史安全事故的分析，识别常见的安全隐患和事故发生的规律，制定相应的预防措施。在高温或恶劣天气条件下，合理调整施工计划，减少高风险作业时间，以保护施工人员的安全。还需制定详尽的应急预案，明确事故发生后的处理流程和责任分工，以确保在突发事件发生时能够迅速有效地应对，降低事故造成的损失。

安全性考量还应与施工项目的整体管理相结合，形成系统化的安全管理体系，通过引入现代信息技术手段，如物联网、智能监控和数据分析，可以实现对施工现场安全状况的实时监测，及时预警潜在的安全风险，定期组织安全培训和安全演练，提高施工人员的安全技能和应对突发事件的能力，确保每一位员工都能够熟练掌握安全知识和应急处置方法。

第四节　施工现场管理与协调

一、施工现场的布局规划

施工现场布局规划的合理性直接影响到施工效率、安全性及工程质量，在进行布局规划时，需要综合考虑施工项目的规模、施工方法、施工设备和施工进度等多个因素，以实现施工空间的优化配置和资源的高效利用。施工设备和材料的存放区域必须具备足够的空间，以满足设备的存放、维护及使用需求。对于大型设备如挖掘机、起重机等，需确保其停放位置靠近施工区域，以减少设备移动带来的时间浪费和安全隐患。材料存放区域应尽量靠近施工现场，以便于材料的快速运输和补给，降低物料堆放造成的场地占用和物流成本。为了有效管理材料的使用和存放，材料区应对不同类型的材料进行分类，并设置明确的标识，以提高取用效率并减少混淆。

为确保施工人员的基本工作和生活需求，规划中应设置办公室、休息室、食堂和卫生间等必要设施。区域的布局需考虑到施工人员的流动性与便利性，尽量减少从工作区到生活区的距离，提高施工人员的工作效率和满意度。在设置区域时，还需遵循安全和卫生标准，以保障施工人员的身心健康。食堂的设置应考虑通风和排污系统，以防止食品安全问题。而休息室则应配备舒适的家具和休闲设施，以便于人员的放松和恢复。

施工现场的物流和人流规划方面，在布局时应合理设计施工通道和运输路线，确保设备和人员的流动畅通无阻。通道的宽度和布局需根据施工设备的尺寸和工作性质进行合理设计，以避免在施工过程中发生拥堵或碰撞，造成安全隐患。此外，为了提高运输效率，可设置专用的运输线路，确保材料运输与人员通行相互独立，从而降低物流和人流交叉引发的风险。施工过程中临时设施的设置方面，设计中为临时电力供应、临时给排水系统、临时厕所等设施预留空间时不仅需要考虑到位置的合理性和便利性，同时也需确保其对施工流程的支持作用。临时供电设施应尽量靠近用电设备的使用点，减少电缆的铺设长度，降低电力损耗和安全风险。

在布局中应合理设置安全警示标志，确保施工人员能及时识别潜在的危险区域。消防设施的布置应符合相关规范，以确保在发生火灾等紧急情况下能够迅速展开应急响应。废弃物存放区的设置应符合环保要求，确保施工过程中产生的废弃物得到妥善处理，避免对周围环境造成污染。

在进行施工现场布局规划时，数据收集和现场勘查是不可或缺的环节。通过对施工现场的实际情况进行详细调查，包括地形地貌、气候条件和周边环境等，可以为布局规划提供重要依据，依据实际情况进行合理布局，不仅能提高施工效率，还能有效规避施工中的各种风险。

二、施工现场的物资管理

施工现场的物资管理涉及物资的采购、运输、存储、使用及回收五个方面，有效的物资管理不仅能够提高施工效率，还能降低施工成本，确保项目按时完成。物资管理中需要根据具体的施工进度和施工方法，对各种物资的需求量和需求时间进行准确预测，通过与项目进度表的密切结合，合理规划物资的到货时间和数量，避免因物资短缺而影响施工进度，或因过剩而造成资源浪费。在需求计划的制定过程中，可以采用历史数据和统计分析的方法，结合项目特性，科学合理地预估所需物资。

在物资采购方面，选择合适的供应商不仅关系到物资的质量，还直接影响到供应的及时性。对于供应商的选择，除了考虑其信誉、质量和价格外，还需评估其交货能力和服务水平。在与供应商合作时，应制定明确的合同条款，规定交货时间、质量标准和售后服务等，确保在物资采购过程中有明确的依据和保障。建立供应商评价机制，定期对其绩效进行评估，以便在后续采购中优化供应链。

合理规划存储区域可以提高物资的存取效率，并降低因存储不当导致的损失。物资存储区应采取有效的防潮、防火和防盗措施，以确保物资的安全和完整。存储易燃易爆物资的区域需符合相关安全规范，配备必要的消防设施，并进行定期检查。在存储过程中，建立出入库管理制度，确保每一项物资的进出都能被严格记录和监控，这不仅有助于防止物资的浪费和损失，还能为后续的库存管理提供准确的数据支持。

物资的使用管理需要根据施工进度和方法进行合理地调配与使用，施工现场应明确各类物资的使用标准和流程，避免因使用不当导致的浪费。在使用混凝土时，应根据具体的施工要求确定其配比和用量，确保每一批次的使用都符合施工规范。通过定期对物资使用情况进行分析，识别高效和低效的使用环节，有针对性地制定改进措施，提高物资使用效率，减少浪费。

在施工过程中，产生的废弃物应进行分类收集和处理，按照可回收与不可回收的标准进行区分，合理安排回收渠道。对可回收的物资，如钢材、木材和混凝土等，进行有效的再利用，既能降低施工成本，又能减少环境污染。在此过程中，可借助现代化的信息管理系统，实现对废弃物的实时跟踪和数据分析，以提升回收的效率和效果。

通过定期开展物资管理培训，提高施工团队对物资管理流程的理解和执行力，使每位员工都能意识到物资管理的重要性，并在日常工作中自觉遵守管理规定。良好的物资管理文化能够有效促进团队合作，提高整体工作效率。在施工现场，信息化技术的引入也为物资管理提供了新的解决方案。通过物资管理软件，可以实现对物资的全面监控，及时掌握物资的库存状况和使用情况，避免因信息滞后导致的物资短缺或浪费。信息化管理系统还能够提供数据分析功能，帮助管理者实时评估物资使用效率和采购策略，从而进行更加科学的决策。

三、施工现场的安全管理

施工现场的安全管理涵盖了安全风险的识别、评估、控制和预防等多个方面，有效的安全管理体系能够大幅度降低事故发生的概率，保护施工人员的生命安全及施工设备的完好，进而保障工程项目的顺利推进。

安全管理的第一步在于进行全面的安全风险识别和评估，通过现场勘查、资料分析和专家咨询等多种方式，深入挖掘施工现场潜在的安全风险，如在高层建筑施工中，坍塌风险常常由于土壤不稳定或施工方法不当而产生；在电气安装过程中，触电风险则可能源于电缆布局不合理或设备老化。

识别完风险后，接下来是对风险的可能性和严重性进行评估。通过制定标准化的风险评估矩阵，可以有效地对各种安全风险进行分类，为后续的管理措施提供依据。

在识别与评估安全风险后，针对具体的安全风险，需制定详尽的预防措施，针对坍塌风险，可以通过加强支护结构和采用合适的施工方法来降低风险；而对于火灾风险，则需建立严格的防火制度，配置必要的消防设施，并定期进行防火演练。

施工现场人员的安全培训同样不可忽视，定期举办安全培训课程，提高施工人员的安全意识和应急处理能力，以提升现场的整体安全防范能力。

安全管理中还需建立完善的安全监督和检查机制，包括定期对施工现场安全状况的检查与评估，确保所有安全管理措施得到有效实施。检查过程中，施工管理人员应重点关注高风险作业环节，并对隐患进行及时记录和整改。建立安全检查的责任制，明确各级管理人员在安全管理中的具体职责，有助于形成强有力的安全管理体系。通过有效的监督，及时发现安全隐患并采取措施加以消除，从根本上降低事故发生的可能性。

无论事故的大小，均应及时报告，以确保对每一起事件进行详细调查和分析，从中总结教训，制定改进措施，防止相似事故再次发生。在事故发生后，组织专项小组对事故进行评估，查明事故原因，并提出整改建议，将事故处理结果及时反馈给全体施工人员，以提高其安全意识，促使其在日常工作中更加重视安全。

施工现场的安全文化建设方面，通过培养安全文化，可以增强施工人员的安全意识，使每位员工都能够自觉遵守安全规章制度，积极参与安全管理工作。建设安全文化的方式可以多样化，如开展安全主题活动、发布安全宣传资料等，提升全员的安全参与感。

现代信息技术的引入为施工现场的安全管理提供了新的解决方案。利用先进的监控技术、数据分析和信息管理系统，可以实时监测施工现场的安全状况，通过安装视频监控系统，可以对现场施工进行全方位的监控，及时发现潜在的安全隐患，并迅速采取措施。此外，数据分析工具能够帮助管理人员对安全数据进行汇总和分析，识别出高风险环节，为安全管理的决策提供数据支持。

四、施工现场的质量监督

施工现场的质量监督是确保施工质量符合规定标准的关键环节，涵盖了施工前的准备、施工过程的实施以及施工后的检查与验收等多个阶段，有效的质量监督体系能够确保施工项目的整体质量满足设计和功能要求，进而降低后期的维护和修复成本。质量监督在于制定详细的质量管理计划和标准，此计划应明确施工质量的目标和具体要求，包括施工材料的质量标准、施工工艺的质量要求以及最终成果的质量验收标准。在制定质量标准时，需参考相关行业标准和国家规范，同时结合具体项目的特点，确保标准具有针对性和可操作性。通过对质量目标的清晰界定，施工团队能够在实施过程中明确方向，遵循既定标准进行作业。

在施工过程中，建立全面的质量检查和监督机制，应包括定期和不定期的质量检查，以确保施工活动的每一个环节都符合质量标准。定期检查可以通过制定详细的检查计划来实施，确保各个施工阶段的质量控制点得到充分关注；而不定期检查则有助于随机抽查施工质量，及时发现潜在的问题。质量监督人员应具备专业的技术知识和经验，能够准确识别施工中的质量隐患，并提出针对性的改进建议。一旦发现质量问题，所有质量问题应在第一时间内进行记录，包括问题的性质、发生的时间、涉及的施工环节以及初步的处理措施。通过对问题的分析，可以确定其产生的根本原因，从而制定针对性的整改措施，防止类似问题的再次发生。记录和分析的过程不仅能为后续的质量管理提供数据支持，还能够为施工团队提供学习的机会，提升整体的质量意识。

质量监督过程中还需要加强对施工人员的质量管理培训，提升其质量意识和技能水平。培训应针对不同岗位的施工人员，结合实际工作需求，制定相应的培训内容和计划。通过定期的培训，施工人员不仅能够掌握必要的质量管理知识，还能提高其在施工过程中的质量控制能力。在质量监督的过程中，施工人员在实际操作中往往会遇到各种问题，应鼓励他们提出质量改进建议和创新措施，这有助于持续提升施工质量。可以定期组织质量改进讨论会，邀请各个岗位的人员参与，集思广益，共同探讨在施工过程中的改进措施，这样不仅能激发施工人员的积极性，还能促进团队的凝聚力，营造出关注质量的良好氛围。

信息化技术的引入也为质量监督提供了新的方法和工具，通过采用质量管理软件，可以实现对施工质量的实时监控和数据分析。利用智能传感器和监测设备，可以实时收集施工现场的各项数据，并与预设的质量标准进行对比，从而及时发现异常情况，采取纠正措施。信息化手段的使用不仅提高了质量监督的效率，也为施工决策提供了科学依据。

五、施工现场的环境保护

施工现场的环境保护是确保施工活动对环境影响最小化的重要工作，涉及污染控制、生态保护和资源节约等多个方面。合理的环境保护措施能够有效降低施工活动对生态环境的破坏，促进可持续发展，提升社会对施工行业的认可度。

实施现场环境保护的核心在于制定详细的环境管理计划和标准，该计划应明确施工现场的环境目标与要求，包括污染物排放标准、生态保护措施及资源利用效率等具体内容。在制定标准时，应参考相关法律法规和行业规范，同时结合施工项目的特点，以确保环境管理措施的科学性和有效性。通过明确的目标设定，施工团队能够在作业过程中遵循既定的环境标准，从而降低施工对环境的负面影响。

建立环境监测和保护机制应包括对施工现场环境污染的实时监测和控制，

具体措施可以涵盖噪声控制、粉尘控制及废水处理等方面。对于噪声问题，可以采取隔音设施或合理安排施工时间，尽量减少对周围居民的影响。粉尘控制方面，需采用洒水、喷雾等方式，降低施工过程中产生的扬尘。对于废水处理，可以在施工现场设置专门的废水处理设备，确保废水达标后再排放，防止对周围水体造成污染。

在生态保护方面，应建立相应的保护与恢复措施，包括植被保护、土壤保护及野生动物保护等。在施工前，对施工现场的植被进行评估，尽量避免对重要生态区域的破坏。施工过程中，需采取措施保护周围的植被及土壤，通过设置保护围栏、限制施工车辆通行区域等方式，减少土壤侵蚀和植被损毁。对受施工影响较大的区域，可以在施工结束后进行生态恢复，通过植树、恢复植被覆盖等手段，促进生态环境的恢复与平衡。

环境保护工作中也需要加强对施工人员的环保意识培训，以提高他们的环保意识和技能水平，定期组织环保培训课程，内容涵盖环保法律法规、施工现场污染防控措施及生态保护知识等，帮助施工人员掌握相关技能和知识，增强其环境保护的自觉性和责任感。通过提高施工人员的环保素养，不仅能改善施工现场的环境状况，还能在全员中形成尊重自然、珍视生态的良好氛围。

在施工前，应对施工活动引发的环境风险进行评估，包括污染风险、生态风险和资源消耗风险等。在评估过程中，借助专业技术人员的意见和建议，可以识别出高风险区域和环节，从而制定相应的防范措施，实施动态风险监控，及时更新风险评估，确保施工过程中能够有效应对突发环境事件，如泄漏、溢出等情况。

引入信息技术手段也为施工现场的环境保护提供了有效支持，使用环境监测系统，可以实时监控施工现场的环境参数，通过数据分析及时发现问题，以采取纠正措施。环境管理软件的使用也有助于实现环境信息的集中管理，确保各项环保措施的落实和记录。

六、施工现场的协调机制

施工现场的协调机制可以确保各个部门、环节及人员之间有效协作，直接影响施工项目的进度、质量和安全。良好的协调机制能够促进信息的高效传递，增强团队合作精神，从而提升整体施工效率，降低潜在的风险和误解。

建立有效的沟通渠道和沟通规则是协调机制的首要任务，信息的及时和准确传递对于施工现场的各项工作至关重要。可以设立定期的会议制度，定期召开项目进展会、部门协调会和安全例会，以确保不同部门之间的信息流动。报告制度中也应明确规定各部门在什么情况下需要向上级报告，并确保信息反馈的及时性。构建信息共享平台，利用数字化工具进行实时信息更新，这可以大大提高项目进展的透明度。这种方式不仅提升了信息流通的效率，还增强了各部门对施工情况的整体把握。

在组织结构上，需明确各个部门的职责和任务，避免因职责不清而导致的工作推诿与延误，每个团队成员都应清楚自己的角色与责任，从而在日常工作中积极配合。此外，合理的工作流程能够确保各项工作之间的顺畅衔接，通过制定标准化的操作流程，可以避免因流程不当引发的误解与冲突。明确的工作流程不仅提升了施工现场的效率，还降低了因信息不对称而导致的风险。

在施工现场，冲突和纠纷在所难免，因此需建立冲突解决和纠纷处理机制。该机制应包括事前预防和事后处理两个方面。对于事前预防，可以通过建立清晰的沟通规则和团队协作协议来减少潜在的冲突，确保在工作开展前各方的期望得到统一。对于事后处理则应制定具体的调解程序，包括对冲突双方的情况进行调查、召开调解会议、协商解决方案等，确保纠纷能够及时得到有效解决，维护施工现场的和谐与稳定。针对施工团队，开展定期的团队建设活动和协作培训，提高施工人员的协作意识和团队精神，通过模拟实战演练和团队互动活动，帮助施工人员在实际工作中更好地理解团队合作的重要性，从而在面对挑战时能够更有效地协作。强调团队合作，不仅能够增强团队凝聚力，还能提升整体工作效率。建立激励与约束机制能够有效提升施工现场的协调效果。对于表现出色的团队和个人，应给予适当的表彰和奖励，鼓励大家在工作中积极发挥自己的作用。对于不良行为，如不遵守沟通规则或延误工作进度，应采取相应的约束措施和惩罚，以维护施工现场的秩序,也可以使施工人员意识到个人行为对团队的影响,从而自觉提升工作积极性和责任感。

信息技术的应用为施工现场的协调机制提供了更多的支持,通过使用项目管理软件,能够实现实时进度跟踪和资源调配,确保各方能够及时获取所需信息。在线协作工具的使用,使得团队成员能够随时随地进行沟通和协作,提升了工作的灵活性和效率,不仅增强了信息的透明度,也促进了跨部门之间的协作。

第六章　测绘工程项目的控制

第一节　测绘工程项目成本管理

一、成本预算的编制方法

在测绘工程项目中，成本预算的编制是实现有效成本管理的基础环节，涉及对项目实施全过程中各类成本的系统性预测与规划。成本主要分为直接成本和间接成本两大类，前者直接与测绘活动相关，如设备折旧、材料费用、人工薪资等，而后者则涵盖项目管理费用、后勤支持、行政开销等。有效的成本预算编制需要依赖于精确的工作分解结构（Work Breakdown Structure，WBS），该结构将项目分解为更小的、易于管理的工作包，以便为每一个具体的工作包进行成本估算。

在预算编制过程中，项目团队的各个成员，包括项目经理、工程师和财务人员，需要共同协作，根据历史数据、市场趋势和项目特性，对成本进行合理的预测编制预算时不仅需要定量分析，还需结合定性判断，通过分析以往类似项目的预算情况，可以对当前项目的直接和间接成本进行初步的估算。行业标准和市场价格的波动也应当被纳入考虑范围，以确保预算的合理性。在编制预算时，采用自下而上的方法尤为有效，基层工作人员基于实际工作经验和对项目需求的深刻理解，提出初步的成本估算，管理层对这些初步估算进行审核、调整和整合，可以确保预算的准确性和可行性。

预算编制的过程中，为应对出现的风险与不确定性，预算中应预留一定的弹性资金，以便在不可预见的情况下进行调整。通常风险应急预留金的比例可以依据项目的复杂程度与风险评估结果进行设定，对于复杂度较高的项目，建议将总预算的 10%～15% 作为风险预留金，这样不仅能有效应对突发情况，还能为项目的顺利推进提供保障。

在预算执行的过程中，还应定期对预算进行跟踪和审查，以确保各项成本在可控范围内。项目经理需定期生成成本报告，与预算进行比较分析，及时发现偏差并采取纠正措施。若发现实际支出超过预算，需查明原因并采取相应措施，避免超支带来的风险，项目团队应利用财务软件进行实时监控，确保预算执行过程中的透明度和可追溯性。

二、成本控制的策略与措施

成本控制是保障项目顺利实施的核心环节，目的是确保项目成本不超出预算范围，实现资源的有效利用。整个成本控制过程涵盖成本预测、成本计划、成本监控、成本核算和成本分析等多个方面，形成了一个完整的闭环管理体系。为了实现目标，成本控制策略必须建立在准确的成本预算基础上，包含设定明确的成本控制目标、明确各类成本责任和制定科学合理的成本控制流程。在实际实施过程中，建立健全的成本监控系统能够实时跟踪项目的实际支出情况，并与预算进行对比分析，一旦发现实际成本与预算存在显著偏差，需立即进行原因分析，快速采取调整措施。若某阶段的材料费用超出预算，则需要对该阶段的采购渠道、供应商的定价策略以及材料使用效率进行深入分析，以确定其原因并制定纠正方案。具体的成本控制措施可以涵盖多个方面，如采购管理、库存控制、资源配置优化（见表6-1）和作业方法改进等。在采购管理方面，集中采购和与供应商签订长期合同可有效降低材料成本，通过与多家供应商建立战略合作关系，进行价格谈判和合同约定，可以在确保质量的前提下，实现成本的最优化。

表 6-1　资源配置优化方案的成本效益与效果评估

资源配置方案	预计成本节省	效果评估
最优资源调配	16%～20%	提高了工作效率，节省了人力成本
动态调整计划	11%～15%	根据实际情况调整资源，减少空闲
交叉培训员工	5%～10%	提高了人员灵活性，降低了人员流动

定期编制成本报告，进行全面的成本审计，有助于及时了解项目成本执行情况，通过与预算进行对比，识别出偏差的具体原因，有助于后续的决策制定。成本分析不仅可以帮助项目管理者了解各项费用的构成，还可以为未来项目的成本预测提供有力支持，具体的分析工具和方法包括盈亏分析、变动成本分析和边际贡献分析等。为了实现精准的成本控制，在项目管理软件的支持下，实时监控各项成本，并通过数据分析工具进行深入挖掘，能够为管理层提供更为翔实的决策依据。通过数据可视化技术，能够将复杂的成本数据转化为直观的图表，使得项目经理能够迅速捕捉到成本趋势和异常情况，从而及时做出调整。

三、成本分析的财务工具

成本分析在成本管理中占据核心地位，涉及对项目成本数据的全面收集、处理、分析与解释，财务工具有助于项目团队在进行成本分析和决策时更加高效和准确。有效的成本分析不仅能够揭示项目的财务健康状况，还能够为后续的战略决策提供支持。常用的成本分析财务工具包括成本效益分析、成本—进度分析、挣值管理（Eamed Value Management，EVM）和敏感性分析等。成本效益分析是通过比较项目的投入成本与预期收益来评估项目的经济效益（见表 6-2），通常采用净现值、内部收益率等指标来量化项目的经济回报，若某项目的净现值为正，则说明该项目在财务上是可行的。

表 6-2　不同项目的成本和收益比较

项目名称	投入成本（元）	预期收益（元）	净现值（元）	内部收益率（%）
项目 A	200000	300000	100000	50

项目名称	投入成本（元）	预期收益（元）	净现值（元）	内部收益率（%）
项目 B	150000	180000	30000	20
项目 C	100000	120000	20000	15

成本—进度分析则侧重于分析项目的成本与进度之间的关系，以评估项目的进度绩效。通过绘制成本与进度的关系图，可以直观地展示项目的实际进展与预期进展之间的偏差。成本—进度分析不仅能够帮助识别进度滞后的原因，还能为调整项目资源配置提供依据，具体的分析可以通过计算成本绩效指数（Cost Performance Index，CPI）和进度绩效指数（Schedule Performance Index，SPI）来实现，公式如下：

$$CPI = \frac{EV}{AC} \tag{6-1}$$

$$SPI = \frac{EV}{PV} \tag{6-2}$$

式中，EV 为挣值，AC 为实际成本（Actual Cost），PV 为计划价值（Planned Value）。

利用上述指标，项目管理者能够快速判断项目的财务健康状态以及进度是否符合预期。

挣值管理是通过对计划价值、实际成本和挣值的比较，全面评估项目的成本绩效和进度绩效。EVM 不仅能够提供项目的整体状况，还能够为未来的成本和进度预测提供参考。计算进度偏差（Schedule Variance，SV）和成本偏差的计算公式如下（Cost Variance，CV）：

$$SV = EV - PV \tag{6-3}$$

$$CV = EV - AC \tag{6-4}$$

以上指标的结果可以用表 6-3 进行汇总，能直观展示项目的执行情况。

表 6-3　项目成本绩效分析

指标	数值（元）
计划价值（PV）	250000

指标	数值（元）
实际成本（AC）	200000
挣值（EV）	220000
进度偏差（SV）	−30000
成本偏差（CV）	20000

敏感性分析则通过评估关键变量（如材料成本、人工成本、项目工期等）的变化对项目成本的影响，帮助项目管理者了解项目的风险和不确定性。通常通过创建情景模拟来实现，若分析材料成本上升10%对项目总成本的影响，则将其与原始成本进行比较，可以得出不同情景下的成本变化情况（见表6-4）。

表6-4　敏感性分析结果

变量	原始成本（元）	变化后成本（元）	变化影响（元）	影响百分比（%）
材料成本	150000	165000	15000	10
人工成本	80000	88000	8000	10
设备折旧	20000	22000	2000	10

四、成本节约的实施技巧

实施有效的成本节约技巧依赖于对项目成本结构和成本驱动因素的深入分析与理解，通过优化资源配置、改进作业方法和提高工作效率等措施，项目能够在保持或提升质量的前提下，实现成本的显著降低。在实施成本节约的过程中，识别主要的成本驱动因素，包括人工成本、材料成本和设备使用成本等，明确各类成本的构成及其对项目总成本的影响，为后续的节约措施提供基础。人工成本通常占据项目总成本的较大比例，通过提升作业效率、实施人员多技能培训，可以有效降低人力支出。采用先进的测绘技术可以显著提升项目的工作效率，进而降低人工成本和设备使用成本（见表6-5）。新技术的引入不仅能够减少对人力的依赖，还能缩短项目工期，从而降低整体的资源投入。利用无人机进行地形测绘，相较于传统方法，不仅提高了数据获取的效率，还减少了现场工作人员的数量。

表 6-5 传统测绘方法与先进测绘技术在成本上的对比

测绘方法	人工成本（元）	设备使用成本（元）	总成本（元）
传统测绘	100000	50000	150000
无人机测绘	60000	30000	90000

除了技术方面的优化，改进作业流程也是实现成本节约的有效途径（见表6-6），通过分析现有的工作流程，识别出可能存在的冗余环节和低效作业，能够制定出更加高效的作业方案。实施"精益生产"理念，通过消除浪费、优化作业步骤，可以在项目实施过程中实现显著的时间和成本节约。

表 6-6 改进前后作业流程

流程环节	改进前耗时（小时）	改进后耗时（小时）	成本节约（元）
现场准备	40	25	1500
数据收集	60	30	3000
数据处理	50	20	2500
总计	150	75	7000

加强成本意识的培养和建设成本文化，通过建立全员参与的成本管理机制，可以有效提升项目团队的成本节约意识和主动性。定期开展成本节约培训，使团队成员了解各类成本的构成及其影响因素，从而提升他们在日常工作中关注成本的能力。设立成本节约竞赛和奖励机制（见表6-7），能够激励团队成员提出创新的成本节约方案。

表 6-7 不同活动对成本节约意识的影响

活动类型	活动频率（每季度）	参与人数（人）	成本节约预估（元）
成本节约培训	1	20	5000
成本节约竞赛	1	15	3000
成本节约奖励	1	10	2000

活动类型	活动频率（每季度）	参与人数（人）	成本节约预估（元）
总计	—	—	10000

通过鼓励团队成员积极参与成本节约的活动，能够形成良好的成本文化氛围，促使每个人都关注成本控制和节约，从而提升项目的整体效益。利用现代信息技术手段，如项目管理软件，可以实现对项目各项成本的实时监控与分析，进一步优化成本控制的效果。持续评估和调整节约措施，项目经理应定期对各项节约措施的实施效果进行评估，分析其对项目成本的实际影响。通过反馈机制，及时调整和优化节约措施，确保其能够适应不断变化的项目环境和市场条件。

五、成本超支的预防与应对

在预防成本超支的过程中，通过对项目历史数据的分析和市场行情的研究，可以为项目成本提供合理的基础，利用历史数据可以帮助团队识别不同类型项目的常见成本模式，进而制定出符合项目实际情况的成本计划。参与项目的各个部门应共同协作，提供各自领域的专业知识，以确保成本计划的全面性和可行性。

实时跟踪项目的实际成本与预算之间的差异，可以帮助项目经理及时发现潜在的超支风险。一旦出现成本偏差，项目团队应迅速分析原因并采取相应的调整措施，通常需要建立明确的监控指标和报警机制，以便在成本偏差达到预设阈值时，及时发出警报并启动应对措施。定期生成成本报告并与预算进行对比，可以直观展示项目的成本执行情况。在应对成本超支的过程中，需要明确超支的原因和程度，如果成本超支较轻，项目团队可以通过优化资源配置、改进作业方法、提高工作效率等手段进行调整，通过重新分配项目任务、优化工作流程，或引入新技术，可以有效降低人力和物料成本，从而缓解超支压力。若超支情况较为严重，则需要对项目的成本计划和目标进行重新评估，需要对项目的范围和进度进行调整，以确保项目整体目标的实现。通过与客户或利益相关者的沟通，明确哪些项目目标是必须的，哪些可以适当缩减，从而进行合理的资源配置。在这一过程中强调了与项目相关方的沟通与协作，以达成共识并实施有效的调整方案。通过定期的培训和案例分析，提升团队成员的成本管理能力和风险意识，使其在实际工作中能够更好地识别和应对成本超支的风险。培训内容可涵盖成本控制方法、财务基本知识、风险识别与管理等，以增强团队的整体素质和专业能力。组织经验交流活动，可以促进团队成员之间的互动和知识分享，形成良好的学习氛围。针对具体项目特点，在项目实施过程中，应鼓励团队成员提出创新的成本管理建议和解决方案，以提高团队的整体应变能力。通过建立反馈机制，项目团队可以及时总结和分析实施过程中遇到的挑战和成功经验，确保在未来的项目中不断优化成本管理策略。

六、成本管理的信息化技术

伴随信息技术的迅猛发展，各类信息化工具相继应用于成本管理领域，包括项目管理软件、成本预算软件及财务分析软件等，不仅优化了成本管理流程，还增强了数据分析能力，从而支持项目团队在成本控制和决策中的准确性。

项目管理软件的应用显著提升了项目团队的协作能力与工作效率，项目管理软件通常集成了项目计划制定、资源分配、进度跟踪与成本监控等多项功能，实现了项目管理的自动化与集成化。通过使用项目管理软件，团队可以实时更新项目进度，自动生成报告，从而及时识别潜在的成本超支风险。实时监控功能使得项目团队能够根据实际情况快速调整资源配置和工作安排，以确保项目在预算内顺利推进。

成本预算软件则专注于成本预算的编制、调整与分析，提供了成本预测、控制与核算等功能，帮助项目团队在项目初期进行全面的成本估算，并在项目实施过程中进行动态调整。通过对历史成本数据的分析，使用成本预算软件可以生成更加精准的成本预测，帮助团队识别各类成本驱动因素，还支持多种预算场景的比较，使团队能够在不同情况下做出更合理的决策。

财务分析软件通过各种财务模型和分析工具，支持项目团队进行深入的成本分析、财务评估和风险分析，通过数据可视化的方式展示项目的财务健康状况，帮助管理层快速识别问题并制定相应的应对策略。利用财务分析软件，团队可以分析项目的资金流动情况，评估项目的盈利能力和投资回报率。

在应用信息化技术进行成本管理的过程中，根据项目的具体特点与需求，选择合适的信息化技术至关重要。不同类型的项目对成本管理的要求各异，选择适当的软件可以提升管理效率，大型复杂项目，可能需要更为全面的项目管理软件，而对于小型项目来说，简单的成本预算工具可能更为合适。只有提高项目团队的技术应用能力，才能最大化地发挥信息化工具的效用，定期组织技术培训，帮助团队成员熟悉软件的操作流程、数据录入及分析功能，使其能够独立运用这些工具进行日常的成本管理和分析。建立技术维护与支持机制是确保信息化技术有效运行和持续优化的重要保障，在使用软件后，持续的技术支持和定期的系统维护是保持系统稳定和高效的必要条件。定期检查软件的使用情况，收集用户反馈，及时更新与优化系统，可以有效提升信息化技术在成本管理中的应用效果。通过优化成本管理流程，实现信息化技术的全面融入，可以提高成本管理的自动化与智能化水平。信息化工具能够在成本管理的各个环节中发挥作用，从成本预测、预算编制，到实时监控与分析，都可以借助信息技术的支持实现数据的集中管理与分析，确保信息的实时更新与共享。

第二节　测绘工程项目进度管理

一、进度计划的制定原则

在制定进度计划时，详尽的工作分解结构是基础，将整个项目分解为具体的工作任务，使得每项任务都可以清晰地定义，项目团队能够为每一项任务分配必要的时间估计和资源需求，从而为后续的计划制定奠定坚实基础。

由于项目实施过程中会出现变化和不确定性，因此在制定计划时，留出适当的缓冲时间至关重要，缓冲时间不仅可以应对潜在的风险，还可以在出现延误时为项目团队提供调整的空间。在测绘工程中，天气因素、设备故障或人员流动等都会影响进度，因此合理的时间预留可以减少外部因素带来的负面影响。

逻辑性和顺序性原则同样是制定进度计划时必须考虑的要素。在一个项目中，任务之间往往存在着复杂的依赖关系，某些任务必须在其他任务完成后才能开始，在制定计划时，确保任务之间的依赖关系和逻辑顺序得到妥善处理是必要的，这样不仅可以避免资源的浪费，还能确保各项任务按照预定的顺序高效地推进。使用关键路径法可以有效识别项目中的关键任务，帮助团队集中精力在那些对项目进度影响最大的活动上。

项目涉及的人力、设备和材料等资源的实际可用性必须与计划的资源配置相匹配，通过提前评估和调配资源，项目团队能够确保在实施过程中不会因为资源不足而导致进度延误。合理的资源配置不仅有助于保持项目的顺利进行，还能有效降低成本，提高整体效率。

二、进度跟踪的监控系统

项目进度管理中进度跟踪的监控系统涉及对项目进度的实时跟踪、监控与分析，以确保项目能够按照既定计划顺利推进。该系统的有效运作依赖于多个环节，包括数据收集、进度报告、进度比较和进度预测等，每个环节都是确保项目管理准确性和及时性的基石。

数据收集是进度监控系统的核心基础，涉及定期获取与项目进度相关的多项数据，包括各个任务的完成情况、资源的实际使用情况、时间消耗情况以及与预算的对比等。通过建立标准化的数据收集流程，项目团队可以确保数据的准确性和及时性，可以设定每周或每月收集一次数据，利用项目管理软件自动生成报告，减轻人工工作负担，提高数据的可靠性。数据收集的范围还应覆盖到潜在风险及问题的识别，这样可以为后续的决策提供更全面的依据。

通过对数据的整理，项目团队能够形成清晰、可操作的进度报告，进度报告不仅提供项目当前状态的概述，还能够深入分析进度偏差的原因和可能的影响。报告中应包含具体的图表和数据分析，以便团队成员和管理层快速理解项目的健康状况，以促进团队内的沟通与协作，这样有助于在早期阶段识别出潜在问题并及时进行调整。

进度比较则是对实际进度与计划进度进行评估的过程，通过将实际完成的工作量与计划的工作量进行对比，团队能够识别出进度的偏差及潜在的延误情况，此过程通常采用挣值管理等方法进行，以计划价值、挣值、实际成本等关键指标为依据，对项目的进度绩效进行综合评估，当团队发现实际挣值低于计划价值时，便可以迅速采取措施来识别导致延误的根本原因，从而进行针对性调整。通过可视化工具如甘特图，团队能够直观地看到进度的变化，进而快速反应，确保项目在合理的时间框架内推进。

进度预测是基于当前进度数据和趋势进行未来项目完成情况的预测，利用已收集的数据，项目团队能够对项目的未来发展做出科学的推测，通常结合历史数据及市场趋势进行分析，帮助团队识别出可能的风险点和延误源。若某任务的完成情况显著滞后，预测模型可以显示出滞后对项目整体进度的潜在影响，从而为团队提供明确的调整方向，预测的结果可以帮助项目经理在资源配置上进行更科学的决策，及时调整人力、设备等资源的使用，以应对潜在的延误风险。

进度跟踪的监控系统不仅需要具备上述基本功能，还应关注信息的安全性与隐私保护，数据的收集和存储过程中，必须确保相关信息的安全性，防止数据泄露或被不当使用。系统的用户权限管理也至关重要，确保只有相关人员能够访问敏感数据，从而维护项目的整体安全。为了进一步提升监控系统的效率，通过收集用户反馈，了解系统在实际使用中的不足之处，及时进行技术改进和功能升级，可以不断提高系统的性能和用户体验，确保监控系统能够适应项目的变化需求，为项目的成功实施提供有力保障。

三、进度延误的原因分析

进度延误在项目管理中是普遍面临的挑战，对项目的整体进度和完成质量具有显著影响，深入分析进度延误的原因以便为后续的预防和应对措施提供依据。进度延误的原因通常可以分为外部因素和内部因素两大类。外部因素是指项目实施过程中不可控的外部环境变化，包括市场波动、政策法规的变动、自然环境条件等。市场需求的剧烈变化可能导致原材料价格上涨，进而影响项目的成本和进度；而政策法规的调整，如新颁布的环保法规，可能迫使项目团队重新审视施工方案，从而导致延误。自然环境条件，如极端天气或自然灾害，也可能直接影响施工进度。比如，持续的暴雨可能导致施工现场的积水，影响施工设备的正常运转，造成工期延误。内部因素则是项目管理中可以控制的方面，包括资源分配不当、技术问题、管理失误等，往往是由于团队内部的沟通不畅或决策失误导致的，若在项目初期资源分配不均衡，会导致某些任务的人力或物资短缺，从而使得相关工作无法按时完成。技术问题也是导致进度延误的重要因素，如设备故障或技术方案不成熟，会导致工期延长。管理失误，包括项目计划不合理、风险控制不足、任务指派不明确等，也会直接影响项目的执行效率。

在分析进度延误的原因时，因果分析和根本原因分析是两种常用的方法。通过这两种方法可以深入识别延误背后的真正原因，因果分析可以帮助团队将复杂的问题逐层拆解，找到导致延误的直接因素和潜在因素。通过鱼骨图（因果图），团队可以清晰地看到影响项目进度的各种因素，并进行针对性的改善。根本原因分析则关注于找到问题的根本源头，通过深入调查和讨论，确保在根本上解决问题，防止类似情况再次发生。

除了采用分析工具，建立有效的信息反馈和沟通机制也是应对进度延误的重要措施。项目团队应定期召开进度会议，收集各个任务的进展情况和遇到的困难，确保信息在团队内部流动畅通，使用项目管理软件可以提高信息的透明度，使团队成员能够实时了解项目的整体进展与各个任务的执行状态，这不仅有助于及时识别延误问题，还可以促进团队内部的协作与支持，从而快速应对可能出现的挑战。在实际操作中，当项目进度偏离计划时，预警机制可以及时提醒项目管理层，促使其采取相应的纠正措施，通过监控关键绩效指标，如任务完成率和资源使用情况，项目团队可以更早地发现潜在的风险，从而提前进行调整。在项目结束后，团队应进行项目复盘，分析进度延误的具体情况，归纳总结成功与失败的经验，以提高未来项目的管理水平和执行效率，这不仅能提升团队的能力，还能为组织建立有效的知识管理体系，确保最佳实践能够在后续项目中得到应用。

四、进度调整的优化策略

进度调整是项目管理中应对进度偏差和延误的重要手段，其有效实施可以为项目的顺利推进提供保障，制定优化策略时，应充分考虑进度延误的原因分析和项目的实际情况评估。调整策略一般涵盖时间调整、资源调整、技术调整和计划调整等多个方面，每一方面都有其独特的重要性和实施方法。时间调整涉及项目工期的延长或缩短，以及对各项任务时间估计的修正。根据项目的具体进展情况，可以对预计完成时间进行重新评估，当某些任务由于不可预见的因素而延迟完成时，可以考虑通过合理增加工期来避免影响后续任务。对于能够提速的任务，也可以通过缩短时间来优化整体进度。时间调整的实施需要结合项目的整体目标，确保调整后的时间安排仍然能够实现项目的预期成果。

资源调整则专注于对人力、设备、材料等资源的重新分配和优化，通过对资源的有效管理，可以确保项目各个阶段的需求得到满足，若发现某关键任务由于人力不足而导致进度延误，可以临时调配其他任务的人员进行支援。优化设备的使用效率也是资源调整的重要内容，通过安排设备的多班次运作或调整设备的使用顺序来提高工作效率，确保项目顺利进行。材料的合理采购与存储同样是资源调整的一部分，及时获取必要材料，减少因材料短缺造成的施工停滞。

技术调整则涉及施工方法和工艺流程的改进，以提高施工效率和缩短工期，通过引入新技术、优化施工方案或调整工艺流程，可以有效降低施工时间，应用现代化的测绘设备和技术可以显著提高数据收集的效率，进而缩短后续工作的时间。技术调整的实施也需基于科学评估，确保新技术的引入不会造成额外的成本负担，同时应考虑团队成员对新技术的掌握程度，以避免因技术不熟悉而造成的额外延误。

　　计划调整是对项目进度计划的重新制定和优化，涵盖任务顺序、时间安排和资源配置的全面调整，有效的计划调整应建立在对现有计划的深入分析基础之上，确保新计划能够更好地反映项目的实际情况和未来需求。调整任务的优先级，可以将关键任务放在前面，以保障项目的顺利推进。在调整时，需要充分考虑各项任务之间的相互依赖关系，确保调整后仍然具有逻辑性与一致性。在实施进度调整时，任何调整都应在综合考虑可能的成本与收益后做出，以确保资源的合理利用和项目目标的实现。可以建立多维度的评估模型，对各类调整措施进行量化分析，以便在决策时拥有科学的依据。有效的进度调整流程和机制通常包括调整申请、调整审批、调整实施和调整监控等环节。调整申请是由项目团队成员提出的具体调整方案，应详细说明调整的理由和预期效果。审批环节则需项目管理层进行审核，确保调整的合理性和必要性。在调整实施阶段，相关人员应严格按照调整计划进行操作，确保执行到位。调整监控环节则通过持续跟踪调整后的效果，评估其对项目进展的影响，从而为后续的调整提供数据支持和决策依据。进度调整的成功实施不仅依赖于技术和资源的合理配置，也需要项目团队之间的有效沟通与协调，各部门应密切合作，确保调整措施的及时落实与有效反馈。通过建立透明的信息共享平台，团队成员能够实时了解调整进展，促进协同工作，减少因信息不对称导致的执行偏差。

五、进度管理的沟通机制

　　进度管理的沟通机制在项目管理中发挥着至关重要的作用，是确保项目顺利推进和高效执行的基础，有效的沟通机制有助于项目团队及时获取关键信息，促进各成员之间的协作与协调，减少误解和冲突，确保项目目标的实现。沟通机制的建立应充分考虑项目的具体特点、团队结构以及各方的沟通需求，确保信息的传递畅通无阻。在多种沟通手段中，通过定期召开会议，团队成员能够面对面地讨论项目的进展情况、遇到的问题以及后续的工作安排。在会议中，各成员可以共享最新的进度信息，提出自己的看法和建议，及时解决可能出现的分歧和冲突。定期会议还有助于增强团队的凝聚力，提升成员之间的信任感，从而在整体上提高项目的执行效率。应详细记录会议内容，并在会议结束后形成会议纪要，确保决策和行动计划得到明确和落实。

进度报告作为书面形式的信息传递手段，是对项目进度的相关数据和信息进行整理和汇总的过程。进度报告不仅为项目团队提供了清晰的工作目标和任务清单，也为管理层和相关方提供了决策依据。定期的进度报告有助于监控项目的执行情况，及时发现偏差和问题，并为调整策略提供支持。进度报告应包括各项任务的完成情况、资源使用情况、风险评估以及下一阶段的计划等内容，确保各方对项目的整体进展有充分的了解。

信息共享平台的引入，为项目进度信息的管理提供了有效的技术支持，通过利用现代信息技术，如云存储和协作工具，项目团队可以实现信息的集中存储、处理和共享，不仅提高了信息传递的效率和准确性，也为团队成员提供了便捷的访问渠道，使每个成员能够实时获取项目进展的最新动态。信息共享平台还可以集成进度监控、任务分配和资源管理等功能，进一步提升项目管理的智能化水平。

在面对突发情况时，紧急沟通渠道确保在项目出现重大进度问题或延误时，信息能够迅速传递。相关人员可以及时组织应对措施，紧急沟通渠道应当简单明了，便于快速启用，例如设定专门的紧急联系小组或使用即时通讯工具。通过预设的应急流程，项目团队可以在关键时刻快速反应，尽量将延误对项目的影响降到最低。沟通机制的实施还应包括建立反馈和评估的机制，定期收集项目团队成员对沟通流程的意见和建议，这能够帮助持续改进沟通的效率与效果。通过评估沟通机制的有效性，团队可以发现潜在的问题和改进的空间，确保沟通机制能够与项目的变化相适应，团队成员的反馈可以通过匿名调查、讨论会或一对一访谈等多种形式收集，使每个成员都有机会表达自己的看法，从而增强团队的参与感。在项目团队中营造开放、包容的沟通氛围，鼓励成员积极表达意见和分享信息，有助于形成良好的团队合作精神，不仅促进了信息的流通，还增强了团队的灵活性和应对变化的能力。定期组织团队建设活动和沟通培训，不仅能提高成员的沟通技能和团队合作能力，也能在长期内提升项目管理的整体水平。

六、进度控制的技术支持

在项目管理中，进度控制的技术支持提升了项目进度管理的效率和准确性。随着信息技术的迅速发展，越来越多的先进技术和工具被引入项目进度控制领域，以满足复杂项目的管理需求，不仅优化了资源的配置，还增强了团队之间的沟通和协作能力，确保项目能够按时完成并达到预期目标。

项目管理软件能够帮助项目团队在进度计划的制定、调整和监控过程中实现高度的自动化和集成化，现代项目管理软件通常具备可视化界面，使项目经理能够直观地看到各项任务的进度情况及其相互依赖关系，支持工作分解结构的建立，允许团队将大型项目细分为更小的任务，进而为每项任务分配时间和资源。项目管理软件还能够在进度计划的基础上生成甘特图和关键路径图，帮助团队识别关键任务和潜在的延误风险。通过实时数据更新，这些软件能够为项目团队提供动态的进度分析，确保各方能够及时掌握项目的最新状态。

进度跟踪系统通过实时收集和处理项目进度数据，为项目经理提供决策支持。进度跟踪系统通常集成了各种传感器和监控设备，可以实时获取施工现场的进度信息，如任务完成率、资源使用情况和时间消耗等。通过可视化仪表盘呈现，使团队能够迅速识别进度偏差和潜在的风险。在某些情况下，进度跟踪系统还能够与其他项目管理工具进行集成，形成统一的信息平台，确保数据的一致性和准确性。通过定期分析跟踪数据，项目团队能够及时调整计划，以应对不断变化的环境。

数据分析工具在进度控制中的应用越来越普遍，能够对项目进度数据进行深入分析和挖掘，帮助团队识别进度偏差的原因和趋势。通过运用统计分析、预测模型和机器学习等技术，数据分析工具能够提取出关键指标，如任务的实际完成时间与计划完成时间之间的差异，从而识别出影响项目进度的主要因素，如资源短缺、任务依赖关系、外部干扰等。通过深入的分析，项目团队能够制定出针对性的应对策略，优化资源配置，提高工作效率。数据分析工具的引入，不仅提升了决策的科学性，也使项目管理的透明度得到了提高。移动通信技术的快速发展，也为项目进度控制提供了有力支持，通过即时通讯工具、视频会议软件和移动应用，项目团队能够实现实时的信息传递和共享，使得项目成员无论身处何地，都能够快速获取项目进度的最新动态，从而加强了团队的协作能力。在项目实施过程中，团队成员可以随时发送进度更新、讨论问题或调整任务安排，减少了信息传递的延迟。移动通信技术还支持在现场和办公室之间的无缝沟通，使得项目管理者能够及时对现场的变化做出反应，确保项目能够保持在正确的轨道上。

进度控制的技术支持还可以包括云计算技术的应用，云计算为项目提供了高效的数据存储和共享平台，使得项目团队可以方便地访问和共享文件、文档和进度报告。通过云服务，团队成员能够协同工作，在同一平台上共同编辑和更新项目文件，实时反映进度的变化，提高了信息的透明度，并减少了数据丢失或版本不一致的风险。

在项目管理的过程中，随着技术的不断进步，项目管理团队必须加强对数据的安全管理，确保敏感信息不被泄露。通过实施访问控制、加密技术和定期备份等措施，项目团队可以最大限度地保护数据的安全性，避免因数据泄露而造成的损失。

第三节　测绘工程项目质量控制

一、质量标准的制定与执行

在测绘工程项目中，制定和执行质量标准是确保项目成果符合客户需求和行业规范的核心环节，过程中应充分考虑国家和行业的相关法规、标准以及项目特定的技术要求。质量标准不仅涵盖数据采集、处理和分析的技术规范，还包括项目管理、人员培训、设备维护等多方面内容，确保各个环节有章可循，形成系统的质量管理体系。在实施过程中，通过质量意识培训、标准宣贯和案例分析等形式使质量标准得以实现，使团队成员能够在实际操作中自觉遵循既定标准。项目的每个环节都需要严格按照规定的质量标准进行操作，强调作业流程的控制，确保每一项工作都能在可控范围内进行，避免因疏忽或错误而导致质量问题的出现。

为了更好地执行质量标准，通过定期的质量检查、随机的质量抽检以及第三方的质量审核等手段，可以有效发现项目实施过程中的潜在问题，不仅能及时发现和解决问题，还能够为后续项目的改进提供数据支持和决策依据。在实施过程中，项目管理者需将质量检查与项目进度和成本管理相结合，形成闭环管理，确保项目在保证质量的前提下顺利推进。

项目中的质量管理不仅限于检测和纠正，更强调预防和持续改进。通过对历史数据的分析和质量问题的归因，项目团队能够识别出潜在的风险因素，并在后续工作中提前采取相应的措施。前瞻性的质量管理思维，不仅提升了项目的整体质量，也增强了团队的执行力和责任感。在总结经验教训时，项目团队将重点放在质量标准的执行与修订上，强调应根据实际情况和技术发展不断调整标准，以适应新的挑战和需求，灵活性和适应性是项目成功的关键，确保团队在面对复杂的测绘环境时，能够保持高效的工作状态。

二、质量控制的检查流程

在测绘工程项目中，质量控制的检查流程通常被分为规划、执行、检查和处理四个阶段，环环相扣、相互作用，形成有序的闭环系统，以确保项目成果的稳定性和准确性。

在规划阶段，项目团队应根据既定的质量标准，制定出详细的检查计划。计划通常涵盖了检查对象、检查方法、频率安排、责任人分配等具体内容。检查对象可以是测绘项目的不同环节，例如数据采集、数据处理、成果审核等；检查方法则可以是对比分析、现场验证、工具检测等手段；频率的安排则根据项目的具体需求进行调整，确保每一个关键节点都能得到有效的质量监控；责任人的分配必须明确，以确保每一项检查任务都有专门人员负责执行，并能够对结果承担相应的责任。

执行阶段要求严格按照事先确定的标准和计划，对项目的每个环节进行系统化的检查。现场检查通常包括数据采集的现场监督，确保仪器设备的操作、数据的记录以及环境条件等均符合要求。

在数据处理过程中，检查环节则会关注数据的准确性、完整性及一致性。通过审核软件操作过程、数据处理方法的合理性来确保最终成果的可靠性，项目成果的审核和验证也是执行阶段的重要组成部分，验证过程通常涉及数据对比、成果评估等环节，以确保最终交付的成果与项目要求相符。在检查阶段，通过对执行结果的分析和评估，可以发现项目实施过程中潜在的质量问题或偏差，这需要依赖专业的质量管理人员，他们需要通过对比分析、数据验证以及其他检查手段，找出项目实施过程中存在的不足或潜在风险。为了确保检查结果的可靠性和权威性，质量管理人员通常具备丰富的经验和深厚的技术知识背景，专业判断和分析能力直接影响到项目质量控制的最终效果。相关检查数据和报告的记录尤为重要，系统地记录检查过程、发现的问题以及产生的问题原因分析，不仅为后续的处理提供依据，也为类似项目的质量改进提供参考。

在处理阶段团队需要根据检查阶段的结果，制定并实施相应的纠正和预防措施。纠正措施是针对已经发生的质量问题，旨在及时修正和解决已识别的偏差，避免对项目后续环节造成更大的影响。如果在现场数据采集中发现设备的操作不当或数据异常，纠正措施包括重新采集数据或更换设备。而预防措施则侧重于解决未来可能出现的问题，通过分析当前问题的根源，采取预防性行动，以降低类似问题再次发生的概率。这不仅提高了当前项目的质量管理水平，也为未来的项目管理积累了宝贵经验。在处理阶段，监督和反馈机制的建立尤为必要，纠正和预防措施的执行需要持续的跟踪和评估，以确保问题得到彻底解决，并防止类似情况的复发。有效的监督机制能够保证所有的整改和预防措施都得到落实，而定期的反馈能够帮助团队及时了解处理措施的效果，进而调整策略或改进流程。

三、质量缺陷的识别与处理

质量缺陷的识别是一个技术性极强的过程，要求对项目成果中任何不符合质量标准的部分进行全面且细致的检查，需要由专业的检测设备、数据分析工具和经验丰富的技术人员共同完成。无论是在数据采集阶段还是数据处理阶段，质量缺陷都可能以多种形式出现，包括测量数据的误差、不完整的数据集、不合格的设备操作等。为了高效地识别出这些缺陷，需使用先进的检测仪器与软件，通过高精度的分析，发现难以察觉的细微问题，确保检测结果的可靠性和准确性。在识别出质量缺陷后，处理质量缺陷的过程不仅是纠正错误，更需要考虑对项目整体的影响及成本效益。常见的处理方法可能涉及重新采集数据，以确保获取的原始数据足够准确；或者修改数据处理算法，修复由于算法错误或不适用性引发的偏差；如果问题的来源是硬件设备，则可能需要更换不合格的设备或材料，以确保后续工作的正常进行。管理者需要综合考虑不同处理方案的成本和时间消耗，评估处理措施对项目进度和质量的双重影响，力求在尽量不影响项目整体计划的情况下，消除质量缺陷。

为确保对质量缺陷的识别和处理有序、高效地进行，项目团队必须建立完善的质量缺陷管理流程。当质量缺陷被发现时，应立即通过正式的缺陷报告系统进行记录，不仅要详细描述问题的类型、范围和位置，还需要对原因进行初步分析。详细的缺陷记录有助于后续的分析和处理工作，避免遗漏或错误处理。

针对每一个质量缺陷，团队应组织专家进行深入分析，明确问题产生的根本原因，这一过程中涉及对采集数据的重新审核、对操作流程的检查、甚至对设备的性能测试等。通过全面的分析，项目团队能够更加准确地制定出针对性强、行之有效的处理方案。

在处理环节，团队应根据缺陷分析的结果，选择合适的处理方法，并明确每个处理步骤的责任人和执行时间。在处理过程中，所有的操作步骤和进展都应有系统的记录，以确保所有处理措施都能按计划执行。对于已经处理的缺陷，还应进行后续的跟踪和验证，通过再次进行检测和评估，确保质量缺陷已完全消除，并未对项目后续环节造成潜在影响。如果在验证过程中发现处理措施未能达到预期效果，项目团队需要重新评估并调整处理方案，直至问题彻底解决。

质量缺陷管理过程中，通过总结分析每一次缺陷识别与处理的经验教训，项目团队能够不断优化未来的工作流程，预防类似问题的再次发生。这不仅能提升项目整体的质量管理水平，还能够提高项目团队的技术能力和应对复杂问题的能力。同时，项目的不同环节往往相互依赖，一个环节的缺陷处理不当可能会对其他环节产生连锁反应。在发现和处理质量缺陷时，团队内部的各相关方必须保持密切的沟通与合作，及时分享问题的最新进展和处理方案，通过团队的协同工作，能够更快、更有效地解决问题，避免因信息不畅导致的误操作或延误。

四、质量改进的持续循环

在测绘工程项目中，质量改进的持续循环是一种通过不断反馈和优化来提升项目整体质量水平的管理方式，该过程通常以 PDCA（计划、执行、检查、行动）循环为基础，确保各环节在推进过程中不仅能及时解决问题，还能通过循环反复达到逐步改进的效果，这一循环不仅适用于项目中的技术操作环节，还可以延展到管理、资源配置等多个方面，从而形成一个全面、系统的质量改进机制。

在计划阶段，项目团队需要基于项目当前的质量状况和未来目标，详细制定出符合实际需求的质量改进计划。计划内容通常包括改进的目标、所涉及的范围、实施方法以及所需的资源配置等。如果在前期的质量检查中发现某个环节的数据处理精度不达标，那么在计划中就涉及对数据处理流程的优化，或者引入更为先进的数据处理技术。在制定计划时，项目团队还应根据过去的质量检查结果和经验数据，明确改进的优先级，合理分配资源，确保每一项改进措施都能够有条不紊地推进。计划中还需考虑时间成本和资源调度等方面的协调，避免由于资源分配不合理而影响其他项目进度。

在执行阶段，项目团队会根据计划阶段中制定的改进措施进行实际操作，具体的改进可能包括调整作业流程，以提高工作效率或增强数据采集的精度；引进先进的仪器设备，提高数据分析和处理的能力；或者加强对工作人员的专业培训，提升其在项目实施中的技能水平。执行阶段的操作必须严格按照计划进行，并确保改进措施的可操作性和可追溯性。为保证改进措施能按计划有效实施，团队管理者需对整个过程进行监督，并定期记录执行中的进展和遇到的问题。

改进措施执行完成后，在检查阶段将对其成效进行评估。项目团队需要对改进过程中产生的所有数据和结果进行系统的分析，并使用科学的评价方法来衡量改进是否达到了预期目标。质量指标的统计分析可以帮助团队了解在特定环节中，数据处理精度是否得到提高；客户满意度调查则可以提供项目成果是否满足客户期望的反馈数据。除了定量分析外，项目团队还应对改进过程中的实际操作进行定性分析，识别潜在的问题和不足。检查阶段的结果为下一步的行动阶段提供了可靠的依据。通过对改进措施效果的全面评估，团队能够准确把握当前质量改进工作的成效，了解其中存在的短板，并为后续的调整和优化提供数据支持。

在行动阶段，项目团队基于检查结果，对质量改进过程中的问题进行调整和优化，核心在于将检查阶段所识别的问题转化为具体的改进行动，并进行二次优化，这意味着对执行中出现的操作偏差进行纠正，或者根据新的技术要求和标准，进一步优化操作流程。在行动过程中，团队还可以通过定期反馈和持续跟踪，确保所有的改进措施都能形成闭环管理，并逐步积累改进经验，推动后续项目的质量提升。团队需要对现有的改进措施进行动态调整，以应对项目中可能出现的新需求或新挑战，从而保持项目质量的持续改进。

通过这种以 PDCA 循环为基础的持续改进模式，项目管理者能够建立起一个系统性、连续性的质量改进机制，确保项目质量在每一个周期内都能够不断提升。该循环不仅可以帮助项目团队及时发现并解决质量问题，还能推动整个测绘工程项目在技术、管理等多个层面不断优化，从而提升项目整体的质量水平和竞争力。PDCA 的循环还为项目团队提供了灵活性，能够在项目的不同阶段对质量进行调整和改进，确保团队始终保持对质量的高标准追求。

五、质量管理体系的建立与维护

在测绘工程项目中，质量管理体系的建立与维护是确保项目成果符合既定质量标准，并能够在项目的各个阶段中实现持续改进的重要基石。一个完善的质量管理体系不仅是项目顺利实施的保障，也是提升项目效率、减少风险、确保客户满意度的有效工具。该体系的核心包括一系列明确的政策、目标、职责分工、操作流程、记录机制和持续改进手段，从而使项目在质量控制方面形成一个系统、可操作且具备自我调节能力的框架。

　　建立质量管理体系的第一步是明确项目的质量政策和目标。质量政策通常是对整个项目质量要求的总体方针，反映了项目管理团队对于质量的态度和承诺；质量目标则是针对项目中的具体可测量的结果设定的期望值，如测量精度、数据完整性、成果提交的时间节点等。项目启动阶段，管理团队需要根据客户要求和行业标准，结合项目自身的特点，制定出清晰的质量政策和质量目标，并确保这些目标在项目的不同阶段能够被分解和细化为可操作的具体指标。

　　在建立质量管理体系的过程中，还必须明确每个项目成员的质量职责，无论是项目经理、工程师还是技术员，每个人在项目中的角色和职责必须得到充分定义，以确保他们在项目的不同环节中清楚自己的任务和责任范围。项目经理需要对整个项目的质量状况负责，确保项目在有限的时间和预算范围内交付成果；工程师负责在技术层面上保证数据的准确性和处理的规范性；而技术员则可能负责具体的数据采集和初步处理工作。每个成员的责任不仅仅是完成手头的工作，还必须确保工作符合项目的质量要求。通过这种明确的职责分工，可以提高团队内部的协作效率，减少因职责不清导致的质量问题。

　　质量管理体系流程涵盖了从项目初期的规划到中期的执行，再到后期的审核与反馈等多个环节，每个环节都必须有明确的操作规程和检查标准，以确保项目中的每项任务都能够按照规范执行。在数据采集阶段，流程规定的内容可能涉及设备的校准、采集方法的选择、数据存储的格式等；而在数据处理阶段，流程可能要求对数据进行校验和比对，以确保结果的准确性和一致性。

　　在项目实施的每个阶段，所有与质量相关的活动和决策都必须有据可查，无论是数据采集的原始记录，还是质量检查的报告，或者是质量问题的纠正与预防措施的实施情况，都应当详细记录，这不仅是对项目实施过程的跟踪和反馈，也为项目的质量审核和持续改进提供了必要的依据。通过记录，项目管理团队能够及时了解项目的质量状况，分析潜在问题，并采取相应的改进措施。

质量管理体系的建立仅仅是第一步，要使其真正发挥作用，还必须持续维护和改进，通过一系列的监督和审核机制来确保体系的有效性。定期的质量审核是体系维护的基础，可以是内部审核，也可以邀请外部第三方进行审核。通过检查项目的执行情况和质量记录，评估当前的质量管理是否符合预期目标，识别体系中的潜在缺陷。通过定期的培训，确保项目团队成员能够及时了解最新的质量标准和要求，并不断提升他们的质量意识和技术水平。质量报告和会议则为团队提供了一个讨论和反思的平台，可以分享质量管理中的经验和教训，及时调整和优化质量管理流程。持续改进阶段通过分析项目实施过程中发现的问题，项目团队可以不断优化质量控制流程，调整质量目标，改进工作方法，从而形成一个动态的、自我完善的管理机制。无论是在技术手段上引入新的设备和工具，还是在管理层面优化流程和组织架构，应基于项目的实际情况，并通过质量管理体系的反馈机制加以实施。

六、质量控制的数据分析工具

在测绘工程项目中，数据分析工具的应用不仅能够为项目团队提供强有力的数据支撑，还能够提升质量管理的精确性和效率。通过有效的数据分析，项目团队可以对各类质量数据进行深度解读，发现潜在问题并做出及时的调整，多个分析工具和技术的应用能够为项目质量的持续优化提供科学依据。

统计过程控制（Statistical Process Control，SPC）通过监测数据的变异情况来控制过程质量，及时识别偏差和异常。SPC 通常结合控制图来使用，控制图能够直观展示项目过程中数据的变化趋势，并通过上下控制限标注出超出预期范围的异常点。项目中的数据采集精度出现不稳定时，使用控制图可以迅速将偏离常规范围的数据呈现出来，使项目团队能够迅速响应并采取纠正措施。控制图不仅适用于检测实时数据的变化，也能为历史数据的分析提供参考。

因果图，即鱼骨图，是另一种常见的数据分析工具，常用于问题溯源。通过绘制因果图，项目团队能够系统地梳理出影响质量问题的多种可能原因，并通过逻辑关系的梳理找出关键因素。在发现某测量结果误差较大时，因果图能够帮助分析是设备误差、操作失误还是外部环境干扰导致了问题，从而为后续的改进提供明确方向。因果图的优势在于其直观性和系统性，使项目团队能够全面考虑所有潜在因素，而不仅仅局限于某一方面。

散点图是用于展示两个变量之间关系的图表工具，在质量控制中常被用来分析变量之间的关联性。通过散点图，项目团队可以观察数据的分布模式，从而判断是否存在某种趋势或关联。在分析设备老化与数据采集误差之间的关系时，散点图可以展示设备使用时间的增长与误差增大是否存在一致的变化趋势，进而为设备维护和更新决策提供依据。

直方图则是用于反映数据分布情况的常用工具，通过对数据的集中趋势、离散程度等方面进行可视化处理，帮助项目团队了解数据的总体分布情况。在测量精度的分析中，直方图能够显示测量结果的集中度，即是否大部分数据分布在允许误差范围内，或者是否存在偏离过大的情况。直方图还能够展示出数据分布的偏态性和峰度，进一步为数据的合理性分析提供支持。

帕累托图是质量控制中的经典工具，基于"二八法则"，用于识别导致质量问题的主要原因。在项目管理中，往往有少数因素对质量的影响最大，帕累托图通过将问题频次按照大小排列，直观地展示出对质量影响较大的几个主要问题，使项目团队能够快速识别出需要优先解决的质量问题，集中资源加以处理，从而大幅度提升项目质量。项目中频繁出现的几类常见误差可以通过帕累托图进行归类，以便有针对性地优化和改进。

在数据分析过程中，项目团队不仅需要掌握传统的质量控制工具，还应借助现代信息技术手段来提升数据分析的智能化和自动化水平。大数据分析技术的引入，使得项目团队能够在处理海量数据时更加高效，快速筛选出与质量问题相关的关键信息。通过分析历史数据和实时数据，团队可以预测质量问题的潜在趋势，并提前采取预防措施。人工智能技术的应用则能够进一步提升数据分析的精准度。通过机器学习算法，系统可以自动识别数据中的异常模式和潜在风险。在大型测绘项目中，使用人工智能可以通过分析设备传感器采集的数据，自动识别出设备性能下降的趋势，甚至能够提前预测设备故障的可能性，从而避免由设备问题造成的质量偏差。

第七章　测绘行业管理

第一节　测绘资质资格管理

一、资质资格的分类与标准

在现代测绘行业中，测绘资质资格的体系构建和标准设立的目的是确保测绘作业的科学性、规范性和成果的可靠性。资质资格的分级体系是依据测绘单位的整体实力，包括技术能力、设备水平、人员素质、管理流程等多个方面，对测绘单位的资质进行划分和规范，使政府或行业监管机构能够有效地控制测绘市场的秩序，避免低质量、不合格的测绘成果流入市场，从而提升整个行业的整体技术水平和信誉度。不同的资质等级不仅代表着单位所能承担的业务范围和项目规模的差异，更体现出其在专业能力、项目执行能力上的深层次差别。甲级单位通常在承担复杂、大型测绘项目时具备显著的技术和经验优势，往往拥有更先进的技术装备、更丰富的项目经验以及更为完善的质量控制体系，能够确保在大型基础设施建设、国土资源调查等领域的测绘任务中提供高水平的专业服务。相应地，甲级资质单位的项目执行力也往往能够满足更高的技术要求，包括对精度、覆盖范围以及数据处理能力的严格要求；而乙级和丙级单位则分别对应中等规模和小型项目的执行能力。在满足各自等级对应的资质要求下，不同资质等级的单位承担适合其技术能力的任务，保证了市场的规范化运作。

在测绘行业中，技术装备的精度、数据处理的能力、专业人才的素质以及项目管理的水平都是影响资质等级评定的重要因素。高等级的资质单位往往在这些方面具备明显优势，不仅拥有高精度的测绘仪器设备，而且在数据处理能力上也能更高效、精确地完成任务，同时能够有效地实施质量管理体系，确保每个项目的各个环节都严格按照行业标准进行操作，这些共同构成了资质等级的核心标准。

资质标准的设立必须考虑到整个行业的发展动态和技术的不断进步。随着时间推移，测绘技术在数据采集、处理、分析等多个方面都得到了显著提升，因此资质标准的制定也需要能够与时俱进，以适应技术进步所带来的新需求。特别是在遥感技术、全球定位系统、地理信息系统等新兴技术不断深入应用的背景下，资质标准必须确保其与现代测绘技术同步发展，这样既能够保障市场的规范化管理，也能够鼓励企业积极引入新技术，提升技术水平和项目执行能力。

资质标准的设定还应结合市场需求的变化。测绘项目的多样化和复杂化要求资质标准具备足够的适应性，能够满足不同类型和规模的项目需求。随着市场需求的多元化发展，资质资格的评审标准也应适当考虑到不同细分领域的技术特点，如海洋测绘、航空测绘、工程测绘等不同领域的技术要求各有侧重，标准的制定应当兼顾这些领域的特殊需求。在资质评审过程中，除了关注硬件设备和技术人员的素质，还应更加注重单位的项目管理和质量控制能力。

二、资质资格的申请与审批

测绘资质资格的申请与审批过程是确保测绘单位能够合法从事测绘业务的必要环节，申请单位在准备申请材料时，需严格按照资质标准中的要求，对其各方面的能力进行全面展示，以证明自身有足够的技术力量和管理水平胜任相应的测绘任务。申请材料通常包含多项内容，每一项材料的准备都需要严谨细致。

单位的基本情况通常包括其营业执照、法人登记证书等，以证明单位的合法身份和成立背景。技术人员的资格证明是确保测绘任务能够由具备相应资质的专业人员完成的重要依据。测绘单位通常需要提供技术人员的职业资格证书、专业培训记录以及工作经验说明等，以证明其具备足够的技术能力从事测绘工作。技术装备的清单和证明也是申请材料中的核心部分，因为测绘工作高度依赖于精密的仪器设备。单位需要列出所拥有的各类测绘仪器，并附上其购置凭证、检定证书以及设备技术参数说明，确保所使用的设备符合国家或行业的技术标准。质量管理和操作规程的文件则是展示单位管理水平的关键内容，通过这些文件可以证明单位在项目执行过程中有严格的内部控制和操作流程，从而确保项目的准确性和数据的可靠性。

审批机关在收到申请材料后，通常会展开多方面的审核。其一，材料审核是对申请单位所提交的文件进行全面检查，确保各项材料齐全且符合要求，包括核查营业执照、技术人员证书以及设备清单的真实性和有效性。特别是在技术人员资格审核方面，审批机关需要确认单位提交的职业资格证书是否真实有效，人员是否符合相应资质等级对专业人员的配备要求。其二，审批机关有时还会进行现场核查，旨在通过实地考察申请单位的实际运行情况来验证材料的真实性。现场核查过程中，审批机关不仅要核实单位的设备情况，还可能考察其工作环境、实验室或工作间的布置情况、设备的维护保养状况等，以确保单位的实际运营符合申报资质的要求。在技术考核环节，审批机关可能要求单位展示其技术能力，具体表现形式包括通过项目实例展示测绘技术能力、数据处理能力以及项目管理流程的成熟度等，以确保单位不仅在材料上符合标准，且具备实际的项目执行能力。

在审批过程中，公开、公平、公正的原则始终贯穿其中，核心是要确保所有符合条件的单位在资质申请中都能够得到平等的对待。无论单位规模大小或背景如何，审批机关都应依据资质标准对其进行客观评价。审批过程的透明度也极为重要。审批机关需要向社会公开相关资质标准、审核流程以及审批进度，确保每一个环节都处于公众的监督之下，防止出现徇私舞弊等不正当行为。同时，审批过程的可追溯性也为日后社会监督和单位申诉提供了保障。当申请单位对审批结果存有异议时，能够根据公开的流程进行复核或申诉，维护其合法权益。

三、资质资格的监督与检查

测绘资质资格的监督与检查机制是确保测绘单位在日常业务运营中始终符合资质标准的有效手段，旨在通过持续的监督，保证测绘单位在取得资质资格后，能够严格按照相关规范执行测绘任务，不断提升测绘作业的质量和安全性。

监督与检查的形式多种多样，通常由资质审批机关或其授权的第三方机构进行，可以根据具体情况采取定期检查、不定期抽查、专项审计等检查方式。定期检查通常是按照固定时间周期进行的常规审查，旨在对测绘单位进行全面的复核，确保其在持有资质的过程中始终保持各方面的合规性和技术水平。而不定期抽查则是一种更为灵活的检查方式，具有突击性，常常用于对资质单位的日常工作进行实时的质量监控，以防范单位在某些方面出现松懈或违规操作。专项审计则针对特定问题或特定项目展开，通常用于处理特定的投诉或怀疑某单位存在潜在问题的情形，深入某具体领域进行调查，找出问题的根源并及时处理。

监督与检查的内容涵盖了测绘单位的多个方面，包括技术人员的资质、技术装备的使用情况、项目的实施过程和质量管理体系的运行状况。技术人员的资质是确保项目顺利开展的根本保障，监督检查时，相关机构会核实人员的职业资格、岗位培训以及参与项目的情况，确保测绘人员符合资质标准的要求并且持续保持其职业能力。对于技术装备的检查，主要关注设备的维护、更新和校准情况。测绘行业对仪器设备的精度要求极高，因此设备的使用状况直接影响到测绘成果的准确性。检查过程中，如果发现设备维护不当或使用过期、精度不符合要求的仪器，可能会导致项目结果失准，影响工程质量和安全。项目实施过程中的管理和操作规范同样是检查的重点，特别是在测绘任务中的数据采集、处理、存储等环节，监督机构会检查其是否严格按照行业标准和技术规范执行。质量管理体系的有效性也将被评估。测绘单位必须建立一套完整的质量管理制度，涵盖从项目策划到成果输出的全过程，以确保每个环节都经过严格的控制和审核。对于那些在质量管理上存在疏漏的单位，通过监督检查将督促其进行整改。

通过监督与检查，能够及时发现测绘单位在资质使用过程中出现的潜在问题，并加以纠正。若测绘单位在某些方面未能持续符合资质标准，审批机关或监管机构有权采取相应的处理措施。对于轻微违规行为，会发出警告通知，要求单位在规定的时间内完成整改，整改的内容通常涉及人员资质的更新、设备的重新校准或技术操作的调整。如果测绘单位的问题较为严重，且未能在限期内完成整改，审批机关则可能采取更为严厉的措施，如降低其资质等级或限制其业务范围。资质等级的降低意味着单位将无法承接原本可以从事的大型或复杂项目，从而对其业务运营产生直接影响。在极端情况下，如果发现测绘单位存在严重违法行为，或长期未能满足资质要求，审批机关甚至有权吊销其资质资格，禁止其继续从事测绘业务。资质的吊销不仅意味着单位失去合法从业的资格，还会对其信誉造成严重损害，进而影响其未来在行业内的生存与发展。监督与检查的结果通常会作为资质管理的重要依据，被纳入测绘单位的信用档案，形成行业内的信用评价体系。这种信用评价机制可以为未来的项目招标和合作提供参考依据。高信用等级的单位往往能够在市场中赢得更多的信任和机会，而信用记录不良的单位则可能面临市场的惩罚，甚至被列入黑名单，失去承接测绘项目的资格。

四、资质资格的维护与提升

测绘单位资质资格的维护与提升是一项持续性、系统性的工作，不仅关乎单位的合法运营，还直接影响其在行业中的竞争力和长远发展。通过不断优化内部管理、技术水平和人员能力，测绘单位能够在日益激烈的市场竞争中巩固其行业地位。

资质资格的维护首先要求测绘单位在日常运营中始终保持与资质标准相一致的状态，单位应建立一套完善的自我检查和评估机制，定期对技术人员的资质、仪器设备的精度、项目管理流程和质量控制体系等方面进行全面审核，这不仅是对单位日常运营的保障，更是确保其在未来的监督检查中能够顺利通过审查的必要手段。通过自我评估，单位能够及时发现潜在问题和不足之处，并采取针对性措施进行整改，避免因长期忽视某些方面的改进而导致资质降级或丧失。自我检查的重点在于细化对各类条件的检查力度，如技术人员的职业发展是否跟上行业需求，设备的使用和维护记录是否及时更新，管理流程是否符合现代化测绘行业的高效要求等。随着科技的进步测绘行业在技术、方法和标准方面不断演变，新技术的引入往往意味着对行业从业者提出了更高的要求，遥感技术、无人机测绘、三维激光扫描等新技术的快速普及，使得传统测绘手段逐渐向高精度、数字化、智能化方向转变。为了不被行业淘汰，测绘单位必须密切关注技术前沿的变化，并根据自身的实际情况及时进行技术升级和设备更新。引入先进的测绘设备不仅能够提高测绘数据的精度和工作效率，还能在满足市场需求的同时，增强单位在大型、复杂项目中的竞争优势。技术的升级也伴随着对技术人员提出的更高要求，因此单位必须同步加强对员工的培训和再教育，以确保其能够熟练掌握新设备和新技术的操作流程。

　　资质的提升并非一蹴而就，而是一个循序渐进、目标明确的过程。测绘单位首先需要根据自身的发展规划和市场需求，制定清晰的资质提升策略，策略的核心在于明确未来的资质目标，如从乙级提升到甲级，或从丙级提升到乙级等。资质提升的前提是技术实力和管理水平的全面提升，单位需要着力在以下几个方面展开工作：①扩大和优化技术人员队伍。高水平的技术团队是资质提升的基础，单位可以通过招聘优秀的专业人才，或者为现有员工提供继续教育和职业发展机会，来增强其技术能力和创新能力。②测绘行业涉及的领域广泛，包括地形测绘、工程测量、海洋测绘等，单位可以根据未来业务的方向和资质提升的需求，逐步建立或完善各类技术团队，确保每个领域都有专业人才覆盖。③传统的测绘设备在精度、效率和适用性上都面临着一定的局限性，特别是在需要高精度数据或快速完成任务的项目中，旧设备往往无法满足项目要求，单位需要根据自身的业务需求和未来发展方向，逐步引入高性能的测绘设备，如三维激光扫描仪、无人机测绘系统、地理信息系统等，这不仅能够大幅提高数据的精度，还能够显著提升工作效率，从而在资质评审中为单位加分。④通过自主研发或与科研机构合作，单位可以开发出适合自身业务需求的专有技术或软件工具，从而提升其在特定测绘领域的技术优势。创新能力不仅能够增强单位的技术储备，还能帮助单位在资质提升过程中获得更多的技术评审加分项。⑤质量管理体系的建立和完善同样是资质提升中不可忽视的内容。一个高效的质量管理体系能够帮助单位确保每一个项目的实施都符合国家标准或行业规范，从而有效避免质量问题对单位声誉和资质的负面影响。测绘市场的需求不断变化，某些类型的测绘业务可能随着行业发展而逐渐萎缩，而新兴领域则展现出巨大的市场潜力。测绘单位需要及时洞察市场趋势，调整业务方向，抓住新兴市场机遇。随着智慧城市建设的推进，测绘在城市规划、基础设施建设、灾害预警等方面的需求日益增加，测绘单位可以通过提升资质，进入这些新兴市场，进一步拓展业务领域。

五、资质资格的法律责任

测绘单位在取得、使用、维护资质资格的过程中，必须严格遵守国家法律法规的要求，履行相应的法律义务，这不仅是维护自身合法权益和信誉的必要条件，也是维护整个行业规范运行的基本保障。测绘单位在资质资格管理中的法律责任主要体现在多个方面，包括行政责任、民事责任和刑事责任等，每一种责任形式都对应着不同的违规行为和法律后果。

在资质资格的申请环节，测绘单位必须确保提交的所有材料真实、有效，符合相关法律规定。如果单位在申请过程中提供虚假信息、伪造文件，或通过不正当手段获得资质资格，一旦被发现，将会面临严厉的法律制裁。这些行为不仅违反了行政管理规定，还构成违法犯罪，导致资质被吊销或无法继续从事测绘业务，相关责任人也会受到相应的行政处罚或刑事追责。行政处罚的形式通常包括罚款、吊销资质、限制从业资格等，而对于情节严重的违法行为，可能涉及伪造证件、欺诈等刑事罪名，最终将受到法律的严厉惩罚。

在资质资格的使用过程中，测绘单位必须严格按照资质的范围和等级开展业务，确保其测绘活动符合资质规定的要求，如果单位承接超越自身资质等级、不符合规定的大型或复杂项目，将构成违法行为。一旦因不具备相应技术能力而导致测绘成果不合格，不仅会危及项目的实施，还会对社会公共利益造成损害。在此情形下，违规单位将承担相应的行政责任和民事责任，行政责任可能表现为罚款或吊销资质，而民事责任则涉及对因测绘成果质量问题给用户或相关方造成的经济损失进行赔偿。如果测绘单位的违规行为导致了更严重的后果，如因测绘数据不准确引发的重大事故或工程质量问题，单位还可能面临更加严厉的法律制裁，包括刑事责任，涉及危害公共安全、失职等罪名，相关责任人将被追究刑事责任，甚至面临监禁等刑罚。

在资质资格的维护方面，测绘单位同样需要遵守法律规定，及时更新和维护相关资质信息，确保自身条件持续符合资质标准。若单位在资质维护过程中忽视自我检查，未能发现或及时整改存在的问题，从而导致资质条件不符或管理不善，将面临相应的法律后果。如果单位的技术人员资质过期或设备未按时校准，依旧继续承接测绘项目，会因未能达到规定的资质要求而被追究法律责任，监管部门可能会对单位采取降级处理、限期整改等措施，甚至直接吊销资质。资质维护不当所引发的测绘质量问题也可能导致严重的法律责任。测绘成果一旦被应用于工程建设、城市规划等重大项目中，其数据准确性和可靠性对于项目的成败至关重要。如果因测绘质量问题导致工程事故或其他重大损失，相关测绘单位将承担相应的民事责任和行政责任，甚至面临刑事指控。

在未取得资质资格的情况下，擅自从事测绘活动的行为被视为违法行为，必须承担相应的法律责任，未取得资质资格的单位擅自从事测绘活动，不仅违反了行政管理规定，还严重危害社会利益和公共安全，法律对此类行为的惩处极为严厉。根据《中华人民共和国测绘法》（以下简称《测绘法》）和相关法律法规的规定，未取得资质而从事测绘业务的单位，将被处以罚款，没收违法所得，并责令停止违法活动，在严重的情况下，违法单位还可能被永久禁止从事测绘业务。如果非法测绘行为对国家安全造成威胁，如未经许可擅自测绘军事禁区、边境地区或其他敏感区域，行为人将面临刑事责任的追究。非法测绘的严重性不仅体现在对国家利益的损害上，也可能涉及国际关系和公共安全，因此在法律层面上有极为严厉的刑事处罚。测绘成果在许多领域中具有决定性的作用，包括工程建设、城市规划、土地管理等，如果因测绘数据的错误或质量问题给用户或项目方造成损失，单位将依法承担相应的民事赔偿责任，赔偿金额可能根据实际损失情况进行计算，并可能涉及巨额赔偿。测绘单位在提供成果时有义务确保其数据的准确性、可靠性，如果因技术错误或管理不善导致了数据失准，将不得不为此付出高昂的法律代价。

六、资质资格的信息化管理

随着信息技术的快速发展，信息化管理在资质资格管理领域的应用愈加广泛，涵盖了从申请、审批到监督、维护等各个环节，电子化申请使测绘单位在申请资质时能够通过在线平台提交所需材料，减少了纸质文档的使用，提高了申请过程的效率和便捷性。电子化的流程不仅降低了人为错误的发生，还能有效缩短审核时间，让审批机关能够更快地响应申请单位的需求。通过构建统一的在线审批系统，审批机关能够实时接收申请材料并进行审查，系统化的管理方式。有助于标准化审核流程，提高审批透明度，确保审批过程的公正性和有效性。相关部门还可以通过系统及时掌握申请单位的资质状态，从而制定相应的工作计划和资源分配。

实时监督则是在信息化管理中极具价值的一环，通过数据监控和信息共享，监管部门可以随时获取测绘单位的资质使用情况、项目实施状态及其遵循的质量管理标准。这种监督机制能够帮助监管部门及时发现潜在的问题，并进行针对性的干预，以确保测绘单位始终处于合规状态。

远程检查是借助先进的网络技术，监管人员能够在不必亲临现场的情况下，对测绘单位的运营情况进行实时监控。这不仅提高了监督的效率，还降低了监管成本，使得更多的资源可以被用于对高风险或高优先级单位的重点检查。远程检查的实施为监督工作提供了更大的灵活性，特别是在面对突发事件或特殊情况时，监管机构能够迅速反应，及时开展相应的审查工作。

信息化管理还促进了资质信息的共享与公开，通过建立公共信息平台，相关部门可以向社会公开测绘单位的资质信息，确保公众能够获取透明的行业数据。开放性有助于增强行业的公信力，同时也为用户选择合适的测绘服务提供了可靠依据。测绘单位通过公开的资质信息，能够提高自身的信誉度，吸引更多的客户，从而拓展市场。

信息化管理为资质数据的分析与利用提供了便利条件，通过收集和整理大量的资质管理数据，监管部门可以进行深度分析，从中发现行业发展趋势、市场需求变化以及政策执行效果，这不仅为资质政策的制定和调整提供了科学依据，也为测绘单位的资质提升和市场开拓提供了决策参考。通过数据分析，监管部门可以识别哪些技术领域或市场需求正在快速增长，从而制定出更具针对性的资质提升政策，推动行业的整体进步。通过信息化管理，测绘单位能够在资质维护和提升方面更加灵活有效，实时获取行业动态和技术进步的信息。单位可以及时调整发展策略和技术方向，以更好地适应市场需求。基于数据驱动的决策方式，有助于提高测绘单位在竞争中的反应速度和适应能力，从而增强其市场竞争力。

第二节　基础测绘和其他测绘管理

一、基础测绘的规划与实施

基础测绘工作承载着为经济发展和社会建设提供可靠地理信息的职责，其规划与实施环节的有效性直接关系到地理信息的准确性和适时性。在规划阶段，测绘管理部门需综合考虑国家战略、地方发展需求以及地理环境特点，制定科学合理的测绘计划，这不仅要求对现有资源进行充分评估，还需要预见未来的需求变化，以确保基础测绘的长效性和适应性。基础测绘的规划通常涵盖测绘的范围、精度要求、更新周期和技术标准等要素，在此过程中，涉及的地理信息包括自然资源、土地利用、城市规划、交通网络等多个领域。规划时需与各相关部门进行充分沟通，确保各方需求得到平衡。土地管理部门需要准确的地形地貌数据，以便进行土地资源的合理配置，而城市规划部门则依赖基础测绘提供的地理信息来制定城市发展蓝图。通过明确各部门的需求，测绘管理部门能够制定出更为合理的实施方案。

在实施基础测绘时，地形图不仅反映了地面的自然和人文特征，还为后续的各种应用提供了基础数据。为了确保地形图的高质量，通常采用航空摄影测量与地面测量相结合的方式。航空摄影测量能够快速获取大面积的地表数据，而地面测量则能提供更高精度的细节信息，有效提高了数据的准确性与完整性，确保测绘成果能够满足不同应用场景的需求。

现代技术的迅速发展为基础测绘的实施提供了新的工具与方法，遥感技术的引入使得数据获取变得更加便捷和高效，能够在短时间内对广泛区域进行监测与评估。卫星定位技术则为高精度测量提供了保障，尤其是在地形复杂或人迹罕至的区域，卫星定位的应用显得尤为重要，不仅提升了数据采集的效率，也为后续数据的处理与分析奠定了基础。地理信息系统作为信息整合、管理与分析的重要平台，能够将多源数据进行有效整合，实现信息的可视化与智能化分析。GIS 的建设涉及数据标准化、系统兼容性和可扩展性等多方面考虑，标准化的数据格式能够确保不同测绘数据之间的无缝对接，而系统的兼容性则使得不同部门、不同用户能够方便地共享信息，这不仅提升了数据利用效率，还增强了决策的科学性与准确性。在 GIS 的维护过程中，需要定期更新数据，以确保其时效性和准确性，更新内容不仅包括新数据的采集，还涉及对现有数据的质量检测和修正。随着城市化进程的加快，地理信息的变化频繁，定期更新成为必然需求。维护过程中的数据安全性也是一个不可忽视的方面，需采取有效措施防止数据泄露或丢失，确保信息的可靠性。

基础测绘的规划与实施中还需关注对生态环境的保护。在进行地形图测绘和数据采集时，应遵循环保原则，尽量减少对自然环境的干扰。在高敏感区的测绘工作中，应采取非侵入式的方法，以减小对生态系统的影响。在数据分析中，环保信息也应作为重要参考，确保经济与生态的协调发展。

二、基础测绘的数据管理

基础测绘的数据管理是保障地理信息资源有效利用和长期保存的核心环节，涉及数据的采集、处理、存储、分发和维护等多个方面。在数据采集阶段，确保数据的质量和完整性是首要任务，通常需要建立严格的质量控制流程和标准。对测量设备的校准、数据采集人员的培训以及数据采集过程的实时监控，都是提高数据质量的重要措施。采用高精度仪器和先进的测量技术，可以有效减少误差，提高数据的可靠性。

数据处理环节包括数据的编辑、校正、整合和格式化，旨在提升数据的可用性和分析价值。在数据处理过程中，应用先进的软件工具和技术能够显著提高工作效率和准确性，自动化的数据处理软件可以处理大量数据，进行批量编辑和校正，减少人工操作带来的错误。数据整合是将不同来源的数据进行统一管理，使其能够相互关联、交互分析，从而提高数据的综合利用效率。

处理后的数据需要保存在合适的介质上，确保其便于检索和使用。构建一个高效、安全的数据库系统是实现这一目标的基础，数据库的设计应考虑数据的安全性、可靠性和可访问性，确保数据在任何时候都能被有效管理和使用。数据存储时采用分层存储策略，结合冷存储和热存储技术，可以在提高访问效率的同时，降低存储成本。数据库的安全性需通过权限控制、加密技术等手段得到保障，防止数据泄露或损坏。

数据分发时需要充分考虑用户的不同需求和使用场景，数据分发可以通过在线服务、离线拷贝或定制服务等多种方式进行，确保不同用户能够根据自身需求获取所需数据。在在线服务中，建立用户友好的数据门户，允许用户通过简单的搜索和筛选功能快速找到所需的信息，离线拷贝和定制服务则为用户提供了更多灵活的选择，使得在特定情况下的数据需求能够得到满足。

在数据分发过程中，必须关注数据的版权和知识产权问题，确保数据的合法使用，并通过适当的授权机制，维护数据提供者的权益。数据维护涵盖数据的定期更新、备份和恢复等方面。建立有效的数据更新机制能够适应环境变化和用户需求的变化，确保数据的时效性。针对自然灾害、城市扩张等因素带来的数据变化，需及时更新相关信息，以反映最新的地理情况。需建立数据备份和恢复机制，以防止系统故障、操作失误或网络攻击导致的数据丢失。在数据维护过程中，需定期检查和验证数据的准确性，以确保数据能够长期有效地支持各类应用。随着技术的不断演进，原有的数据格式和存储介质可能逐渐被淘汰，造成数据的不可读或损坏，因此，需要制定长期保存策略，对数据进行格式转换、迁移和适时更新，确保数据在未来仍能保持可用性与完整性，是确保其历史价值和研究价值的重要举措。构建可持续的数据管理体系，使基础测绘数据不仅能服务于当前需求，还能为未来的研究和发展提供持续支持。

三、其他测绘的分类与管理

除了基础测绘之外，测绘工作涵盖了多种专业测绘类型，如工程测绘、海洋测绘、地籍测绘等，在应用目的和要求上各有不同，需采用特定的技术和方法，以满足具体的项目需求。工程测绘主要服务于各种工程建设，涉及土地勘测、建筑物测量、基础设施规划等环节，为确保工程项目在设计和实施过程中得到准确的地理数据支持，通常需要进行详尽的现场勘查和精确的地形分析，为后续的施工和管理提供必要的信息。海洋测绘则聚焦于海洋领域，涵盖海洋地形、资源和环境的调查与测量。海洋测绘常常涉及复杂的水文条件和变化多端的海洋环境，因此需要采用多种技术手段，如声呐测深、卫星遥感、海洋浮标等，以获取全面且准确的数据。

对不同类型的测绘工作进行管理，需要建立相应的管理体系和标准，包括测绘技术规范的制定、操作流程的明确、质量标准的建立，以及测绘项目的审批与监督机制的完善。管理部门应根据各类测绘的特点和需求，制定相应的技术规范，确保在测绘过程中所采用的设备、技术和方法均符合行业标准，这不仅能提升测绘数据的可靠性，也能减少项目执行中潜在的风险。通过系统的培训，可以提高测绘人员的专业知识和操作技能，使其在实际工作中能够高效、准确地完成各项测绘任务。资格认证则为测绘行业设立了专业门槛，确保只有经过培训并具备相应资质的人员才能从事相关工作，从而保证测绘工作的专业性和准确性。

在管理不同类型测绘工作的过程中，还需关注测绘数据的整合和共享问题。不同类型测绘数据的兼容性和互操作性，是实现数据有效利用的重要前提。为了提高测绘数据的利用效率，促进不同领域和部门之间的信息交流与合作，需要建设和管理统一的数据共享平台。该平台应具备良好的数据标准化功能，能够支持不同类型测绘数据的整合，使得各类数据能够在同一系统中进行交互与分析。在数据共享平台的建设中，应充分考虑用户的多样化需求和使用场景，提供便捷的访问方式和数据查询工具，以满足用户在不同情况下对测绘数据的需求。建立合理的数据授权与管理机制，确保数据共享的合规性与安全性，以防止数据滥用和泄露。有效的数据整合与共享，不仅可以提升测绘数据的使用效率，还能推动跨部门、跨行业的协作，形成更为广泛的合作网络。进一步地，不同测绘类型之间的数据整合与共享，将为综合性项目的实施提供支持。在城市规划中，工程测绘的数据可以与地籍测绘和海洋测绘的数据相结合，形成全面的地理信息体系。这种整合能够为决策者提供更全面的信息，支持科学决策，提高城市管理的智能化水平。

四、测绘项目的审批流程

测绘项目的审批由测绘管理部门主导。审批流程旨在对测绘项目的合法性、合理性和可行性进行全面审查，以维护公共利益和社会安全。在启动审批流程时，申请方需提交一系列相关材料，包括项目计划书、技术方案、预算报告等，这些材料构成了评估项目可行性的基础。审批部门通过对这些文件的审查，判断项目是否符合相关法规和标准。

审批流程一般分为三个主要阶段：初步审查、技术审查和最终审批。在初步审查阶段，评估重点是项目的合法性和合理性。审批人员会对项目的合规性、必要性以及预期的社会效益进行评估，此阶段的评估可以通过对比现行法律法规和政策，确保项目不违反国家的法律要求，同时也考虑项目的社会价值和经济效益。如果项目在此阶段未能通过审查，将被要求对材料进行修改或补充。

技术审查阶段则专注于项目的技术细节，评估项目的可行性、技术路线以及质量控制措施。审批专家会对项目所采用的技术手段、方法论及其适用性进行深入分析，确保所选技术能够有效实现项目目标并达到预期质量。在此过程中，审批人员还会考虑技术实施的风险和潜在挑战，并要求提供相应的应对方案，因为技术的可靠性直接影响到测绘成果的质量和后续应用的有效性。

最终审批阶段是对项目整体情况的综合评估，主要关注项目的整体协调性和实施效果。审批部门会根据前两个阶段的审查结果，结合项目的具体情况，做出最终决定。若项目通过所有审查，相关部门会签发批准文件，允许项目的实施；若未能满足要求，审批部门则会指出问题并要求申请方进行必要的调整。

在整个审批过程中，测绘活动往往涉及对自然资源的调查和开发，因此需确保测绘过程不会对生态环境造成不良影响。审批部门会要求提供环境影响评估报告，并评估测绘活动对周边生态系统、社会环境的潜在影响，这不仅符合可持续发展的理念，也是在保障公众利益、促进社会和谐方面的必要措施。审批流程需遵循透明、公正和高效的原则，审批工作的公开性能够增强社会对测绘管理工作的信任，确保公众对测绘项目的知情权和参与权。在审批过程中，及时发布相关信息、设定合理的申请和审查期限，有助于提高审批工作的效率，减少不必要的等待时间。公正的审批流程还需避免利益冲突和不当干预，确保每个项目都能在同等条件下接受评估。为进一步提升审批流程的效率与透明度。通过构建在线审批系统，可以实现申请材料的电子提交和实时跟踪，提高信息处理的速度，系统应设有自动化的提醒机制，以便于申请方及时了解审批进度和所需补充的材料，降低因信息不对称造成的延误。

五、测绘成果的保密与安全

保密措施的实施主要体现在对测绘成果的访问控制、传输加密和存储保护等方面。访问控制通过身份验证、权限设置和角色管理来实现，确保对数据的访问具有严格的层次划分。建立多级别的访问权限可以有效限制对敏感信息的查看和操作，确保只有经过培训且具备必要权限的工作人员能够接触到相关数据，从而降低泄露风险。传输加密则是在数据传输过程中对信息进行加密处理，以防止数据在传输过程中被非法截获和篡改。采用高级加密标准（Aduanced Encryption Standard，AES）等加密技术，可以为数据提供强有力的保护，确保在互联网或内部网络中传输的测绘数据不被恶意用户窃取。加密措施不仅提升了数据的安全性，还增强了外部合作方对数据传输的信任，推动信息共享和合作。在存储保护方面，针对存储在数据库或其他介质上的测绘数据，应采取一系列安全防护措施，包括使用访问控制列表（Access Control Lists，ACL）和加密存储，确保数据在存储时的完整性和机密性。定期审计存储设备和数据库系统，以发现和修复潜在的安全漏洞，是保护数据不被非法访问和破坏的有效手段。

安全措施还涉及测绘成果的备份与恢复机制。数据备份的目的是防止因系统故障、操作失误或自然灾害造成的数据丢失和损坏。要建立定期备份计划，确保测绘数据定期存档，并将备份数据存储在安全的位置，这可以有效降低数据丢失的风险，设计高效的恢复机制，能够在数据损坏时快速恢复正常运作，保障测绘工作的连续性和稳定性。

测绘系统的安全防护方面，通过建立全面的安全防护系统，如防火墙、入侵检测和防御系统，能够有效防止非法入侵和网络攻击。防火墙可以对网络流量进行监控和控制，阻挡未授权访问；入侵检测系统则能够实时监测系统的异常活动，及时发出警报并采取相应的响应措施，可以在很大程度上降低外部攻击和内部泄密的风险。

应制定明确的保密政策，明确测绘成果的保密级别及相关责任，增强全体员工的保密意识，通过定期培训和安全演练，提高员工对数据保密和安全的认识和技能，营造出良好的安全文化。设置数据泄露报告机制，确保在发现安全事件时能迅速响应并采取措施，降低潜在损失。在保障测绘成果安全的同时，也应关注合法合规问题，遵循相关法律法规，如《中华人民共和国数据安全法》《中华人民共和国网络安全法》等，确保测绘数据的使用和管理符合法律要求，这不仅有助于维护国家安全，也为测绘单位的长期发展奠定基础。

第三节　测绘成果管理

一、测绘成果的收集与整理

测绘成果的收集与整理涵盖了数据采集、处理、整合、存储、分析多个阶段。数据采集时通常采用高精度的测量设备，如全站仪、激光扫描仪、卫星遥感及无人机航拍等，现代化技术不仅提高了数据采集的精确性，还显著提升了效率。在数据采集完成后，需进行初步处理，此阶段的工作包括数据清洗、分类与格式化。数据清洗的目的是剔除无效或错误的数据项，以确保数据集的质量；分类则是将数据按照特定标准进行分组，可以依据时间、地点或测量方法进行分类，形成不同的数据类别；数据格式化则是将数据转换为一致的格式，便于后续分析和使用。数据整合是将来自不同来源和时间点的数据统一到一个框架下，此过程尤为复杂，尤其在涉及多个测量团队和技术的情况下。整合的目的是消除数据之间的差异，以提高数据的一致性和可比性，整合后的数据能够形成一个综合数据库，方便后续的详细分析。数据分析阶段可使用多种方法，如统计分析、趋势分析及相关性分析。统计分析旨在揭示数据的基本特征，通过描述性统计量（如均值、标准差等）对数据集进行总结，如可用以下公式计算某项目测量数据的均值：

$$\bar{x} = \frac{1}{n} \sum_{i=1}^{n} x_i \tag{7-1}$$

式中，$\bar{x}$ 为均值，n 为数据个数，x_i 为每个数据点。

在趋势分析中，可以利用回归分析等方法探讨数据随时间变化的趋势，可以构建线性回归模型，预测未来的数据走向。相关性分析则是通过计算相关系数，判断不同数据之间的关系强度，帮助识别潜在的因果关系。

数据整理后，需要建立结构化的数据管理系统，以便于数据的存储和后续访问。该系统不仅要满足数据检索、更新和维护的需求，还要确保数据的安全性与保密性。数据管理系统的设计通常包括用户权限管理、数据备份及恢复机制等，以应对潜在的数据丢失或泄露风险。数据访问控制则是根据不同用户的需求，制定相应的访问权限，以确保敏感数据的保护。在实际应用中，测绘成果的整理和存储不仅涉及技术手段的运用，还需要对流程的规范化进行管理。

二、测绘成果的存储与保护

测绘成果的存储与保护是确保数据长期可用性与安全性的基础环节，尤其在数字化进程加快的今天，传统存储方式已逐渐向数字存储转变。为了有效存储测绘成果，不同存储介质如硬盘、固态硬盘、光盘、磁带和云存储服务各有其独特的优势和劣势，硬盘和固态硬盘具有较高的读写速度和便捷的访问性能，适合频繁读取的数据；光盘和磁带则因其较长的存储寿命和成本效益，适用于长期存储不常访问的数据；云存储因其灵活性和可扩展性，能够根据需求动态调整存储容量，已成为越来越多组织的选择。综合考虑数据的重要性、访问频率、存储成本及安全性等因素，将有助于选定最合适的存储方案。

在保障数据安全性方面，定期进行数据备份有助于防范因意外事件引起的数据丢失。备份策略可采用增量备份或全量备份，确保不同版本的数据均能被恢复。备份数据的存储位置应分散，以降低由于自然灾害或人为因素造成的集中风险。通过异地备份，将数据存储在不同地理位置，可以有效提升数据的安全性，确保在发生不可预见的事故时，仍然能够恢复关键数据。

在数据保护的过程中，为确保数据的安全性和隐私性，需要实施访问控制措施，确保只有经过授权的用户能够访问敏感数据。常见的访问控制方法包括基于角色的访问控制（Role-Based Access Control，RBAC）和基于属性的访问控制（Attribute-Based Access Control，ABAC），前者依据用户角色分配权限，后者则根据用户属性动态授予访问权限。加密技术在数据保护中也起到关键作用，通过对存储和传输的数据进行加密，能够有效防止数据在未授权情况下的泄露。网络安全措施，如防火墙、入侵检测系统（Intrusion Detection System，IDS）和虚拟专用网络（Virtual Private Network，VPN）等，也为数据保护提供了重要支持，能够有效抵御外部攻击。

随着科技的快速演进，过去常用的存储格式和系统可能逐渐被淘汰，导致数据无法被后续用户访问，定期评估存储技术并更新数据格式至关重要。此过程包括对现有数据格式进行审查，确保其符合行业标准，若发现某种格式逐渐过时，应及时进行数据迁移和格式转换，以确保数据的长期可用性。此外，测绘成果的存储与保护还涉及数据生命周期管理，从数据采集、处理、存储到最终的使用，贯穿整个生命周期的管理能够优化数据的使用效率，降低存储成本。通过建立数据分类标准，能够有效管理数据的存储与检索，使得用户能够快速找到所需的信息。在数据不再被频繁使用时，应考虑将其移至低成本存储介质，或者对其进行归档处理，以便于后续需要时的检索。定期进行数据审查和清理，可以确保存储系统中的数据保持高质量，去除重复、过时或无效的数据，减少存储空间的浪费，并提升系统的整体性能。利用数据管理工具和软件进行自动化监测，可以有效提升数据质量管理的效率。在实施数据存储与保护策略时，要定期对相关人员进行安全培训，提高他们对数据保护的重视程度与专业知识，这样能够有效减少人为错误对数据安全带来的威胁。通过宣传安全政策和操作规范，增强员工对数据隐私和安全性的理解，这有助于在组织内形成良好的数据保护文化。

三、测绘成果的共享与服务

在当前信息化社会中，测绘成果的共享与服务能够极大提升数据的利用效率并推动各领域的创新与发展。有效的数据共享不仅能促进科学研究的发展，还能为社会经济发展提供强有力的支持。为了实现测绘成果的高效共享，构建综合性的数据发布平台是不可或缺的。基于网页的在线数据库、专门的数据共享网站，或是灵活的应用程序接口（Application Programming Interface，API），为用户提供便捷的数据访问和下载功能，确保数据在广泛用户群体中迅速传播。

数据发布平台的设计应关注用户体验，确保信息结构清晰，用户能够快速找到所需的测绘成果，因此，应将数据的可访问性与易用性作为优先考虑的因素。提供详细的数据文档和使用指南至关重要，平台内容应包括数据来源、采集方法、数据格式说明、使用案例及常见问题解答等信息，以帮助用户更好地理解和应用数据。建立技术支持渠道，便于用户在使用过程中及时获得帮助，能够显著提高用户对数据的利用率。

在数据共享的过程中，为了确保不同系统和平台之间的数据能够无缝集成，采用开放标准和通用数据格式显得尤为重要。地理信息数据通常使用GeoJSON、Shapefile等格式，能够被多种GIS软件和工具识别和处理。通过标准化的数据格式，可以减少用户在数据转换过程中的复杂性，使得数据的共享和整合变得更加高效。

测绘成果的服务不仅限于数据的发布，还包括数据价值的挖掘与应用开发。利用现代数据分析技术，结合领域专业知识，能够开发出一系列实用的应用和服务，地理信息系统可用于城市规划、环境监测和交通管理等多个领域，通过空间数据的可视化和分析，帮助决策者做出科学的判断。三维建模技术的应用，能够为建筑设计和基础设施管理提供直观的支持，而智慧城市管理系统则通过集成多种数据来源，实现对城市运行状态的全面监控与管理。

在进行数据共享与服务的同时，遵循法律法规与政策指导是确保数据合法合规的必要措施，涉及数据共享的原则、条件与限制。确保在尊重知识产权和用户隐私的前提下进行数据利用，建立明确的数据管理政策与法律框架，有助于为数据共享提供必要的保障。要制定数据使用协议，明确用户在使用数据过程中的权利和义务，确保数据的合法使用和知识产权的维护。在数据共享的过程中，需建立有效的反馈机制，以便持续改进共享服务。用户的反馈不仅能够帮助识别平台的不足之处，还有助于优化数据产品与服务，从而更好地满足用户需求。定期评估数据使用情况和用户满意度，能够为未来的共享策略提供重要依据。组织培训和宣传活动，提高用户对测绘数据共享的认知，鼓励更多的用户参与数据的使用与反馈，能够进一步促进数据的共享与服务发展。

四、测绘成果的质量评估

测绘成果在实际应用中直接影响到工程建设、城市规划、环境监测等多方面的决策与执行，为了实现对测绘成果的全面、客观评估，有必要建立科学合理的评估体系，以针对性的指标来衡量测绘成果的各个方面。

评估的目标和标准应围绕精度、完整性、一致性和可用性等多个维度展开。精度是衡量测绘成果与真实情况之间差异的重要指标，通常通过对比实地测量数据和测绘结果来确定。完整性反映了测绘成果是否涵盖了所需的全部信息，尤其在涉及复杂地形或多样化数据时，完整性显得尤为重要。一致性则指不同数据源之间的协调程度，确保在同一项目中，数据能够互相验证且相互支持。可用性则关注用户能否方便地获取和使用数据，评估是否满足用户需求。

在评估过程中，统计分析能够提供对数据分布及变异程度的直观理解，进而揭示潜在问题。误差分析则帮助识别和量化数据中的系统性和随机性误差，评估其对最终成果的影响。比较分析通过将测绘成果与标准数据或其他可靠数据进行对比，能够清晰地指出成果的优劣。实施定期的外部审核，也能有效提高评估的客观性和权威性。

考虑到应用背景和用户需求对于评估的影响，评估指标应根据具体场景进行调整。在基础设施建设中，数据的精度要求较高，而在初步规划阶段，数据的完整性可能更为重要。对成果的更新频率与时效性也需加以重视，尤其在快速变化的环境中，定期更新测绘成果能够确保其反映最新的地理信息和变化趋势。

现代信息技术的应用能够极大提升质量评估的效率与准确性，人工智能和机器学习等技术可以进行自动化数据分析，识别出不符合标准的数据样本，及时进行修正。利用大数据技术，能够实现对海量测绘数据的智能化处理与分析，帮助评估团队更迅速地获得关键信息。在评估结果发布后，还需进行成果的定期复审和用户反馈收集，以便及时调整和优化测绘流程及标准。通过定期更新评估标准，确保其与技术进步和行业发展相适应，可以提升测绘成果的长期质量与可靠性。引入反馈机制，允许用户提出对测绘成果的意见和建议，不仅能促进测绘机构改进工作，还能增强用户对数据的信任。

对于测绘结果评估体系的完善，需要建立专业的培训课程，提升评估团队的技能与知识水平，这样能够有效提升评估的质量与效率。鼓励跨部门合作，共享评估经验与技术，可以在不同领域中推广最佳实践，进一步提升测绘成果的整体质量。

五、测绘成果的更新与维护

在动态变化的地理环境和人类活动背景下，及时更新测绘数据成为支持决策、规划和实施的必要条件，构建一个高效的更新与维护机制以确保数据的准确性与时效性显得尤为重要。

在确定更新频率和范围时，需综合考虑数据的应用需求、环境变化速度以及成本效益等因素，某些关键基础设施、环境保护区域或灾害易发区可能需要更高频率的更新，以确保数据始终反映最新的状态。而在相对稳定的区域，更新周期可以适当延长确定更新频率时，进行相关需求分析是必要的，通过与用户的沟通，明确数据在不同应用场景中的具体需求，进而制定出切实可行的更新策略。在更新过程中，可采用的高效数据采集与处理技术包括利用遥感技术、无人机航拍、现场测量和数据融合等，以确保获取的新数据具备较高的质量和一致性。数据采集技术的选择应基于目标区域的特性和具体需求。对于城市区域，采用无人机航拍可以迅速获取高分辨率影像，而对于偏远地区，传统的地面测量可能更加适用。数据处理技术的应用也需要确保新旧数据之间的兼容性，避免因格式不匹配而影响数据的有效整合。

测绘成果的维护工作不仅涉及数据的更新，还包括有效的数据存储管理和安全保护，定期的数据备份是预防数据丢失或损坏的必要措施，可以确保在意外情况下能够快速恢复。需建立系统的备份方案，明确备份的频率与方式，并定期进行恢复演练，以检验备份系统的有效性。系统的维护与安全检查也是不可或缺的，可以确保存储系统的稳定性与安全性，防止潜在的安全隐患和数据泄露风险。

随着技术的不断进步，原有的存储和处理系统可能逐渐显得不适用，及时更新技术平台也是维护工作的重要组成部分。选择更先进的存储解决方案和数据处理工具，可以提升数据存储的效率和处理能力，确保在面对大规模数据时，系统能够稳定运行。云存储技术的应用也为数据的管理提供了新的思路，其灵活性和可扩展性使得数据存储变得更加高效和安全。

在数据更新与维护中，通过建立用户参与机制，及时了解用户对数据的需求、使用过程中的问题和改进建议，有助于优化数据更新与维护的策略。定期收集用户反馈，分析其使用体验，可以为更新计划提供参考，使数据更贴近实际需求。定期开展内部评审与质量审计可以有效评估数据的质量与适用性，发现并解决潜在问题。评审过程中，可以使用质量指标对数据的完整性、准确性、一致性等进行综合评估，以确保所有数据始终满足既定标准，这可以为后续的更新与维护提供依据，确保数据始终处于最佳状态。在整个更新与维护的过程中，对团队的专业培训也是提升数据质量的重要手段，定期对相关人员进行培训，提升其对新技术、更新流程及数据管理最佳实践的认知，可以确保更新与维护工作更加高效、有序。

第四节　地图及地图产品管理

一、地图编制的标准与规范

地图编制的标准与规范为地图产品的质量和可靠性奠定了基础，随着地理信息科学和技术的不断进步，相关标准和规范也在持续更新，覆盖了地图设计、制作、审查和发布环节，旨在确保地图的准确性、一致性与可用性。

在地图设计阶段，必须遵循明确的美学原则与信息表达原则，以确保地图的清晰度与易读性。合适的地图投影是设计的第一步，投影的选择会直接影响地图的形状和距离的真实表现。符号系统的设计也至关重要，符号应具有直观性和普遍性，使得用户能够迅速理解地图上所呈现的信息。色彩方案的选择同样不可忽视，色彩的对比和搭配会影响地图的信息传达效果。合理的布局和比例安排能够提高信息的可读性，使用户在使用地图时更为便利。地图的目标用户群体与应用场景需要被充分考虑，确保不同的地图产品满足特定用户的需求。

在地图制作过程中，需遵循相应的技术规范和工艺流程，以确保地图的制作质量和效率。此阶段涉及地图数据的采集、处理和分析。采集的数据应具有高准确性和完整性。数据的处理环节包括数据清洗、数据整合和数据格式转换，确保数据在应用前的一致性与可用性。编辑和排版是地图制作的重要环节，涉及图形元素的组织与文本信息的安排。现代地图制作越来越依赖于计算机辅助设计（CAD）、地理信息系统及数字印刷技术，这些技术显著提高了地图制作的自动化水平与精确度，进而降低了人为错误的可能性。

在审查阶段，必须对地图的地理要素、地名、比例尺、图例等进行系统性的检查与评估，不仅关注地图内容的准确性，还需对地图的合法性进行审查，确保遵循相关法律法规和标准。审查工作通常由具备丰富知识和经验的专业人员及相关机构进行，以确保评估结果的权威性与客观性。

在地图发布阶段，需要遵循标准化的流程，包括地图的版权登记、审批备案及质量认证等程序，确保地图在法律框架内合法发布与传播。随着数字技术的发展，地图的发布和传播方式日益多样化，地图涵盖纸质地图、电子地图和在线地图服务等多种形式，每种形式的发布都应遵循相应的规范，以确保地图在不同媒介中都能准确传达信息。

地图编制标准和规范的持续更新是应对地理信息科学及技术发展、社会需求变化的必要举措，新技术的引入，如大数据分析、人工智能等，正在不断推动地图编制的演进，推动其朝着更高的精确度和更广的应用范围发展。地图编制机构、科研院所和行业协会等各方需通力合作，共同推动标准的修订和完善，确保这些标准与规范始终与时俱进，满足社会和用户的需求。

二、地图内容的准确性与合法性

地图内容的准确性与合法性是地图产品质量的核心要素，二者对地图的实际应用与用户信任度有着直接影响。准确性通常被定义为地图上所显示的地理要素的位置、形状及属性等信息与实际情况之间的一致性，不仅影响用户对地图的理解，也直接关系到依赖地图进行决策的各类活动的成败。而合法性则涵盖了地图的内容和形式是否符合相关法律法规与政策要求，包括版权、保密、国家边界等方面的规定。

在数据采集阶段，高精度的测量仪器能够确保获取的数据具有良好的原始精度和完整性，使用全球定位系统、激光雷达和无人机等现代技术手段，可以极大地提升数据的准确性和可靠性。数据采集完成后，必须对其进行严格的处理和分析，确保数据能够真实反映地理要素的实际情况。通常需要运用科学的数据处理方法与模型，如数据插值、误差分析等，以消除潜在的偏差。

随着时间的推移，地理环境和人类活动会发生变化，因此定期更新和维护地图数据也显得尤为重要。更新过程不仅涉及新数据的获取，还需确保其与历史数据的兼容性，以保持地图的一致性。

在确保地图内容的合法性方面，需严格遵循相关法律法规和政策要求。地图的版权问题不仅关系到地图制作单位的合法权益，还影响到地图使用者的合法性。地图的版权登记和发布前的审批是确保合法性的重要环节，尤其是在商业使用或广泛传播的情况下，地图上的地名、国界和行政区划的准确表示不仅关乎地图的可靠性，还关系到国家的主权与领土完整。所有地理要素的标注和描绘都应严格按照国家标准进行，确保其符合国家规定的法律法规。为保障地图内容的准确性与合法性，还需经过严格的地图审查和质量控制过程。在审查环节，内部审查应由制作团队自行进行，以确保初步结果符合基本的准确性标准。专家评审则涉及独立第三方的专业判断，能够进一步增强审查的公正性与可靠性。用户反馈机制同样重要，用户的实际使用体验与意见能够为地图的修正与优化提供宝贵的信息。通过整合反馈，能够确保地图持续改进，更好地满足用户需求。

完善的地图质量管理体系与标准应涵盖地图的编制、审查、发布等各个环节，明确责任和规范工作流程，以提高整个过程的透明度和可追溯性。通过实施标准化管理，能够对地图产品进行有效的质量控制，从而减少错误和不合规情况的发生。

三、地图市场的准入与管理

随着地理信息产业的快速发展，地图市场愈加繁荣，但也面临诸如产品质量参差不齐、市场秩序混乱等问题。建立完善的地图市场准入与管理机制显得尤为迫切，这一机制旨在规范地图市场的健康发展。地图市场的准入管理主要涵盖地图编制单位的资质审核、地图产品的审批备案以及地图发布和传播的许可等环节，可以确保地图编制单位具备必要的技术能力与管理水平，同时确保地图产品符合相关的质量标准和法律法规要求。

在地图编制单位的资质审核中，需对单位的技术能力、管理水平及信誉进行全面评估，通常涉及对单位的资质等级、业务范围、技术团队、设备和设施等多个方面的考察。通过系统的资质审核，能够确保地图编制单位拥有一定的专业水平和服务质量，从而提高其产品的可靠性与有效性。

地图产品的审批备案则涉及对产品内容、形式及质量的深入审查与评估。审核内容包括地理要素的准确性、地名的规范性、比例尺的适用性以及图例的清晰度，还需关注地图的版权、保密和安全性，确保产品在法律框架内的合规性，这样能够有效提升地图产品的整体质量，防止不合格产品进入市场。

在地图发布与传播的许可方面，管理机构需对地图的发布渠道、传播方式及使用范围进行严格控制，包括地图的版权登记、审批备案以及质量认证等程序，以确保地图的合法发布和传播。有效的发布与传播管理不仅能保护地图编制单位的合法权益，还能防止虚假信息的传播，从而维护市场秩序。

地图市场的整体管理中还需要建立与完善相关法律法规和政策体系，以及市场监管与执法机制，包括针对地图市场的监管体系、服务质量管理、公平竞争和监督检查等方面的具体规定和措施。通过加强市场监管和执法力度，可以有效维护地图市场的秩序，保护消费者的合法权益。市场监管应涵盖对地图编制单位及其产品的定期检查，确保其持续符合相关标准和要求。鼓励社会公众和用户对地图产品进行监督与反馈，以形成良性的市场自我调节机制，市场参与者不仅能够获得更高质量的地图产品，还能提高对地图市场的信任度。

在数字化时代背景下，地图市场的管理中还需要关注新兴技术给行业带来的影响，在线地图服务和移动应用的迅猛发展使得地图的发布和传播方式日益多样化，管理机构需及时更新相关的监管措施，以应对新形势下的挑战，确保数字地图产品的合法性与准确性。行业协会可发挥协调作用，制定行业标准和自律公约，引导地图编制单位自觉遵守法律法规，提升行业整体素质和竞争力。通过多方合作，构建健康的市场环境，不仅能有效解决当前地图市场面临的问题，还能促进行业的长远发展。

四、地图信息的更新与维护

在数据采集阶段，遥感技术能够从高空获取广泛区域的地理信息，而全球定位系统（GPS）则提供了高精度的位置信息，支持地面数据的准确定位。无人机航拍也在近年来被广泛应用，因其灵活性和高分辨率，能够及时获取特定区域的详细信息。这些技术手段的结合，有助于全面捕捉地理环境的最新变化。地理信息系统（GIS）作为一种强大的工具，可以有效整合和分析来自不同来源的数据，通过空间分析技术，揭示数据之间的关系，提供更深入的见解，数据融合技术能够将多种数据源的信息进行有效整合，以消除数据冗余和误差，从而提高信息的准确度和完整性。在数据发布阶段，必须遵循既定的流程与标准，以确保信息的及时传递与有效传播，包括地图数据的版权登记、审批备案以及质量认证等程序，能够保障地图信息的合规性与合法性。随着信息技术的发展，地图数据的发布和传播方式逐渐多样化，除了传统的纸质地图，电子地图和在线地图服务的普及也为用户提供了更为便利的获取途径，在更新与维护过程中，应当考虑到多种发布渠道，以满足不同用户的需求。地图信息的维护涉及数据的存储、管理和保护等多个方面，在存储阶段，选择安全、可靠且可扩展的存储系统至关重要。云存储和分布式存储等现代存储技术不仅能够确保数据的长期保存，还能有效防止数据丢失或损坏。在数据管理方面，建立有效的管理机制与流程是确保数据易于检索和使用的关键，包括对数据进行分类、索引以及定期更新，以保持数据的整洁与高效访问。

为了实现地图信息的高效更新与维护，还需建立和完善相关的技术标准和规范，应涵盖数据的采集、处理、分析、发布、存储和管理等各个方面，为整个流程提供规范化的指导，质量管理体系的建立亦显得至关重要，包括地图质量的评估、监控和改进等方面的机制，能够持续提升地图产品的质量，确保其在实际应用中的可靠性。用户反馈通过建立用户参与机制，收集和分析用户的意见与需求，可以更好地指导数据的更新方向与维护策略，针对特定用户群体的需求进行定制化服务，有助于提升用户满意度，增强地图产品的市场竞争力。随着技术的不断进步，机器学习与人工智能在数据处理与分析中的应用逐渐兴起，能够提升数据处理的效率与智能化水平，通过自动化手段实现数据的更新与维护，从而减少人工操作带来的误差，利用智能化技术监控数据变化，能够及时发现问题并进行调整，进一步提高地图信息的准确性。

五、地图产品的版权保护

地图产品的版权保护是维护地图编制单位和创作者合法权益的基础，是推动地理信息产业健康发展的必要条件。伴随着地理信息产业的快速演变，地图产品的种类和形式愈加丰富，但随之而来的版权侵权与盗版问题也日益突出，构建一个全面有效的版权保护机制显得尤为重要。

版权保护的首要环节是版权登记，涉及对地图产品进行官方登记，以明确版权归属，通常包括对地图产品创作时间、作者信息、内容、形式等的详细记录，确保在发生争议时能够提供有力的证据支持。通过版权登记，可以增强创作者的法律地位，确保其在面临侵权时具备法律依据进行维权。

在版权授权方面，对地图产品的使用和传播进行合理授权是保护创作者权益的关键步骤。授权的范围应涵盖复制、发行、出租、展览、表演、放映、广播以及信息网络传播等多种使用形式，以确保地图产品的合法使用，这有助于规范市场行为，防止非法使用带来的经济损失。通过明确授权，可以有效管理地图产品的使用途径，确保创作者获得应有的经济回报。

版权监督则旨在对地图产品的使用和传播行为进行有效监控，监督措施应涵盖市场销售、网络传播、公共展示等多个方面，以及时发现并制止任何形式的版权侵权和盗版行为。建立监测机制，有助于及时获取市场信息，评估版权保护的有效性，同时对潜在的侵权行为进行快速反应，降低经济损失。

在维权方面，当发现版权侵权和盗版行为时，通过法律诉讼、行政投诉和协商调解等多种方式来解决。通过法律手段，可以追究侵权者的法律责任，要求其赔偿经济损失，维护版权所有者的合法权益。法律的威慑作用也能够有效降低侵权行为的发生率，促使市场参与者自觉遵守版权法律法规。

地图产品的版权保护中需要建立健全法律法规和政策体系，以规范版权管理和服务流程，包括版权法律法规的制定、政策指导的明确以及管理机构的设立等内容。通过相关法律法规的不断完善，能够为地图产品的版权保护提供法律依据和政策支持，促进地理信息产业的规范化发展。通过开展版权教育活动，增进社会对地图版权重要性的认识，可以提升公众的版权保护意识，形成良好的社会氛围，这不仅有助于减少侵权行为的发生，也能促进合法使用地图产品的意识，从而为地理信息产业的可持续发展提供支持。随着技术的进步，数字化地图产品的版权保护面临新的挑战与机遇。在互联网时代，地图产品的传播速度和范围空前扩大，版权保护的难度也随之增加，应当借助现代技术手段，如区块链技术，记录和追踪地图产品的使用情况，提高版权保护的透明度与可追溯性。

第五节　测绘市场监督管理

一、测绘市场的监管体系

测绘市场的监管体系是保障测绘活动规范进行、维护国家地理信息安全以及提升测绘服务质量的基础，该体系涵盖法律法规的制定、实施和监督，涉及测绘活动的全过程管理。依据《测绘法》等相关法规，测绘市场的监管主要由各级政府的测绘地理信息主管部门负责，涵盖测绘资质审批、项目监管、成果质量控制以及对违法行为的查处等多个方面。

建立科学合理的监管机制是体系的核心，其目标是通过明确的标准和规范，确保测绘活动的质量，包括对测绘单位资质的管理，要求从事测绘活动的单位必须具备相应的资质证书，并在其资质等级所规定的业务范围和作业限额内进行测绘作业。监管部门在项目实施前需要审核技术文件，确保测绘计划符合相关标准和技术规范。

对测绘项目实施的监管涉及对测绘过程的监督检查，确保成果的质量符合行业标准，包括对测绘设备的检查、操作人员的资质审核以及现场作业的监控，确保每一环节都符合技术要求和法律法规。对测绘成果的档案管理和保密制度执行情况的检查也不可忽视，这保证了测绘成果的安全和可靠性。

在市场秩序的维护方面，监管体系需要防范不正当竞争和非法垄断行为，确保市场环境的公平竞争。建立信用体系是实现这一目标的有效手段，测绘单位的诚信记录会被纳入监管考虑，良好的信用评价能够激励单位提升服务质量，对违法违规行为的惩处措施则可以有效遏制市场中的不规范行为，通过警示与处罚形成震慑。

随着遥感、无人机等新技术的迅猛发展，测绘行业面临新的挑战，这要求监管机制与时俱进，及时调整相关政策与标准，以适应技术创新带来的新情况。定期开展行业调研与评估，收集行业反馈与市场需求，将有助于完善监管体系，提升其有效性。

测绘市场的监管中还应加强行业自律与社会监督，通过建立行业协会或组织，引导从业单位自我管理、自我约束，提升行业的整体素质。结合社会监督机制，鼓励公众参与测绘活动的监督，增强透明度，确保测绘服务的质量与公正。在国际化背景下，测绘市场的监管也应考虑国际标准和最佳实践，借鉴国外成熟的监管经验，促进国内测绘市场的国际化发展。与国际测绘机构的交流与合作，不仅能够提升本国的监管水平，还能为本土企业提供更广阔的发展空间。

二、测绘服务的质量管理

根据《测绘地理信息质量管理办法》的相关规定，测绘单位必须对其所完成的测绘成果质量承担责任，确保交付给客户的成果达到合格标准。质量管理的核心内容包括过程控制和最终成果的检验，作业部门需对每个过程进行检查，而测绘单位则负责最终成果的检查，确保在进入下一工序之前，所有过程成果均符合预定的质量要求。

测绘项目的质量监督管理也涵盖了对测绘成果的验收工作，特别是涉及基础测绘项目、测绘地理信息专项及重大建设工程的测绘成果，在未经过测绘质量检验机构的严格检验之前，不得通过材料验收、会议验收等非规范方式进行验收。测绘单位应建立质量信息征集机制，主动征求用户对测绘成果质量的反馈，并为用户提供相关的咨询服务，这不仅能够增强用户的参与感，还能帮助测绘单位及时发现和解决问题，提高服务的针对性和有效性。

在提升测绘服务质量管理水平的过程中，还需加强对测绘单位资质的管理及监督检查，确保其具备开展相应测绘工作的能力与技术水平。资质管理的严格性直接影响到测绘成果的质量，而通过定期的监督检查，可以及时识别出存在的问题，并采取相应的整改措施，确保服务质量始终保持在一个较高的水平。良好的档案管理不仅有助于成果的追溯与复查，也能在后续的工作中为决策提供有力支持。保密制度的落实则确保敏感信息不被泄露，维护国家和企业的利益。通过定期的自查和外部审核，可以确保这些制度的有效实施，从而促进测绘服务质量的整体提升。通过对测绘人员进行定期的专业培训，不仅能够增强其技术水平，还能提升其对质量管理要求的理解和执行能力，高素质的专业团队是确保测绘成果质量的基础，因此，投入足够的资源进行员工的培训与发展是十分必要的。

在现代测绘服务中，信息化技术的应用也极为关键，利用地理信息系统、大数据分析及人工智能等技术手段，可以有效提升测绘数据的处理效率和准确性，帮助测绘单位建立更为科学的质量控制系统。通过数据分析实时监测测绘过程中的质量状况，及时发现并解决潜在问题。

测绘服务的质量管理不仅限于内部控制和监督，通过建立与用户的长期合作关系，了解用户在使用测绘成果过程中的需求变化及问题反馈，能够帮助测绘单位不断优化服务，提高用户的满意度，这不仅能够促进服务质量的提升，还能够增强测绘单位在市场中的竞争力。

三、测绘市场的公平竞争

根据《测绘市场管理暂行办法》，测绘市场活动应遵循等价有偿、平等互利、协商一致、诚实信用的原则；禁止测绘市场活动中的不正当竞争、非法封锁及垄断行为。为维护市场的公平竞争，有必要加强对测绘市场的监管，确保各参与主体在相同条件下进行竞争。

维护公平竞争不仅需要对测绘项目的招投标过程进行全面监督，还应确保招标过程的公开、公正和透明，要求招标单位制定规范的招标文件，并为投标单位提供必要的资料，以保证评标过程的公正性和透明度。在招投标过程中，相关部门应发挥监督作用，确保评标委员会由具有相关专业背景的人员组成，以防止利益冲突和不公正评判。

测绘合同的管理同样至关重要，监管部门需确保合同的合法性和有效性，以保护各方的合法权益。信用体系的建设方面，通过建立完善的信用评估机制，可以对测绘单位的行为进行评估和记录，形成信用档案。信用良好的单位应获得一定的市场优先权，如在招投标中获得加分或优先考虑的机会，而对信用不良的单位则应加大曝光和惩处力度，降低其市场竞争力，促使测绘单位自觉维护自身的信誉，从而提升整体市场的诚信度。

市场竞争的公平性还体现在对测绘行业技术标准和行业规范的推广与执行的重视，通过制定和落实行业标准，可以引导测绘单位提升服务质量和技术水平，增强行业整体竞争力。相关部门应定期组织培训和交流活动，促进技术和经验的分享，使市场参与者能够在技术和管理上不断进步，从而提升整个行业的服务能力和水平。

在加强市场监管的同时，政府部门也应积极创造良好的市场环境，鼓励创新与竞争，降低市场准入门槛，以吸引更多合规的测绘单位参与到市场竞争中来，这不仅有助于提升测绘市场的活力，还能促进行业的多样化发展，避免市场垄断和资源浪费。同时，行业协会及相关组织应发挥桥梁作用，促进信息共享和交流，帮助测绘单位建立良好的合作关系。在信息透明的基础上，市场参与者能够更好地了解竞争对手的情况，合理制定市场策略，从而实现公平竞争。通过行业协会的牵头，可以有效协调各方利益，推动形成健康的竞争氛围。对于消费者而言，公平竞争有助于提升服务质量和降低服务成本。政府部门应鼓励消费者对测绘服务进行评价和反馈，形成良好的市场监督机制。通过消费者的反馈，测绘单位能够及时了解自身服务中的不足之处，从而进行改进，提升服务质量。

四、测绘活动的监督检查

测绘主管部门依据《测绘行政处罚程序规定》等相关法律法规，对辖区内的测绘活动进行全面的监督和管理。监督检查的范围广泛，涵盖测绘单位的资质条件、市场信用、质量管理体系、保密制度以及产值业绩等多方面内容。通过自查自纠机制，测绘单位能够及时发现并纠正自身在执行过程中存在的问题，确保其活动符合相关法律法规的要求。在具体的监督检查实施中，执法人员需严格遵循法定程序，确保检查的公正性与准确性，通常包括对涉嫌违法行为的调查、证据的收集、现场勘验，以及必要的专业鉴定等环节。通过系统的调查和检查，执法人员能够全面掌握测绘单位的实际情况，确保各项活动符合标准要求。监督检查的结果不仅是测绘单位资质管理和信用信息管理的重要依据，还将对其后续的资质审查和项目申报产生直接影响。

监督检查还涉及对测绘成果的档案管理和保密制度的执行情况进行评估，旨在确保测绘成果在存储和使用过程中的安全性和保密性，防止信息泄露和滥用。测绘单位需制定并执行严格的档案管理制度，确保所有测绘成果的可追溯性和有效性。定期的档案审查和评估能够及时发现并纠正档案管理中存在的不足之处，确保测绘数据的完整性和有效性。

测绘单位在开展各类测绘活动时，必须严格遵循相关的安全生产规定，保障工作人员的安全和设备的正常运转。执法人员将对测绘单位的安全管理措施进行专项检查，确保其在风险防控、应急响应等方面具备完善的管理体系和实施方案，全面的安全检查不仅能够防范潜在的安全风险，还能提高测绘单位的整体管理水平和服务质量。

为提高监督检查的效率和效果，测绘主管部门还应积极探索现代科技手段的应用，可以利用信息化管理系统，对测绘单位的资质、业绩、信用信息等进行动态监测和管理。通过信息技术手段，执法人员能够更快速地获取相关数据，提升监督检查的时效性和准确性；建立健全测绘行业的信用体系，对违规行为进行及时记录和公示，以形成对测绘单位的有效约束和激励。在监督检查过程中，测绘主管部门应积极与社会各界建立沟通机制，鼓励公众和行业人士参与监督，对测绘活动进行社会监督，通过广泛的信息共享和反馈机制，能够及时发现行业内的问题和不足，从而推动测绘市场的健康发展。监督检查的工作成果应当形成系统的报告和总结，以为未来的管理决策提供依据。测绘主管部门应定期对监督检查工作的开展情况进行评估，针对发现的问题制定整改措施，持续改进监督检查机制和流程，提升整体工作效率和效果。

五、测绘违规行为的处罚

测绘违规行为的处罚机制旨在维护测绘市场的公平与安全，根据《测绘法》，对未获得测绘资质证书而擅自进行测绘活动、超越资质范围开展测绘工作，以及未按规定汇交测绘成果资料等违法行为，相关主管部门必须依法予以处罚，处罚方式包括责令停止违法行为、没收违法所得及相关测绘成果、处以罚款、责令停业整顿、降低资质等级，甚至吊销测绘资质证书，旨在有效震慑潜在的违法行为。

在实施处罚的过程中，必须严格遵循法定程序，以确保每一步都符合行政执法的要求。对涉嫌违法行为的调查需全面、客观，收集相关证据，确保案件审理的公正性。在做出行政处罚决定前，相关执法机构应告知当事人处罚的事实、理由和法律依据，同时明确当事人享有的陈述和申辩权利，这样不仅保障了当事人的合法权益，也为执法的公正性提供了基础。对当事人提出的陈述和申辩，执法人员需认真听取并记录，必要时进行复核，确保公正处理。在某些情况下，若测绘违规行为已达到刑事犯罪的标准，执法机关有责任将案件移送司法机关，依法追究相关人员的刑事责任。

应建立健全针对违法行为的举报机制，任何单位和个人均可向测绘主管部门或其他相关部门举报。接到举报后，相关部门应及时展开调查，并依法处理举报内容，确保公众对测绘工作的监督和参与。

处罚措施不仅是对违法行为的惩戒，也应包含教育和引导的功能。执法机构应当通过定期的宣传和培训，提高测绘单位和从业人员对法律法规的认识与理解，增强其合规意识，防止违规行为的发生。结合案例分析，对常见的违规行为进行总结，帮助从业者识别潜在风险，从而有效降低违规行为的发生率。相关部门可通过建立数据库，对测绘单位的违规记录、处罚情况进行系统性管理，形成公开透明的市场环境，这不仅有助于增强社会公众的监督力度，也为测绘行业内的合法经营提供了保障，对于屡次出现违规行为的单位，相关部门可加大处罚力度，直至采取更严厉的措施，以维护行业的整体信誉。

第六节　测量标志管理和保护

一、测量标志的分类与作用

根据《中华人民共和国测量标志保护条例》（以下简称《测量标志保护条例》），测量标志可分为永久性和临时性两类，分别承担不同的任务和用途。永久性测量标志是长期存在并持续提供测量基准的设施，包括三角点、基线点、导线点、重力点、天文点和水准点等，通常采用耐用材料建造，如钢制或混凝土制成的标石，其设计考虑到长期使用和环境影响，以保证在恶劣气候条件下的稳定性与耐久性。标志的建设位置经过精确选址，确保其在地形测图、工程测量和形变监测等领域的有效性。永久性测量标志不仅是测绘活动的基础，还在国家测绘基准的维护中发挥着重要作用，为国防建设、经济发展和社会进步提供支撑。临时性测量标志则主要用于特定测绘项目中，其设置通常是在测量任务开展期间，完成任务后不再保留，包括木桩、活动觇标、测杆等，具有灵活性和便捷性。临时性标志为现场测量提供必要的参照和辅助，帮助测量人员在工作中快速确定测量位置，提高工作效率。尽管临时性标志不具备永久性测量标志的持久性，但其在项目实施中的作用不可忽视，特别是在短期测绘任务中，能够确保数据的精确性和及时性。

测量标志的功能主要体现在提供精确的地理位置参考，确保测绘数据的一致性和可靠性。每个测量标志都经过严格的定位和记录，成为测绘工作中不可或缺的数据基础，不仅为测量人员提供了清晰的工作参考，还为后续的测量、监测及分析提供了重要依据。测量标志在科学研究、资源管理、环境监测等领域具有广泛的应用，能够为决策提供必要的数据支持。在国家地理信息安全和测绘基准的维护中，随着城市化进程的加速和人类活动的不断变化，测量标志的稳定性与可靠性直接影响到地理信息系统的准确性。国家通过对测量标志的规范化管理，确保其长期有效性，以适应不断变化的地理环境，保障测绘工作的高效和可靠。测量标志的维护与保护也需引起重视，尤其是在一些偏远或人迹罕至的地区，标志可能遭受自然侵蚀或人为破坏。建立完善的监测和维护机制，对测量标志进行定期检查和维护，是确保其持续有效性的重要措施。通过定期评估和修复，可以保证测量标志的正常使用，维持测绘基准的稳定。

二、测量标志的设立与维护

在测绘工作中测量标志的设立与维护直接关系到测绘数据的准确性和可靠性，在设立永久性测量标志的过程中，必须遵循《测绘法》和《测量标志保护条例》等相关法律法规，确保所有操作符合国家规定的标准与规范。选址时，应优先选择具有长期稳定性和易于保护的地理位置，以防止外界环境对标志的破坏。设立后，应对标志进行明显标记，必要时设置专门标牌，以提高其可见性和保护性，这有助于在后续使用中减少因人为因素导致的损坏或误用。在维护方面，确保测量标志的长期有效性是首要任务。负责保管测量标志的单位和人员需定期对标志进行全面检查，关注其物理状态和环境变化，一旦发现标志位置出现偏移、损毁或被遮挡的情况，相关责任人必须及时向主管部门报告，并采取必要的修复措施。维护不仅包括物理检查，还涉及对标志周边环境的管理，确保无障碍物阻挡视线或影响标志的功能。

为提升测量标志的维护效率，国家实施了有偿使用制度，使用收入将用于标志的维护和维修，确保了维护资金的合理使用，为长期保养提供了经济支持。在具体操作中，管理单位需建立完善的财务管理制度，对资金使用情况进行定期审核和公示，以增加透明度和公信力。同时，相关部门应加强对维护工作的监督，确保维护计划的实施落到实处。

测量标志的设立和维护工作也应考虑技术进步带来的影响。随着现代测绘技术的发展，新的测量方法和设备不断涌现，为标志的建立和维护提供了更多的选择。在此背景下，管理部门需适时更新标准和流程，引入新技术，提高测量标志的管理效率。例如，利用数字化手段记录和监测标志状态，借助无人机等高科技设备进行巡检，这样能够更有效地发现潜在问题并及时处理。定期举办培训班和研讨会，提升测绘人员对测量标志设立与维护的认识和技能，确保其具备必要的专业知识和实践能力。在培训中，应重点强调法律法规的遵循、操作流程的规范，以及应对突发情况的处理措施，使其在实际工作中能够灵活应对各种挑战。

三、测量标志的法律地位

测量标志在法律框架内具有明确的地位，并受到国家法律的严格保护，《测绘法》及《测量标志保护条例》为测量标志的设立、管理和维护提供了法律依据。法规明确指出，测量标志属于国家财产，旨在维护国家的测绘基准及其相关数据的准确性和可靠性，任何单位或个人不得损毁、擅自移动或侵占永久性测量标志的用地，这不仅体现了国家对测绘基准的重视，也反映了对测量标志作为基础设施的法律保护责任。

在法律上，测量标志的保护措施涵盖了设立、管理、维护和监督等多个方面。设立永久性测量标志时，必须按照国家规定的标准和程序进行，确保其功能和位置的长期有效性。任何对测量标志的损坏或非法移动行为，均可依据相关法律法规进行追责，涉及此类行为的单位和个人，将面临行政处罚，甚至可能触及刑事责任。保护测量标志不仅是法律义务，也是社会公共利益的重要组成部分。

测量标志的法律地位还体现在其保护范围的界定上。根据相关法规，永久性测量标志的安全控制范围内禁止开展可能危害其安全和使用效能的活动，包括建筑施工、土木工程和其他对标志造成物理干扰的活动，违规者将承担相应的法律责任，这确保了测量标志在实际使用中的有效性，减少了人为因素对标志数据的影响。法律框架内还要求负责测量标志管理的机构建立完善的监督机制，定期检查和维护是确保测量标志持续有效的重要手段。主管部门需对测量标志的状态进行监测，确保其状态在法律规定的标准之内，如果发现任何异常情况，应及时采取措施进行修复和恢复。主动的监督管理机制有助于维护测量标志的长期稳定，确保其在地理信息系统中的作用。在法律的保护下，测量标志还承载着国家对科学研究、资源管理、环境保护等多个领域的支持与服务，为国家基础设施建设、城市规划和自然资源管理提供了必要的数据基础。测量标志不仅仅是一个简单的标识符，而是国家治理与科学决策的重要支撑。

四、测量标志的信息化管理

在数字化和智能化迅速发展的背景下，自然资源部启动的全国统一测量标志管理信息系统的建设，标志着测量标志管理向数字化转型的开始。该系统旨在实现全国范围内测量标志的实时动态管理，以提高测量标志的管理效率和保护效果，测量标志的详细信息、地理位置、维护状态以及历史记录等将被数字化存储，使得管理者能够通过信息技术对测量标志进行全面监控和管理。通过信息化手段，测量标志的普查、巡查和维护工作将变得更加高效。传统的人工管理方式常常受到人力资源和时间限制，难以实现全面覆盖和实时更新，信息化管理系统能够集成现代测绘技术，支持对测量标志的自动检测与定位，减少了人力成本，提高了数据的准确性和实时性。在巡查过程中，管理人员可以利用移动设备随时随地访问系统，及时更新测量标志的状态信息，从而确保数据的有效性和时效性。

信息化管理还在委托保管和维护工作中发挥着重要作用。通过系统，用户可以方便地申请测量标志的保管与维护服务，而相关责任单位则能够在系统中实时跟踪和记录维护工作的进展，确保所有维护措施按时落实。透明化的管理方式，有助于增强公众和相关单位对测量标志管理的信任，并鼓励社会各界积极参与测量标志的保护与维护。

信息化管理系统也显著增强了对测量标志的监管能力。通过建立信息化监控平台，监管部门能够实时监测测量标志的状态，及时发现并处理违法行为。系统可配置报警机制，一旦检测到异常情况，如擅自移动、损毁或侵占测量标志的行为，立即通知相关管理人员采取行动。实时响应机制，不仅有助于维护测量标志的安全性，也提高了对违法行为的打击力度，确保法律法规的有效实施。

信息化管理系统的建设还为数据共享与协同管理提供了基础。各级管理部门可以通过信息化平台，方便地共享测量标志的数据和信息，提高协同工作的效率，这有助于建立全国范围内的测量标志保护网络，促进各地区之间的经验交流与合作，形成合力，共同推动测量标志的保护与管理工作。通过信息化管理还可以进行数据分析与挖掘，为决策提供支持。通过对收集到的大量测量标志数据进行分析，管理部门能够识别出管理中的薄弱环节，制定相应的改进措施。数据分析还可以为未来测量标志的规划与建设提供参考依据，确保测量标志体系的合理布局与有效运作。

参考文献

[1] 车巍, 杨秋翔. 基于无人机摄影测量的矿区地形三维重建及精度分析 [J]. 金属矿山, 2024, 53 (9): 28-32.

[2] 康霞. 高校测绘工程实验室科学化管理探索 [J]. 实验室检测, 2024, 2 (6): 62-64.

[3] 张淑娟, 何俊进. 测绘工程的质量管理与系统控制探讨 [J]. 中国设备工程, 2024 (9): 246-248.

[4] 曲真旭. 加强水利水电测绘工程质量管理的有效措施分析 [J]. 城市建设理论研究 (电子版), 2024 (7): 193-195.

[5] 贾佳. 数据库技术在测绘工程项目管理中的探索 [J]. 科技资讯, 2022, 20 (12): 80-82.

[6] 孔辰. 浅谈数据库技术在地质测绘工程项目管理中的应用 [J]. 世界有色金属, 2022 (1): 101-103.

[7] 付钟. 测绘工程质量管理与控制测绘质量的方法探究 [J]. 城市建设理论研究 (电子版), 2024 (4): 174-176.

[8] 杜远力, 崔盛. 测绘工程在农村土地管理及利用中的应用分析 [J]. 新农民, 2024 (1): 27-29.

[9] 王雪丽. 数据库技术在测绘工程项目数据管理中的应用探究 [J]. 西部资源, 2023 (4): 190-192.

[10] 蒋振鹏, 王斌, 朱紫彤. 测绘工程质量管理与系统控制 [J]. 中国高新

科技，2023（16）：150-152.

[11] 梁吉星. 加强测绘工程质量管理与控制测绘质量的有效措施［J］. 城市建设理论研究（电子版），2023（19）：32-34.

[12] 丁旭强. 测绘工程项目质量管理控制措施［J］. 城市建设理论研究（电子版），2023（19）：123-125.

[13] 朱刚艳. 工程测量信息化和测绘工程质量管理研究［J］. 工程建设与设计，2023（12）：236-238.

[14] 赵涛. 测绘工程质量管理与系统控制［J］. 石材，2023（6）：93-95.

[15] 向庆粉. 测绘工程质量管理与控制测绘质量的探析［J］. 居业，2023（1）：67-69.

[16] 柴建全. 测绘工程管理信息化的探究［J］. 中国新通信，2022，24（15）：97-99.

[17] 陈晔. 测绘工程的质量管理与系统控制［J］. 中国科技信息，2021（24）：128-129.

[18] 李杰方. 浅谈测绘工程质量管理［J］. 智能城市，2021，7（18）：100-101.

[19] 刘春荣. 数据库技术在测绘工程项目数据管理中的应用［J］. 西部资源，2021（4）：153-154，157.

[20] 李铁亮. 测绘工程的质量管理与系统控制分析［J］. 中国科技投资，2021（17）：177-178.

[21] 夏凡. 谈测绘工程质量管理与控制［J］. 绿色环保建材，2021（6）：138-139.

[22] 唐雅雯. 加强测绘工程质量管理与控制测绘质量［J］. 质量与市场，2021（11）：63-64.

[23] 何祖臣. 基于关键链技术 C 公司测绘工程项目进度管理研究［D］. 济南：山东大学，2021.

[24] 吴亚男，司文婧. 测绘工程的质量管理与系统控制问题分析［J］. 中国金属通报，2021（3）：186-187.

［25］刘晓燕. 测绘工程在土地管理及利用中的应用［J］. 中国住宅设施，
2021（2）：91-92，28.

［26］蒋达. 智能服务助力精准管理：河南省测绘工程院服务自然资源管理侧
记［J］. 资源导刊，2021（2）：44.

［27］刘星红. 测绘工程在土地管理及利用中的应用［J］. 工程建设与设计，
2020（20）：226-227.

［28］刘娣，何仁德，熊晓熙. 试论测绘工程仪器的发展及相关工程教育课程体
系优化：评《测绘工程管理》［J］. 摩擦学学报，2020，40（5）：694.

［29］柯小洁. 基于价值工程的测绘工程项目成本管理分析［J］. 商讯，2020
（24）：167，169.

［30］王海. 测绘工程的质量管理与系统控制分析［J］. 工程技术研究，
2020，5（12）：187-188.

［31］李积录. 测绘工程项目质量管理控制分析［J］. 科技创新导报，2020，
17（16）：196，198.

［32］汪道再. 测绘工程质量管理与控制测绘质量的探析［J］. 建材与装饰，
2020（13）：223，225.

［33］杜晨. 测绘工程档案信息化管理有效策略研究［J］. 低碳世界，2020，
10（4）：219-220.

［34］王初一. 测绘工程的质量管理与系统控制［J］. 农家参谋，2020
（8）：161.

［35］郝红艳. 数据库技术在测绘工程项目数据管理中的应用［J］. 科技与创
新，2020（7）：109-110.

［36］魏亚妮. 关于测绘工程项目质量管理控制的研究［J］. 冶金管理，2020
（5）：156-157.

［37］吕蒙. 测绘工程在土地管理及利用中的应用［J］. 居舍，2020
（7）：140.

［38］尹柯柯. 测绘工程的质量管理与系统控制探讨［J］. 住宅与房地产，
2020（5）：155.

［39］李德新. 测绘工程项目质量管理控制分析［J］. 绿色环保建材，2020
　　　（1）：111.

［40］王辉. 测绘工程项目质量管理控制［J］. 居舍，2020（2）：150.

［41］高晓旺. 数据库技术在测绘工程项目管理中的应用探析［J］. 城市建设
　　　理论研究（电子版），2020（2）：21.

［42］李敏义. 加强测绘工程质量管理与控制测绘质量的有效措施［J］. 世界
　　　有色金属，2020（1）：33-34.